自然科学ハンドブック

チョウ・ガ図鑑

BUTTERFLIES & MOTHS

自然科学ハンドブック

チョウ・ガ図鑑

BUTTERFLIES & MOTHS

デヴィッド・カーター［著］
フランク・グリーナウェイ［写真］
平井規央・谷田昌也［監訳］
山崎正浩［訳］

創元社

自然科学ハンドブック
チョウ・ガ図鑑

2024年 9月20日 第1版第1刷 発行

著　者　デヴィッド・カーター
監訳者　平井規央・谷田昌也
訳　者　山崎正浩
発行者　矢部敬一
発行所　株式会社 創元社
https://www.sogensha.co.jp/
本社　〒541-0047 大阪市中央区淡路町4-3-6
Tel.06-6231-9010　Fax.06-6233-3111
東京支店　〒101-0051 東京都千代田区神田神保町1-2田辺ビル
Tel.03-6811-0662
ISBN978-4-422-43057-7 C0345

目次 Contents

はじめに 6

チョウ 36

ガ 188

はじめに

チョウ類とガ類は、最もよく知られている昆虫である。そして昼間に活動し、翅の色が美しく、優雅な飛び方をするチョウ類は一番の人気者だろう。これに対してガ類は魅力に欠けると思われがちだが、姿形、大きさ、色は実に多様で、チョウ類と同じように人を惹きつける存在である。

翅が無数に重なる微小な鱗粉で覆われていることから、チョウ類とガ類はチョウ目（鱗粉のある翅を持つ目。目は生物分類の階級の1つ）に分類される。鱗粉には鮮やかな色のものが多く、チョウ類とガ類の翅に見られる特徴的な模様を生み出している。

チョウ目に属する種（生物分類の基本単位）として約18万種が知られている。そのおよそ10分の1がチョウ類で残りがガ類だが、いずれも大きさ、姿形、色が驚くほど多様だ。この豊富な多様性と、事実上いかなる気候にも適応できる能力により、チョウ類とガ類は地球上で最も成功を

世界最大の種
ヨナグニサン（235ページ）は世界最大のガで、開張（翅を広げた際の幅）は最大30cmになる。

世界最小の種
開張が約1.5cmしかないコビトシジミ（183ページ）は、世界最小クラスのチョウである。このページの写真は、大きさの比が実物と同じになるよう調整してある。

収めた生き物の1つになっている。生息域は北極圏のツンドラ、アルプス山脈の山頂付近、熱帯雨林、沿岸のマングローブ湿地と広範囲に及ぶ。

花との関係

成虫のチョウ類とガ類が摂食できるのは液体に限られるため、大半の種にとって花の蜜が主要な栄養源である（発酵した樹液、動物の糞、腐肉の汁を摂食する種もいる）。このような関係は植物にとってもメリットがあり、吸蜜したチョウ類やガ類が花粉を花から花へと運んでくれる。チョウ類とガ類の成虫は摂食時に長い中空の管（口吻）を使う。使用しないときは頭部の下に巻いておき、吸蜜するときにのばして花の奥の蜜を探すのである。口吻の長さは吸蜜対象の花に合わせているため、種によって異なる。

掲載基準

本書では500種以上を取り上げているが、様々なタイプの代表的な種を選ぶよう留意した。よく見られる種はもちろん、興味深い特徴を持つ種を取り上げたが、対象となる種の数が膨大なため、それらを網羅するのは不可能である。そのため読者の興味をそそりそうな種を厳選している。

生息地
自然の状態のチョウ類やガ類を観察すると、常に何かしら得るものがある。近所にどのような種が生息しているかを把握すれば、活動時間、習性、幼虫の食草（摂食する植物）について理解を深められる。

家の中のガ

開張が約2cmのマルハキバガ科の1種white-shouldered house moth (*Endrosis sarcitrella*)は小蛾類と呼ばれるガ類の1種で、幼虫は貯蔵されている食料を摂食する。小蛾類には数千種が含まれ、大半は屋外に生息するが幼虫が衣類を摂食する悪名高い種（イガなど）も存在する。最小の種は開張が数mmしかない。体は小さいが重大な被害をもたらす害虫が多い。コドリンガ(*Cydia pomonella*)やコナガ(*Plutella xylostella*)が代表例で、この2種は農作物に被害を与える。本書では小蛾類のすべてを扱うことはできなかったが、実際には膨大な種が存在し、大型種と同様に色や姿形が美しいものも多い。

チョウ目の進化

最古のガ類の化石はおよそ2億年前のものと推定される。チョウ類の化石では4,000万年前である。チョウ目は顕花植物の増加にともなって出現し、両者は密接な関係を保ちながら進化してきた。トビケラ目はチョウ目に最も近縁なグループで、約2億5,000万年前に出現したと考えられているが、チョウ目への移行型は特定されていない。

化石化したガ
ブラジルで発見された白亜紀のガの化石。1億4,500万年から1億6,600万年前のものと推定される。

シャクガモドキ類

チョウかガか？

南アメリカに分布するシャクガモドキ類は、つい最近までシャクガ科に属すると考えられてきた。しかし研究の結果、よりチョウに近い種類だと判明した。ガのような印象を受けるが、調べると内部形態と外部形態にチョウの特徴が多く見られる。

命名法

生物の通称名は国により異なるため、科学者は18世紀にスウェーデンの博物学者カール・フォン・リンネ（名前はラテン語風にLinnaeusと表記される）が確立した方法を用いる。同じ特徴を持つ種をまとめた「属」の名前を最初に書き、次に同属内の他種と区別する固有の「種小名」を書く。この二名法にもとづく学名は、これまで約18万種のチョウとガにつけられてきた。しかしほぼ同数の未発見の種が存在すると考えられている。新種が命名されるには、多数の標本が必要となる。その内の1つがタイプ標本として選ばれ、同定する際の基準になる。

パリダオオオビガ
(*Tagora pallida*)

命名された標本
タイプ標本には赤丸をつけたラベルが添付される場合が多い。

ベニスズメ
(*Deilephila elpenor*)

リンナエウス（Linnaeus）
多数がリンネによって命名された。左はその1種。

本書の使い方

本書ではアゲハチョウ上科の5科およびセセリチョウ科の合計6科のチョウ類と、主要な22科のガ類を取り上げた。各科ごとに短い説明文で一般的な特徴を記した。続いて代表的な種をいくつか取り上げ、文章と図版で詳細な説明を行っている。個別種を取り上げた典型的なページを例に、どのような項目があるかを示す。

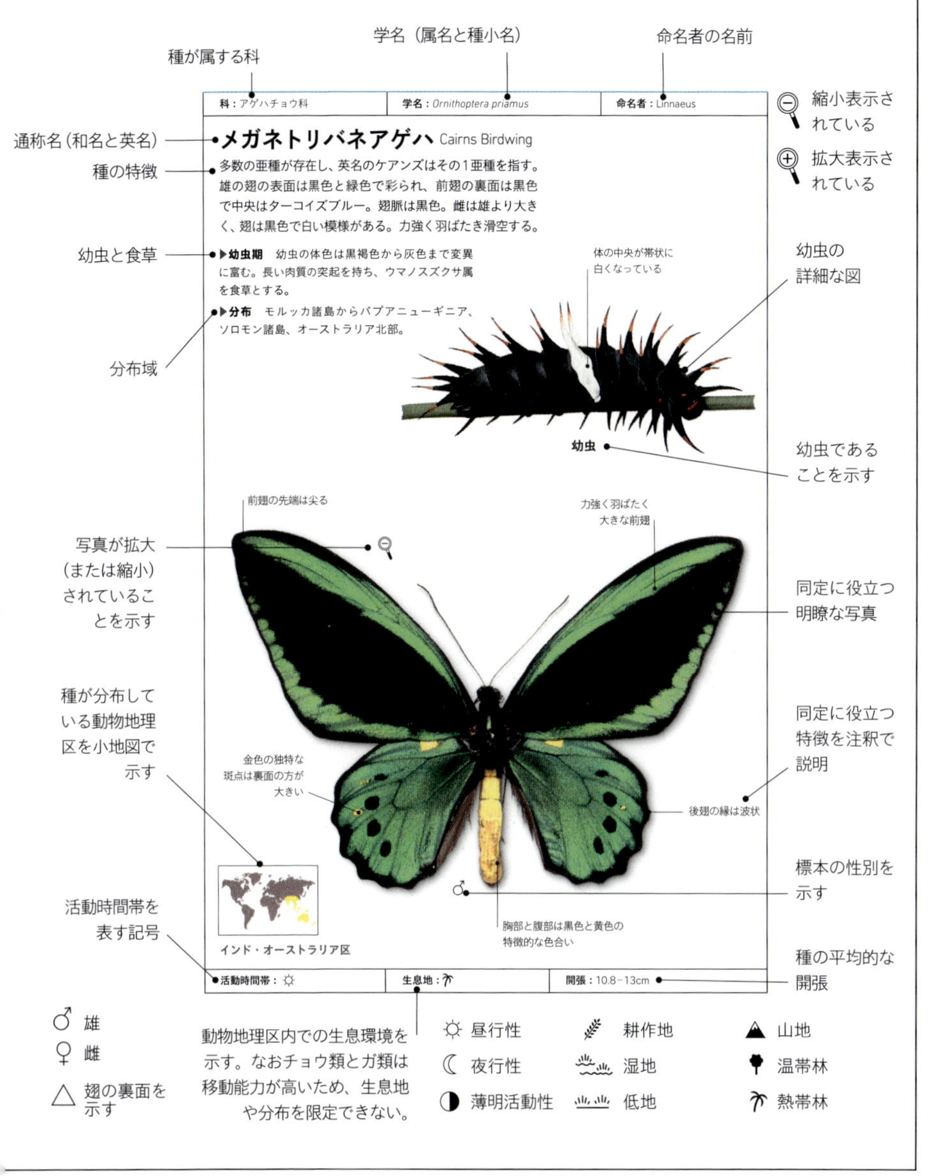

種が属する科
学名（属名と種小名）
命名者の名前
科：アゲハチョウ科
学名：Ornithoptera priamus
命名者：Linnaeus
縮小表示されている
拡大表示されている
通称名（和名と英名）
メガネトリバネアゲハ Cairns Birdwing
種の特徴
多数の亜種が存在し、英名のケアンズはその1亜種を指す。雄の翅の表面は黒色と緑色で彩られ、前翅の裏面は黒色で中央はターコイズブルー。翅脈は黒色。雌は雄より大きく、翅は黒色で白い模様がある。力強く羽ばたき滑空する。
幼虫と食草
▶幼虫期　幼虫の体色は黒褐色から灰色まで変異に富む。長い肉質の突起を持ち、ウマノスズクサ属を食草とする。
分布域
▶分布　モルッカ諸島からパプアニューギニア、ソロモン諸島、オーストラリア北部。
体の中央が帯状に白くなっている
幼虫の詳細な図
幼虫
幼虫であることを示す
前翅の先端は尖る
力強く羽ばたく大きな前翅
写真が拡大（または縮小）されていることを示す
同定に役立つ明瞭な写真
種が分布している動物地理区を小地図で示す
金色の独特な斑点は裏面の方が大きい
同定に役立つ特徴を注釈で説明
後翅の縁は波状
標本の性別を示す
インド・オーストラリア区
胸部と腹部は黒色と黄色の特徴的な色合い
活動時間帯を表す記号
種の平均的な開張
活動時間帯：
生息地：
開張：10.8−13cm

♂ 雄
♀ 雌
△ 翅の裏面を示す

動物地理区内での生息環境を示す。なおチョウ類とガ類は移動能力が高いため、生息地や分布を限定できない。

昼行性　耕作地　山地
夜行性　湿地　温帯林
薄明活動性　低地　熱帯林

チョウかガか?

DNA解析によりチョウ目の正確な分類が進み、チョウ類とガ類を明確に区分することはできず、チョウ類はガ類の一部であることがわかっている。それでも「チョウ」というやや人為的なくくりは、馴染みがあり便利な表現として使われている。

チョウ類の特徴

主に昼行性のチョウ目がチョウ類である。一般に鮮やかな翅と棍棒状の触角を持ち、休息時に左右の翅を背側で合わせる。後翅は基部が大きく広がって補強され、飛行中は前翅と連動して動く。

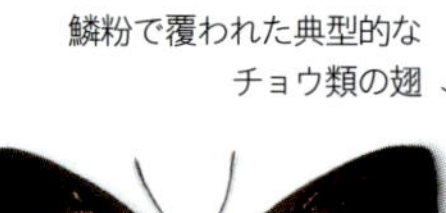

鱗粉で覆われた典型的なチョウ類の翅

ヒスイシジミ

クモマツマキチョウ

翅の形
この2つの種に見られるように、翅の形はバリエーションに富む。

触角の先端は太い

典型的な昼行性のチョウ類に見られる鮮やかな色

大きくて丸みのある特徴的な翅

チョウ類の体
ベニモンオオキチョウは、典型的なチョウ類に見られる特徴をすべて兼ね備えている。

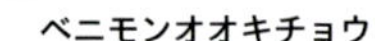

ベニモンオオキチョウ

休息するチョウ
タテハチョウ科の1種。左右の翅を背側で合わせる、チョウの典型的な休息姿勢である。

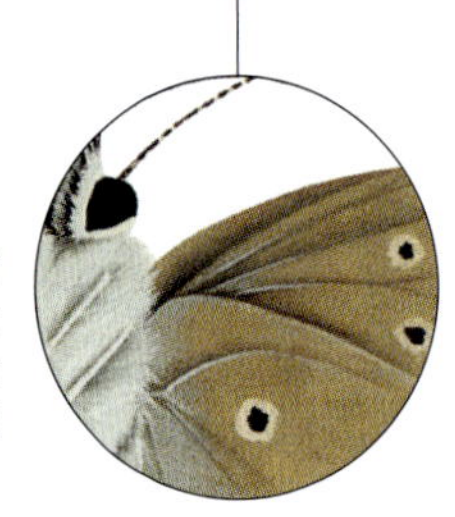

後翅の位置
イカルスヒメシジミの裏面を拡大すると、後翅の基部が前にせり出すチョウ類特有の翅の配置がわかる。

ガ類の特徴

ガ類は変異に富む（バリエーションが豊富である）ため、ひとくくりに説明するのは難しい。昼行性の種も多い。通常は触角の先端が棍棒状ではなく、糸状あるいは羽毛状の細かい毛が多数生えていることでチョウ類と区別できる。ガ類の多くは、後翅基部から翅刺という剛毛が突き出ており、これが前翅の保帯という部分に収納されることで前後の翅を連結している。雄は太い翅刺を1本持ち、雌は細い翅刺を多数持つ。

キマダラ
ベニチラシ
細長い
典型的な
ガの翅
タイリクイボタガ

翅の形
ガの翅は大きさ、形、色が変異に富む。

羽毛状の触角を
持つ種が多い
保帯と翅刺からなる連結器官が裏面にある
頑丈な体が
特徴的

典型的なガ
オーストラリアアカシアボクトウはくすんだ保護色と頑丈な体を持つ、典型的なガである。

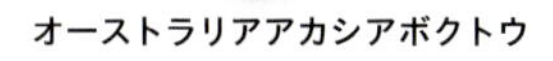
オーストラリアアカシアボクトウ

休息するガ
キハラゴマダラヒトリが、翅を家の屋根のような形にたたんで休息している。ガ類の典型的な休息姿勢である。

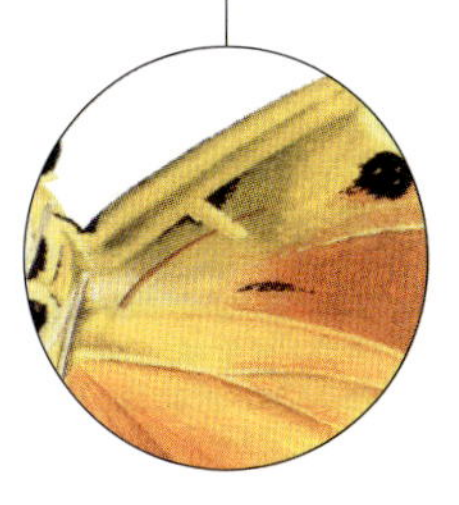

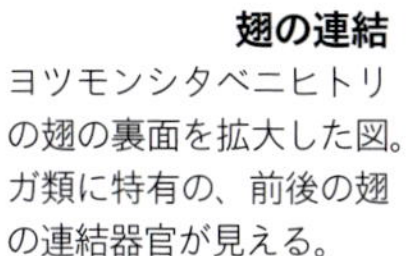
翅の連結
ヨツモンシタベニヒトリの翅の裏面を拡大した図。ガ類に特有の、前後の翅の連結器官が見える。

ライフサイクル

チョウとガは「卵、幼虫（イモ虫、毛虫）、蛹、成虫」の4段階からなる複雑なライフサイクルを持つ。まず幼虫は殻に守られて卵の中で育つ。孵化後の幼虫の段階は、摂食のための重要な時期である。成長とともに数回脱皮し、蛹になる。幼虫の体の各器官は自己消化され、成虫の体につくり直される。このようなライフサイクルを完全変態と呼ぶ。

1 卵 孵化直前に卵の色が濃くなると、中で幼虫が動いているのが見える。幼虫は硬い殻を丸く噛み切って「蓋」をあけ（A）、体をくねらせて外に出る（B, C）。最も無防備な時期の1つである。孵化し終えると（D）通常は殻を食べ（E）、餌となる植物（食草、食樹）を発見するまでの栄養にする。

最初の食事は
自分の卵殻
E
孵化が終わると
食べるため卵殻に
近づく
D

南アメリカのフクロウチョウ

C

ようやく卵から
抜け出した幼虫

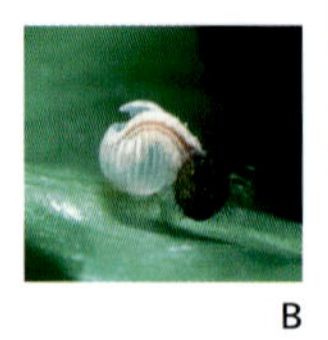

B

A

オナシアゲハ

4 成虫 葉の表面に卵を産む種もいるが、より安全な裏面に産みつける種もいる（O）。植物の組織の隙間や内部に産卵する種もいる。雌はすでに卵がついている植物は避け、自分の子どもたちがその植物を餌として独占できるようにする。通常は卵を表面に貼り付けるが、粘性のある分泌物を用いる場合もある。1個ずつ産卵する種もいれば、卵塊として産卵する種もいる。幼虫の食草が多岐にわたる種では、飛行中に卵を散布することが多い。

O
視覚、嗅覚、味
触覚を使い、
産卵に適した
植物を選ぶ
N
葉の裏に産み
つけられた卵

2 幼虫　アフリカオナシアゲハの場合、幼虫は蛹化にふさわしい枝を選んで糸を吐き、自分の尾部を固定する足場をつくる(F)。次に体を取り巻くように糸を吐き、糸の端を枝に固定して体を支える(G)。そして背に沿ってクチクラ（体表を保護する丈夫な膜）が裂けると、蛹が姿を現す(H)。蠕動運動で古いクチクラを尾部に押し下げて脱ぎ捨て(I)、尾部の鉤爪を足場に固定して蛹化を完了する。

幼虫は体を支える
糸を吐く
細い絹の
ような糸
F
G
幼虫は効果的な
保護色で身を守る
脱ぎ捨てられた
幼虫の皮膚
H
アフリカオナシアゲハ
最終的に蛹は
硬くなる
I
まだ翅は
たたまれて
いる
頭部の下に
巻かれた口吻（吻）
K
J
L
M
脚の先端の爪を
蛹殻に引っかけて
体を固定する
正しい位置に
翅をのばした成虫

3 蛹（さなぎ）　羽化直前、内部の成虫の体色が透けて見えるようになる(J)。蛹のクチクラが裂けて成虫がもがき始める(K)。蛹殻から抜け出ると(L)、成虫は腹部末端から蛹便と呼ばれる液体を出す。蛹便には、蛹の間に蓄積された老廃物が含まれる。羽化した成虫はしわになった翅を垂らして止まり、体液を翅脈に送り込んで翅をのばす(M)。翅が固まる前に、急いでのばす必要がある［写真はカスリタテハの一種］。

幼虫と蛹

発育の各段階の体は、必要とされる機能に特化したつくりになっている。そして、柔らかい体の幼虫として過ごす時期が長い種が多い。身動きできない蛹の時期も攻撃されやすいため、幼虫と蛹のための様々な防衛手段を発達させている。

幼虫

幼虫は背景に溶け込むか、枯れ葉などに擬態して身を隠すことが多い。シャクガ科の幼虫のシャクトリムシは小枝に擬態するため、体を動かさずにいれば安全である。毛や棘で体を覆い、鳥や小型哺乳類に食べられにくくしている種もいる（ただしカッコウは気にせず食べてしまう）。毛に毒があるため、触れるとかぶれる種もいる。有毒か食べても不味い幼虫は、鮮やかで独特な色や模様を持つ。

小枝に擬態する
ムラサキエダシャクの幼虫は非常にうまく擬態するため、動かなければ小枝と区別するのは困難である。

樹皮の傷も見事に真似されている

棘を持つ幼虫
イラガ科の一種の幼虫は鮮やかな色彩と模様で、刺毛があることを警告している。

有毒でしかも味が悪い
マツカレハの幼虫は毒針毛を持つため、大半の捕食者に敬遠される。

模様で警告
目立つ模様のスグリシロエダシャクの幼虫は、鳥にとっては味が悪い。

葉に擬態
ナツメシジミの幼虫は緑色なので、食草の葉の色に溶け込む。

脅す
シャチホコガの幼虫は危機を感じると、頭部とサソリのような尾部を持ち上げる。

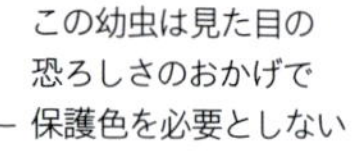
この幼虫は見た目の恐ろしさのおかげで保護色を必要としない

蛹

チョウの蛹は英語ではクリサリスとも呼ばれるが、これは黄金を意味するギリシア語から生まれた言葉である。チョウの蛹に、金属光沢を持つものが多いことに由来する。蛹は硬い殻を持つが、鳥やネズミなどの捕食者には無力である。そのため幼虫と同じように周囲に溶け込む色を持つ種が多く、蛹化する環境によって体色を変えられる種さえいる。枯れ葉や小枝に擬態する種もいる。有毒な蛹は、非常に目立つ鮮やかな色をしていることが多い。ガ類には、糸でつくった繭の中で蛹化する種が多い。

葉に擬態
ツマキフクロウチョウの蛹は枯れ葉に似ている。

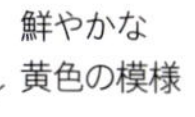
鮮やかな
黄色の模様

味が悪い種
ジョオウマダラの蛹は、捕食者にとって味が悪い。

幼虫のときの食草に由来する毒を持つ

果実に擬態
モルフォチョウの1種の蛹は木の実のような形をしている。

翅脈
ワタリオオキチョウの蛹は、形成中の翅脈が外から見える。

形成中の翅脈

こちら側に頭部がある

糸で体を支える
オオタスキアゲハの蛹が糸で支えられている。この糸は幼虫のときに吐いたものである。

明緑色の蛹
アオスジアゲハの蛹の色は緑から褐色まで変異に富む。

生き残り戦略

華奢で美しい生き物であるチョウとガは、不利な環境の中で生き延びなければならない。そして他の多くの昆虫とは異なり、針や噛みつくための大顎など攻撃的な武器を持っていないのである。鳥などの捕食者から身を守るには、防御的な手段に頼らざるを得ないことになる。

保護色と擬態

成虫のチョウ類とガ類は背景に溶け込む工夫をしている。チョウ類は翅を背側で閉じて休むため、地味な裏面だけが見えることになる。鮮やかな色のチョウが生垣に止まり翅を閉じただけで、消え失せたように見えるのである。ガ類の多くの種は夜間に活動して鳥を避けるが、コウモリは避けられない。しかしコウモリの声を聞ける種が多く、回避は不可能ではない。夜行性のガ類の大半はくすんだ色の翅を持ち、昼間は木の幹に止まって目立たなくしている。複雑な色彩パターンで翅や胸部、腹部の輪郭を認識しにくくしている種もいる。また特にガの仲間は枯れ枝、枯れ葉からスズメバチ、クモに至るまで、様々なものに擬態する。

コノハチョウ
枯れ葉の葉脈や傷まで真似ていることから、この名前がつけられた。

翅の裏面は枯れ葉にそっくりである

後翅の先端だけが少し見えている

樹皮への擬態
このボクトウガは他のガ類と同様、樹皮に止まると背景に溶け込んでしまう。

警告色

大半のチョウ類とガ類は保護色や擬態で身を守っているが、有毒な種は逆に派手な色で捕食者に警告を与えている。若鳥のように経験の浅い捕食者もやがて学習し、警告色を持つ昆虫には手を出さないようになる。ガ類の中には、止まっているときは地味な保護色の前翅を見せておき、脅威を感じると鮮やかな色の後翅を見せる種がいる。また、翅の眼状紋を使って偽の顔をつくり、捕食者を驚かす種もいる。

鮮やかな色

イリアベニシタバは後翅の鮮やかな色を突然見せて捕食者を驚かす。

後翅に比べて
前翅は地味である
後翅の黄色が
鮮やかに見える

イリアベニシタバ

前翅の縁は独特な
波状になっている

後翅のメタリックブルーの
眼状紋は黒く縁取られている

アメリカウチスズメ

眼状紋

アメリカウチスズメは捕食者に襲われると、後翅の鮮やかで大きな眼状紋を見せて威嚇する。

擬 態

有毒なチョウ類は、警告色を目立たせるため集団で飛ぶことが多い。同じような色と模様の有毒種が多いため、その内の1種を覚えた鳥は、残りの種も避けるようになる。有毒種に擬態した無毒種も避けてもらえる。過去には、よく似た複数の種を1つの種だと判断した昆虫学者もいた。

翅の内縁の鮮やかな赤色が
捕食者をおじけづかせる

アカスジドクチョウ

擬態関係

この有毒な2種は区別しにくい。同じ色模様を持つことで、互いに利益を得ている。

この2種は非常に
区別しにくく、
鳥はたいてい
だまされる

メルポメネドクチョウ

保全

近年、世界各地でチョウ類とガ類の個体数が著しく減少し、絶滅した種も多数にのぼる。チョウ類とガ類が生き延びられるよう、手遅れになる前に、何が問題となっているかを解明していく必要がある。

昆虫採集の影響

ビクトリア朝時代に昆虫採集が大流行したが、チョウ類とガ類の生息数はほとんど影響を受けなかった。雌が一度に産む卵から成虫にまで育つのは1、2匹に過ぎないため、多い種では数百の卵を産む。したがって、限られた数を採集しても影響は微々たるものだった。しかし現在では、個体数が危険なほど減少した種も見られる。希少種のわずかな採集が、生存のバランスを崩す可能性がある。特定種の採集を禁ずべきだと主張する保護団体もある。

アポロウスバシロチョウ

キアゲハ

絶滅のおそれ

生息地の変化により個体数を減らしている種を採集すると、減少を加速させる可能性がある。アポロウスバシロチョウとキアゲハの英国産亜種は法律で保護されており、捕獲したり殺したりするのは犯罪行為になる。

チョウやガと人間の関係

チョウとガは、人間の味方にもなれば敵にもなる。小麦畑、水田、針葉樹林など、同じ植物を広大な敷地に植えた土地は、特定の種にとって最適な環境になり、大繁殖して害虫になる場合がある。また、昆虫が他の国に偶然持ち込まれ、天敵や競争種がいないため害虫化することもある。しかしチョウは吸蜜のため花から花へ飛び回り花粉を媒介する。幼虫が摂食によって雑草防除に一役買うこともある。絹を生産するため、何世紀にもわたり家畜化されてきた種もある。

クジャクチョウ

マイマイガ

益虫か害虫か？

クジャクチョウは花粉を媒介して人間に間接的な利益をもたらす。マイマイガは果樹園でよく見られる害虫である。

生息地の喪失

生息地が破壊されてからでは、チョウ類やガ類の保護のためにできることはわずかしかない。環境を保全し、崩れかけている自然のバランスをこれ以上壊さないことが重要だ。田園地帯はすでに人間の管理下にある。生息地の多くが、作物を栽培するために切り開かれたり排水されたりして破壊されてきた。

クロテンベニホシヒョウモンモドキ

集約農業
牧草地が湿っていても、排水溝を掘ることで干し草、飼料、作物の生産量を増やせるが、乾燥が進むとクロテンベニホシヒョウモンモドキの生存が脅かされる。このチョウの幼虫はマツムシソウ属を食草とするのである。

豊かな生物相を持つ熱帯雨林はチョウ類の素晴らしい生息地であり、非常に美しい種も複数生息する。しかし農林業による森林破壊が続き、生存が脅かされている。熱帯雨林に生息する昆虫同士の関係は解明されていない部分が多く、観察しやすく大量の記録が残されているチョウ類とガ類は研究に欠かせない。絶滅危惧種のトリバネアゲハについては、存続のための飼育が行われている。

熱帯林
材木を入手するため熱帯林が伐採されることが多く、跡地は農業に利用されて森林は再生されない。この方法での林業は持続可能ではない。

ドルーリーオオアゲハ

森の住人
希少種であるドルーリーオオアゲハの雄は小川の近くでよく見られ、雌は高い木々の上部（林冠）に生息する。熱帯林が破壊された結果、絶滅の危機に瀕する可能性がある。

観察

自然環境下でチョウ類やガ類を観察すれば得るものが多い。初めてルーペで生きたチョウを観察したときの驚きは、標本を眺めるだけでは味わえない感動的な体験である。

観察場所を選ぶ

チョウ類と昼行性のガ類は非常に活動的なため、吸蜜中や吸水中に観察するのがよい。まず花壇で観察をするのが手軽だろう。それでも忍耐力は必要だ。蜜を持っている花々の近くで、チョウがくるのをじっと待つ。飛んできたチョウが落ち着きを見せたら接近できるが、わずかな動きにも反応するので注意する。自分の影がチョウにかからないよう気をつける必要もある。

慣れてくれば、チョウが好む場所を見分けられるようになる。生け垣、林縁、風雨から守られた日当たりのよい場所なら観察のチャンスがあるだろう。小川の近くの湿地や水たまりには、チョウが吸水のため集まる。特に熱帯地方ではその傾向が強い。

チョウの吸水
ぬかるんだ地面の水たまりに、吸水のためチョウが集まることが多い。観察には絶好の機会である。

アゲハチョウ科の複数の種の幼虫がいるが、若齢期なので同定は困難である

鳥の糞のように見えるため、鳥などの捕食者の注意をひかない

写真の幼虫は、すべて熱帯産の種である

幼虫を探す
幼虫を探すときは、保護色や擬態で守られていることを忘れないようにする。写真のアゲハチョウ科の幼虫は、鳥の糞に擬態している。

チョウやガを引き寄せる

発酵した果実や樹幹からにじみ出る樹液に誘引される種が多く、採集者がこの性質を利用している。夕暮れに糖蜜、ラム酒、ビールを樹幹や柵の支柱に塗り、夜間に1時間おきに訪れれば集まったガ類を観察できる。

懐中電灯を使えば、甘いアルコール混合物を吸蜜しているガ類を眺められる。なお、ガ類は光に目がくらんで方向感覚を失い、光源に向かうことがある（ただし一般に信じられているほどには光に誘引されない）。この性質を利用したトラップが考案され、ガ類の採集や個体数と種の調査などに使われている。白い布の前で白熱球を点灯するだけでも多数の種を誘引できる。

夜の明かり
普通の明かりでもガ類を誘引するが、水銀ランプは特に効果的である。

チョウに餌を与える
このタテハチョウは果実から吸汁している。チョウもガも果実を好む。

野外観察の道具

観察したチョウやガを記録に残す最良の方法は、写真を撮ることである。一眼レフカメラに接写レンズを装備すれば、練習と努力次第できれいな写真が撮れる。スマートフォンのカメラも、チョウとその生息地の撮影に向いている。撮影時刻、分布、配偶行動、食草を記録して生態を把握する。こまめに記録することで、重大な発見がなされてきたのである。

ノートと図鑑

スマートフォン

カメラ

短焦点の望遠鏡

飼育

チョウ類やガ類についてよく知るための最良の方法の1つは、実際に卵から育ててみることだ。一般的な種だけでなく、大型で美しい種にも、カイコやオオミズアオのように飼育が比較的容易なものがいる。

幼虫の飼育

孵化前の卵は透明なプラスチック容器で保管するが、容器が大き過ぎると乾燥して死んでしまう。孵化したら、食草を入れた容器に幼虫をすぐに移す。幼虫が小さいうちは、底に吸い取り紙を敷いた容器でまとめて飼育できる。定期的に新鮮な食草を補充する。食草が乾燥してしまうため、この段階では容器の蓋に換気用の穴は必要ない。結露は小さな幼虫にとって脅威であるが、敷いてある吸い取り紙が溺れる被害を緩和してくれる。幼虫が成長したら大きい容器やケージに移す。生きている植物を摂食する種では、ケージの中に鉢植えを入れるか、屋外の低木に幼虫を移して枝ごと網で囲む。

安全に飼育する
切り枝で幼虫を飼育する場合、水を入れた瓶の口に蓋をする必要がある。幼虫が中に落ちれば溺死してしまう。

サクサンの飼育にはカシの小枝を使う
サクサンの幼虫
幼虫に新鮮な餌を与えるため、食草は定期的に交換しなければならない
小枝が床に着いているので、幼虫が落下しても再び枝に登れる

蛹の段階

大半のチョウ類は食草の上で蛹化するが、一部のガ類は地中や樹皮の間で蛹になる。このような種の場合、ケージの底に湿らせた土を厚く敷けばよい。蛹で越冬する種は翌年に羽化するので、春になったら大きな羽化ケージに移し、時折、霧吹きで湿気を与えるようにする。いずれの発育段階でも湿り気のバランスが重要で、あまりに湿り過ぎるとカビが生えてしまう。ケージは定期的に掃除しよう。そして羽化が始まったら、翅を広げるための小枝をケージに入れておかなければならない。成虫になると摂食しない種もいるが、餌が必要なら切り花をケージに入れる。薄めた蜂蜜や砂糖水でも代用できる。

ファスナーつきの
ケージなら
作業しやすい

ケージを用意する
市販のケージを利用できるが、厚紙の箱を用意して1つの面に網を張れば、即席のケージになる。

鉢植えや
新鮮な切り枝を
入れる
網のケージは
通気性に優れる

ケージのデザイン
可能なら、光が入り通気性がよいケージにする。掃除しやすいことも重要である。

幼虫の扱い

幼虫をいじらないようにする。どうしても必要な場合は細い絵筆を使う。刺毛を持つ種が多いので注意が必要。脱皮しようとしている幼虫は色が鈍くなり、縮んだように見えることが多い。この段階でいじり回すと脱皮できなくなるため、動かさないようにする。

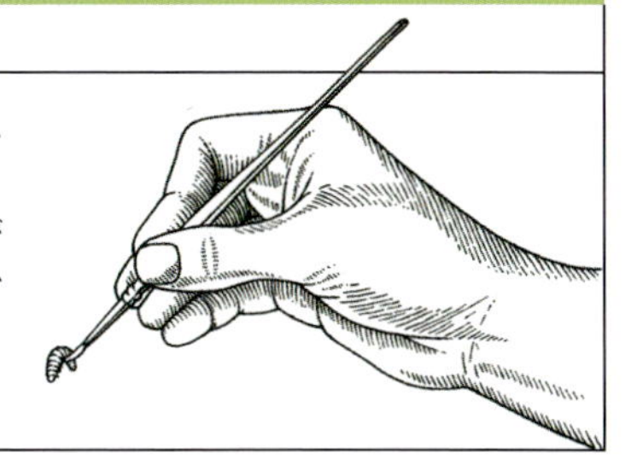

バタフライガーデン

庭をチョウ類やガ類にとって魅力的なように整えるのも、保全活動の一環である。チョウやガが寄ってくる庭は、他の生物も引き寄せる。庭がとても楽しい場所になるだろう。

まず花を育てて、豊富な蜜源を用意する。一般にガは、スイカズラのように夜に香りが強くなる種を好む。花が咲く時期が異なる植物を揃え、1年を通して花の蜜を供給できるようにしたい。幼虫の食草となる植物も植えておけば、雌の成虫が庭で産卵できる。少し調べれば、どのような種が周囲に生息しているかわかるので、それらの種が好む植物を用意できる。場所があるなら、何も手を加えず野草が生い茂る一画をつくるのもよい。チョウやガを呼び寄せたいなら、殺虫剤は可能な限り使わないようにする。アブラムシ用殺虫剤はチョウやガの幼虫には無害だと言われているが、殺虫剤や農薬の使用には注意が必要だ。

アオジャコウアゲハ

オオベンケイソウ（またはミセバヤの仲間）
コヒオドシがオオベンケイソウの花から吸蜜している。

夏に咲いて
蜜の匂いを
漂わせる

ブッドレア
この花はアオジャコウアゲハなど様々なチョウやガを集めるため、「チョウの木」と呼ばれている。

スイカズラの仲間
ホウジャクのような長い口吻を持つガを引き寄せる。
リンゴ
幼虫がリンゴの葉を好むガ類が多い。またキベリタテハのようなチョウは落果に誘引される。
ホウジャク
マジョラム
マキバジャノメなどが、このハーブに誘引される。
キベリタテハ
マキバジャノメ
トラノオノキの仲間
クジャクチョウなどを引き寄せるのに役立つ。
クジャクチョウ
この植物は様々な昆虫を誘引する
野草
野草が生い茂る一画は、チョウやガにとって魅力的である。

旧北区

旧北区はヨーロッパから中国、日本までの北半球と、サハラ砂漠を含む北アフリカまで広がり、動物地理区の中で最も面積が大きい。温帯に属する地域が多いが、北極圏から亜熱帯まで様々な気候の地域が含まれる。季節が明確なためチョウとガの年間の発生回数は安定しており、成虫が飛び回る時期を、ある程度正確に予測できる。チョウとガの研究が最初にヨーロッパで始まったため、旧北区の種は他の動物地理区の種よりもよく知られている。しかし、中央アジアのように動物相があまりわかっていない地域もある。

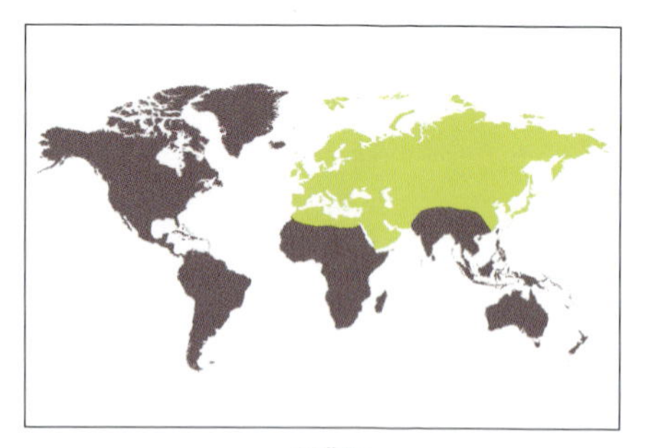

旧北区

エゾコエビガラスズメ
（スズメガ科）
マキバジャノメ
（タテハチョウ科）
ヨーロッパモクメシャチホコ
（シャチホコガ科）
タイリクヒメシロ
モンドクガ
（トモエガ科）
ヒトリガ
（トモエガ科）

農業

旧北区の多くの地域で、数世紀にわたって活発な農業活動が行われてきた。動物相に大きな影響を与えている。

アポロウスバシロチョウ
（アゲハチョウ科）
スペインヒョウモン
（タテハチョウ科）
ヨーロッパコキマダラセセリ
（セセリチョウ科）
クジャクチョウ
（タテハチョウ科）
イカルスヒメシジミ
（シジミチョウ科）
オオモンシロチョウ
（シロチョウ科）
キアゲハ
（アゲハチョウ科）
ハミスジエダシャク
（シャクガ科）
ムツモンベニモンマダラ
（マダラガ科）
カイコ
（カイコガ科）
オオクジャクヤママユ
（ヤママユガ科）
キシタモンヤガ
（ヤガ科）
オオベニシジミ
（シジミチョウ科）
クモマツマキチョウ
（シロチョウ科）
ヨーロッパクヌギカレハ
（カレハガ科）

熱帯アフリカ区

アフリカ大陸のうち、サハラ砂漠より南が熱帯アフリカ区である。マダガスカルには多数の固有種が生息しているため、通常は独立した動物地陸区として扱われるが、本書では熱帯アフリカ区に含めている。本区には4,300種を超えるチョウ類と、さらに多数のガ類が生息しているが、ガ類の小型種についてはほとんどわかっていない。多数の種が生息するのは低地の熱帯雨林であり、特に西アフリカは最も多数の種が見られる。草原とサバンナも主要な生息地で、小規模ながら特徴的な動物相を形成している。

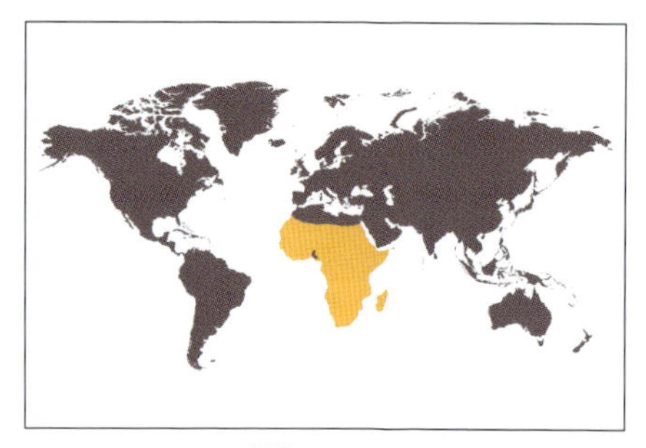

熱帯アフリカ区

ヒイロツマアカシロチョウ
(シロチョウ科)

ウラナミシジミ
(シジミチョウ科)

アフリカパンダシャチホコ
(シャチホコガ科

オナシアゲハ
(アゲハチョウ科)

アフリカイボタガ
(イボタガ科)

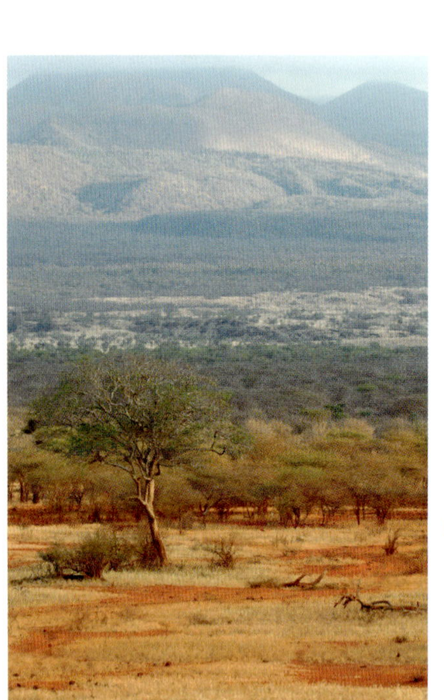

サバンナ
高木と低木が点在する草原は、チョウ目のアフリカ大陸における主要な生息地である。

アフリカベニシロドクガ
（トモエガ科）

オパールシジミ
（シジミチョウ科）

アカメヤママユ
（ヤママユガ科）

キオビアフリカカバタテハ
（タテハチョウ科）

アフリカクロスジカレハ
（カレハガ科）

シロオビアフリカアオバセセリ
（セセリチョウ科）

ヒメアケビコノハ
（トモエガ科）

アフリカスキシロチョウ
（シロチョウ科）

ニシキオオツバメガ
（ツバメガ科）

カバマダラ
（タテハチョウ科）

オオシロオビアオシャク
（シャクガ科）

ドクロメンガタスズメ
（スズメガ科）

インド・オーストラリア区

インド・オーストラリア区はインド・マレー区(以前は東洋区と呼ばれた)とオーストラリア区の2つからなり、パキスタン、インドからオーストラリア、ニュージーランドまで広がっている。上記2区の動物相には大きな違いが見られるが、2区にまたがって分布するチョウの種が多いため、本書ではインド・オーストラリア区としてまとめて取り扱う。生息するチョウとガの種は、本区が最も多い。オーストラリアの一部とニュージーランドを除き、熱帯に属する。熱帯雨林、平原、沼地、山地と、多様な生息環境が存在する。

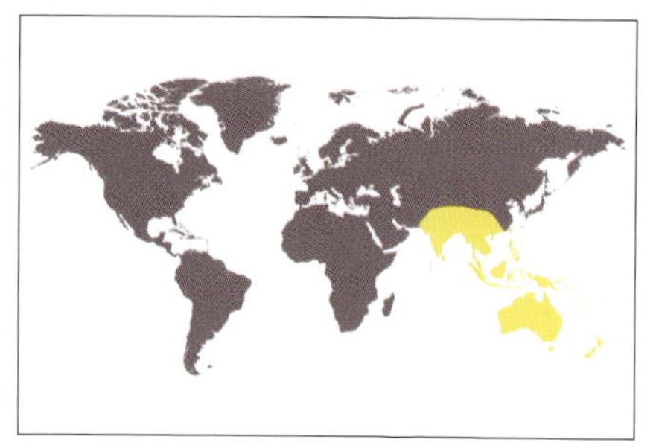

インド・オーストラリア区

ハレギチョウ
(タテハチョウ科)

タスキシジミ
(シジミチョウ科)

ルリモンアゲハ
(アゲハチョウ科)

バンクシアシャチホコ
(シャチホコガ科)

水田
インド・マレー区における、人間が関与した典型的な景観。

ウラモンアカシャク
（シャクガ科）

ヒメミイロヤドリギシジミ
（シジミチョウ科）

コウモリセセリ
（セセリチョウ科）

ゴウシュウヒメキモンドクガ
（トモエガ科）

ネッタイオナガ
ミズアオ
（ヤママユガ科）

ベニモンクロヒカゲ
（タテハチョウ科）

ベニシロチョウ
（シロチョウ科）

ゴウシュウテルメッサヒトリ
（トモエガ科）

シラホシアシブトクチバ
（トモエガ科）

ゴウシュウユウレイスズメ
（スズメガ科）

オーストラリアアカシアカレハ
（カレハガ科）

ミシスカザリシロチョウ
（シロチョウ科）

新北区

大部分が温帯気候だが、カナダ、アラスカの北極圏やフロリダ、南カリフォルニアの亜熱帯も含まれる。気候と動物相は旧北区と似ており、新北区と旧北区にまたがって分布する種も多い。そのような種は「全北区」に分布すると言う。新北区には700種を超えるチョウ類が生息しているが、ガ類の種数ははるかに多い。本区に生息するチョウの中で最も有名なのは、毎年カナダからメキシコまで渡りをするオオカバマダラであろう。

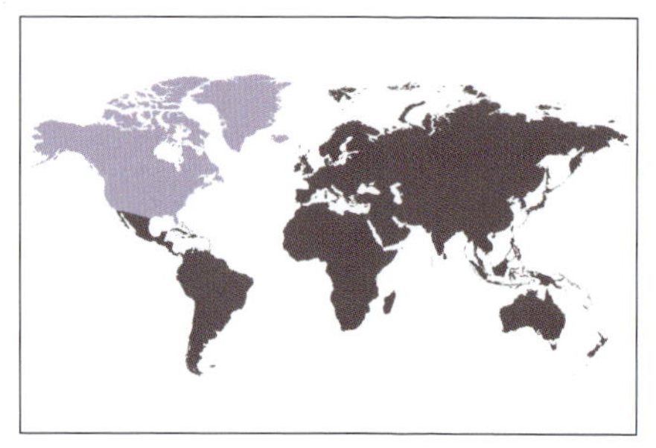

新北区

オオカバマダラ
(タテハチョウ科)

タテスジカエデエダシャク
(シャクガ科)

ホクベイアサガオシャチホ
(シャチホコガ科)

オオモンヒカゲ
(タテハチョウ科)

ビルゴヒトリ
(トモエガ科)

クロテンチビウラナミシジ
(シジミチョウ科)

森林
本区では多数の種が、温帯林や農耕地周辺に生息する。

ホクベイホソバボクトウ
（ボクトウガ科）

カリフォルニアイヌモンキチョウ
（シロチョウ科）

ギンボシオオチャバネセセリ
（セセリチョウ科）

トラフタイマイ
（アゲハチョウ科）

オオルリツバメ
（シジミチョウ科）

イトランセセリ
（セセリチョウ科）

ニセタマナヤガ
（ヤガ科）

アメリカエビガラスズメ
（スズメガ科）

アメリカオビカレハ
（カレハガ科）

マイマイガ
（トモエガ科）

セクロピアサン
（ヤママユガ科）

アメリカタテハモドキ
（タテハチョウ科）

シロテンイラガ
（イラガ科）

マツノキシロチョウ
（シロチョウ科）

新熱帯区

メキシコから南アメリカのフエゴ島まで広がる。様々な生息環境や気候が含まれるが、南アメリカの熱帯雨林に多数の種が生息している。

オオウラミドリシジミ（35ページ）に代表されるシジミチョウ類には宝石のように美しい種もいるが、大半の種は未調査で、同定に役立つ情報が不足している。また、ナンベイオオヤガやナンベイオオハイイロスズメのような特徴のあるガもいるが、小型のガのほとんどは種の同定が進んでいない。

新熱帯区

熱帯雨林
生息するチョウ目の個体数が世界で最も多い。

カレタシロスジヤママユ
（ヤママユガ科）
ナンベイ
ゴムノキヒトリ
（トモエガ科）
アオジャコウアゲハ
（アゲハチョウ科）
キジマドク
チョウ
（タテハチョウ科

オオウラミドリシジミ
（シジミチョウ科）
ナンベイ
オオハイイロスズメ
（スズメガ科）
ナンベイオオヤガ
（トモエガ科）
ベニオビコバネ
シロチョウ
（シロチョウ科）
シジミエダシャク
（シャクガ科）
ミツオシジミタテハ
（シジミタテハ科）
スロアヌスアオツバメガ
（ツバメガ科）
レテノールモルフォ
（タテハチョウ科）
シロベリセセリ
（セセリチョウ科）
ナンベイキンイロ
アミメシャチホコ
（シャチホコガ科）
オナガセセリ
（セセリチョウ科）

チョウ

アゲハチョウ科 Papilionidae

約550種が含まれ、世界最大級の種や美しさでは随一の種も見られる。チョウの中で最も広く研究され、最もよく知られている科である。
大半の種は熱帯に分布するが、温帯に生息する種もいる。後翅に尾状突起を持つ種が多いため、swallowtail（燕の尾）という意味の英名がつけられた。なお、オーストラレーシアの熱帯域に生息するトリバネアゲハの仲間のように、尾状突起を持たない種もいるので注意が必要である。この科は印象的で大きな翅と、よく発達した3対の脚を持つのが特徴である。通常は高い飛行能力を持つ。

科：アゲハチョウ科	学名：*Papilio aegeus*	命名者：Donovan

メスアカモンキアゲハ
Orchard Swallowtail

雄は、黒い前翅に白斑が斜めに並び、左右の後翅に赤い斑点が1つずつあるのが特徴。雌の色模様には変異があるが、前翅の白い模様と、後翅の外縁沿いに帯状に並ぶ赤い斑紋は共通する。力強いが不規則な飛び方である。

▶幼虫期　孵化した当初は、褐色に白い模様があり、鳥の糞に似ている。成長すると緑色になり、背に短い肉質の突起を持つようになる。柑橘類の栽培種を食樹とする。

▶分布　オーストラリアのクイーンズランドからビクトリア。パプアニューギニア周辺の島々にも分布する。

♂
尾状突起のない
特徴的な後翅

前翅の縁は
わずかに波状
雌は雄よりも
かなり大きい
勾玉状の
赤い斑紋
後翅中央部の
白斑は雌雄共通
♀
インド・オーストラリア区

活動時間帯：☼	生息地：	開張：7.5–9cm

科：アゲハチョウ科	学名：*Papilio paris*	命名者：Linnaeus

ルリモンアゲハ Paris Peacock

後翅に特徴的な金属色の斑紋が見られる。通常、雌は雄よりも黄色みが強い。

▶幼虫期 幼虫は緑色で白色または黄色の模様がある。臭角は黄色。柑橘類など食草は多種にわたる。

▶分布 主にインド、タイ、スマトラ、ジャワの低地に分布するが、マレー半島には分布しない。中国南西部の高地にも生息する。

インド・オーストラリア区

黒い翅に散らばる緑色の鱗粉が、見事な色彩を生み出す
♂
後翅の縁は丸みのある波状
眼状紋と尾状突起が偽の頭部になり、捕食者を混乱させる

活動時間帯：☼	生息地：🌴	開張：8−13.5cm

科：アゲハチョウ科	学名：*Papilio polytes*	命名者：Linnaeus

シロオビアゲハ Common Mormon

雌の色彩型は3つある。そのうちの1つは雄に似ており、残りの2つは他のアゲハチョウに似ている。雄は雌より素早く飛ぶ。

▶幼虫期 幼虫は緑色で褐色の模様がある。オナシアゲハ（38ページ）の幼虫と非常によく似ている。オレンジやライムなど柑橘類の栽培種を食樹とし、近縁の野生種であるミカン科のゲッキツ属やトリファシア属も摂食する。

▶分布 イラン、インド、マレーシアからパプアニューギニア、オーストラリア北部。

後翅のクリーム色の斑点は前翅にまで続く

♂

後翅にクリーム色の斑点が帯状に並ぶ

インド・オーストラリア区

活動時間帯：☼	生息地：🌿 ﾐﾐﾐ	開張：9−10cm

科：アゲハチョウ科	学名：*Papilio demoleus*	命名者：Linnaeus

オナシアゲハ Chequered Swallowtail

黒色と薄い黄色の特徴的な模様を持ち、後翅の内縁に細長く赤い斑紋がある。尾状突起はない。Lime Swallowtailという英名もある。

▶幼虫期 若齢幼虫は暗褐色で白色の模様があり、鳥の糞に似ている。成長すると緑色で暗褐色の模様を持ち、周囲の環境に溶け込む。柑橘類やマメ科を食草とする。

▶分布 イラン、インド、マレーシアからパプアニューギニア、オーストラリア北部。

前翅の内側に、
黒色と黄色の
レース状の模様が
見られる
♂
翅の縁は格子模様

インド・オーストラリア区

活動時間帯：☼	生息地：🌿 🌴 ⺌⺌	開張：8−10cm

科：アゲハチョウ科	学名：*Papilio anchisiades*	命名者：Esper

ベニモンクロアゲハ Ruby-spotted Swallowtail

大型で翅は黒い。後翅にピンク色、ルビー色、紫色のいずれかの模様を持つ。マエモンジャコウアゲハ属に擬態している。

▶幼虫期 幼虫は緑色と褐色で、背に白い模様と突起がある。柑橘類の栽培種を食樹とする。

▶分布 アメリカ合衆国のテキサス南部、メキシコから中央アメリカ、南アメリカの熱帯域。

♂
後翅に尾状突起がない
後翅に明色の模様

新熱帯区

活動時間帯：☼	生息地：🌿 🌴	開張：6−9.5cm

科：アゲハチョウ科	学名：*Papilio zalmoxis*	命名者：Hewitson

ザルモクシスオオアゲハ Blue Swallowtail

青、緑、青銅色と変異に富む見事な翅を持つ。雌は雄より小さく、灰青色の後翅の中央部は黄色みを帯びる。成虫は年間を通して見られる。

▶幼虫期　幼虫については知られていない。

▶分布　コンゴ民主共和国からナイジェリア、リベリア。

黒くはっきりとした
翅脈
♂
腹部は黄色で
特徴的

熱帯アフリカ区

活動時間帯：☼	生息地：🌴	開張：14−17cm

科：アゲハチョウ科	学名：*Papilio dardanus*	命名者：Brown

オスジロアゲハ Mocker Swallowtail

雄の翅は黄色か白色で、黒い模様がある。雌の色彩型は1種類だけではない。雌の一部はマダラチョウ類（152-154ページ）に擬態し、擬態しない雌は雄と同じ色模様で尾状突起を持つ。

▶幼虫期　幼虫は太く、緑色で白い模様がある。臭角は橙赤色。柑橘類の栽培種と近縁種を食樹とする。

▶分布　サハラ砂漠より南のアフリカ、マダガスカル、コモロ諸島。

雄の前翅は暗色で
縁取りされている
♂
腹部は先細り

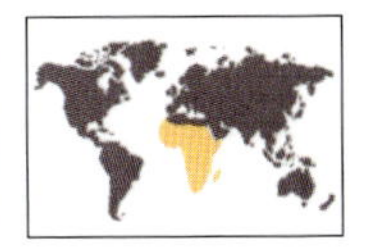

熱帯アフリカ区

活動時間帯：☼	生息地：🌴	開張：9−10.8cm

科：アゲハチョウ科	学名：*Papilio cresphontes*	命名者：Cramer

オオタスキアゲハ Giant Swallowtail

黒色と黄色の模様が特徴的。北アメリカにおける最大級の種の1つ。

▶幼虫期　幼虫は褐色でくすんだ白色の模様がある。食草は様々な野生植物。

▶分布　中央アメリカからメキシコ、アメリカ合衆国のニューイングランドからカナダ南部。

新北区、新熱帯区

前翅に黄色い帯状の斑紋

斑紋の大きさでタスキアゲハと区別できる

尾状突起に黄色い斑紋

♂

活動時間帯：☼	生息地：	開張：10−14cm

科：アゲハチョウ科	学名：*Papilio antimachus*	命名者：Drury

ドルーリーオオアゲハ African Giant Swallowtail

黒色と橙色の独特な色模様。アフリカ最大のチョウである。高濃度のカルデノリドを蓄積しており有毒。派手な色で捕食者に警告している。成虫は通年見られる。

▶幼虫期　幼虫については知られていない。

▶分布　ウガンダからコンゴ民主共和国、アンゴラ、シエラレオネ。

特徴的な細い前翅
全体の大きさに比べて小さい触角
♂
細長い腹部
熱帯アフリカ区

活動時間帯：☼	生息地：	開張：15−25cm

科：アゲハチョウ科	学名：*Papilio demodocus*	命名者：Esper

アフリカオナシアゲハ Citrus Swallowtail

色は黒色と黄色で、尾状突起はない。オナシアゲハ（38ページ）のアフリカにおける代置種だが、本種はより大型で後翅の黒い部分の比率が高い。Christmas butterflyという英名もある。

▶幼虫期　幼虫は黒色と緑色の斑模様で、柑橘類の栽培種やマメ科を食草とする。

▶分布　熱帯アフリカに分布し、アフリカ南部では害虫扱いされる。マダガスカルでも発見された。

熱帯アフリカ区

明瞭な黄色い斑紋

後翅の縁は独特な鋸歯状である

♂

活動時間帯：☼	生息地：	開張：9−12cm

科：アゲハチョウ科	学名：*Papilio machaon*	命名者：Linnaeus

キアゲハ Swallowtail

黄色地に黒色の、独特で目立つ模様がある。尾状突起は非常に短く、後翅の橙色の斑紋は変異に富む。アメリカ合衆国では「旧世界（ヨーロッパ）のアゲハチョウ」とも呼ばれる。

▶幼虫期　幼虫は明緑色と黒色の縞模様で赤い斑紋がある。セリ科を食草とする。

▶分布　ヨーロッパからアジアの温帯域、さらに日本までの湿地や牧草地。カナダとアメリカ合衆国の亜寒帯から寒帯域にも分布する。

前翅の前縁は細く淡色である
♀
青色の鱗粉が散らされた太く黒い帯
左右の後翅の隅に赤い斑点がある

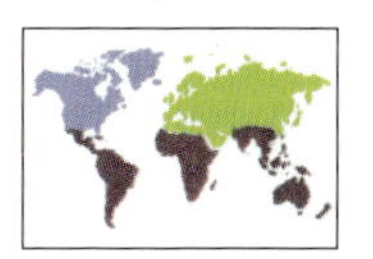

全北区

活動時間帯：☼	生息地：	開張：7−10cm

科：アゲハチョウ科	学名：*Papilio glaucus*	命名者：Linnaeus

メスグロトラフアゲハ Eastern Tiger Swallowtail

雄と一部の雌は、黄色地に黒い縞の虎模様。なお地色が暗褐色か黒色の雌も分布域の南部でよく見られ、有毒なアオジャコウアゲハ（45ページ）に擬態していると考えられている。分布域の北側に生息する個体ほど小型で色が薄くなる。力強く悠然と飛翔する。

▶幼虫期　幼虫は太い。地色は緑色で明黄色と黒色の眼状紋がある。若齢幼虫は鳥の糞に似ている。食樹はヤナギ属やハコヤナギ属。地域により発生回数は年に1から3回。

▶分布　アメリカ合衆国東部のテキサス、サウスダコタからフロリダ、ニューイングランド。かつては北部と西部に亜種が分布しているとされ、ニューファンドランドからアラスカも分布域に含まれた。現在では別の種（カナダトラフアゲハ）として扱われる。

優れた保護色と
捕食者を驚かせる
眼状紋を持つ

幼虫

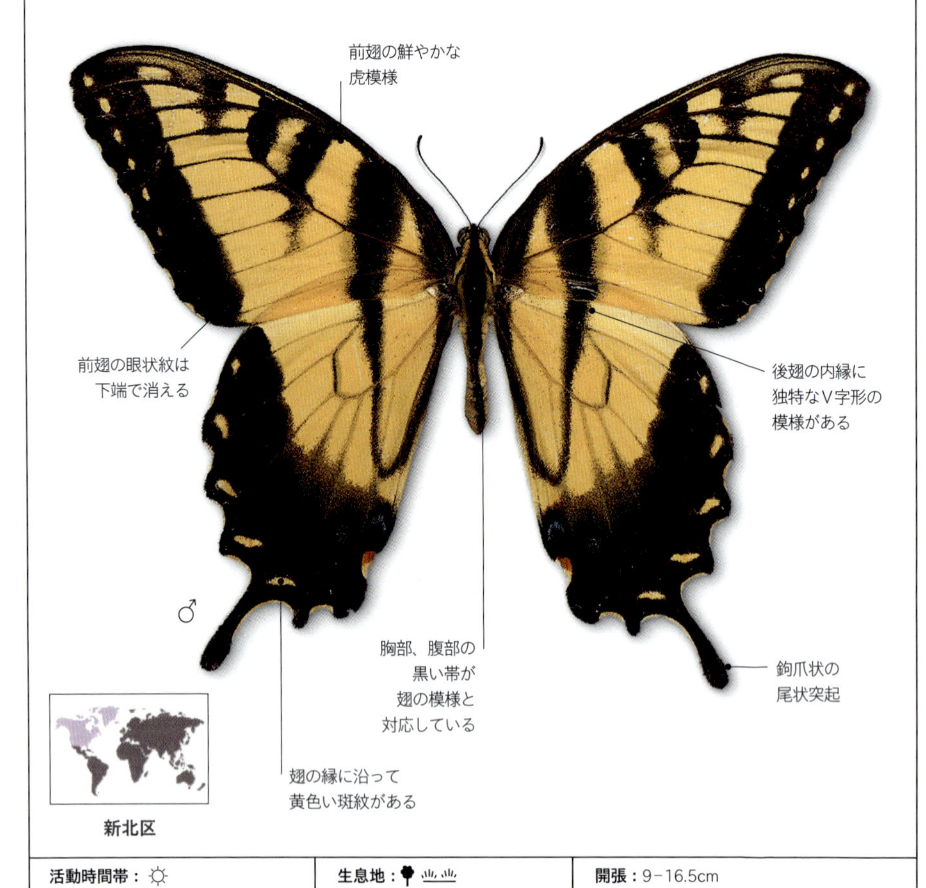
前翅の鮮やかな
虎模様
前翅の眼状紋は
下端で消える
後翅の内縁に
独特なV字形の
模様がある
♂
胸部、腹部の
黒い帯が
翅の模様と
対応している
鉤爪状の
尾状突起
翅の縁に沿って
黄色い斑紋がある

新北区

活動時間帯：☼	生息地：	開張：9–16.5cm

科：アゲハチョウ科	学名：*Eurytides marcellus*	命名者：Cramer

トラフタイマイ Zebra Swallowtail

特徴的な黒白の縞模様と剣のような長い尾状突起で、北アメリカに分布する他のアゲハチョウ科と区別できる。タイマイの仲間（三角形の翅と尖った尾状突起を持つ）では最も一般的。早春に見られるものは夏のものより淡色で小型。尾状突起も短い。

▶幼虫期　幼虫は黄緑色で、黄色と黒色の細かい網目模様がある。ポポーを食樹とする。

▶分布　カナダ東部からアメリカ合衆国フロリダ、メキシコ湾沿岸まで。

縞模様は前翅基部や胸部に続く
後翅の縁は強く波打っている
後翅に赤と青の模様が見える
♂

新北区

活動時間帯：☼	生息地：	開張：5–7cm

科：アゲハチョウ科	学名：*Losaria coon*	命名者：Fabricius

クーンホソバジャコウアゲハ Common Clubtail

黒色と黄色の独特な模様があり、鳥に「食べても味が悪い」と知らせている。雌は雄と似ているが、雄よりも前翅の幅が広く尾状突起が短い。

▶幼虫期　幼虫の地色は赤味がかった灰色からほぼ黒色まで変異し、黒い斑点と縞が見られる。ウマノスズクサ科の一種（*Apama tomentosa*）の葉を食草とする。

▶分布　ほとんどは熱雨林で発見されているが、平原でも見られる。インド北部、ミャンマーからマレーシア、スマトラ、ジャワに分布するがボルネオには生息しない。

独特な細長い前翅
後翅の縁は大きく波打つ
斑紋は黄色から橙色まで変異する
棍棒のような尾状突起
♂

インド・オーストラリア区

活動時間帯：☼	生息地：	開張：9–13cm

科：アゲハチョウ科	学名：*Pachliopta aristolochiae*	命名者：Fabricius

ベニモンアゲハ Common Rose Swallowtail

模様は変異に富み、模様がない場合もある。前翅に白いすじが入ることがあり、雌の翅は丸みがある。シロオビアゲハ（37ページ）の雌は、本種に擬態する。

▶幼虫期　幼虫の体色は、ピンクがかった灰色から黒色まで変異に富む。ウマノスズクサ属を食草として有害物質を体内に蓄積し、鳥に不味く感じさせる。

▶分布　インド、スリランカから中国南部、マレーシア、さらに小スンダ列島まで。

頭部の赤い警告色は
有毒であることを示す
♂
棍棒形の丈夫な
尾状突起
腹部の先端は
鮮やかな赤い斑紋

インド・オーストラリア区

活動時間帯：☼	生息地：	開張：8−11cm

科：アゲハチョウ科	学名：*Graphium sarpedon*	命名者：Linnaeus

アオスジアゲハ Blue Triangle

細長い三角形の前翅を持つ。翅脈で区切られたターコイズブルーの模様は後翅まで続く。

▶幼虫期　幼虫は緑色で、体側に沿って黄色い線がある。体の前後に短い突起が数本ある。クスノキなど食草は多種にわたる。

▶分布　インド、スリランカから中国、日本、マレーシア、パプアニューギニア、オーストラリアでよく見られる。

後翅の形が独特
♂
雄の後翅に袋状の部分があり、
内部に淡色の発香鱗がある

インド・オーストラリア区

活動時間帯：☼	生息地：	開張：8−9cm

科：アゲハチョウ科	学名：*Battus philenor*	命名者：Linnaeus

アオジャコウアゲハ Pipevine Swallowtail

雄は後翅にメタリックブルーの光沢を持つ。複数の種が本種に擬態している。

▶幼虫期　幼虫は赤褐色で、背に黒色または赤色の肉質の突起が並ぶ。ウマノスズクサ属の葉などを食草とする。

▶分布　カナダ南部からメキシコ、コスタリカ。

前翅は後翅よりも
鈍い色である
♂
後翅にやじり形の
青白い模様が見られる

新北区、新熱帯区

活動時間帯：☼	生息地：	開張：7.5−11cm

科：アゲハチョウ科	学名：*Battus polydamas*	命名者：Linnaeus

オナシアオジャコウアゲハ Polydamas Swallowtail

翅は黄色に縁取られ、尾状突起はない。暗色で、通常は後翅に緑色の光沢が、裏面に赤色の斑紋がある。鳥にとっては味が悪い。

▶幼虫期　幼虫は黒色でウマノスズクサ属を食草とする。

▶分布　アルゼンチン北部から西インド諸島、中央アメリカ、アメリカ合衆国南部。

前翅にも後翅にも
特徴的な黄色い帯がある
♀
後翅の縁は明瞭な波状

新北区、新熱帯区

活動時間帯：☼	生息地：	開張：7−9cm

科：アゲハチョウ科	学名：*Iphiclides podalirius*	命名者：Linnaeus

ヨーロッパタイマイ Scarce Swallowtail

淡黄色で細い縞模様があり、尾状突起が長い。地色がほぼ白色で、黒色の縞の色がかなり濃いタイプもある。

▶幼虫期　幼虫はナメクジのような形状。体は緑色で黄色い線がある。赤い斑点を持つ場合が多い。スピノサスモモを食樹とする。

▶分布　英名は「珍しいアゲハ」という意味だがヨーロッパに広く分布し、さらに北アフリカからアジア温帯域、中国にも分布する。

黒いV字形の模様は、前翅前縁に近づくほど曲がっている
♀
後翅前縁の手前で青い模様が消える
長い尾状突起
後翅に橙色と青色の眼状紋がある

旧北区

活動時間帯：☼	生息地：	開張：7−8cm

科：アゲハチョウ科	学名：*Zerynthia rumina*	命名者：Linnaeus

マドタイスアゲハ Spanish Festoon

黒色と黄色で、複雑で繊細なレース状の模様を持つ。特徴ある外観のため、アゲハチョウ科の尾状突起を持たない種の中で特に同定しやすい。前翅に鮮やかで目を引く赤い模様があり、近縁種と見分けるのに役立つ。晩冬から晩春にかけて見られる。通常、雌は雄よりも大きく、濃黄色である。

▶幼虫期　幼虫は淡褐色で、赤く鈍い突起が体に沿って並ぶ。ウマノスズクサ属を食草とする。

▶分布　フランス南東部、スペイン、ポルトガルの、岩石が多い荒れた丘陵地帯。生息地の中でも、特に沿岸域でよく見られる。

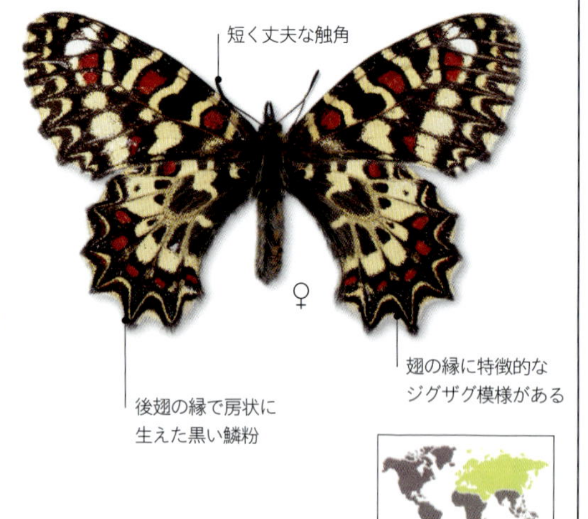
短く丈夫な触角
♀
後翅の縁で房状に生えた黒い鱗粉
翅の縁に特徴的なジグザグ模様がある

旧北区

活動時間帯：☼	生息地：	開張：4.5−5cm

科：アゲハチョウ科	学名：*Lamproptera meges*	命名者：Zincken

アオスソビキアゲハ Green Dragontail

半透明な前翅と長くのびた独特な形状の尾状突起で容易に同定できる。唯一の同属他種であるシロスソビキアゲハとは、翅の白い横縞の有無で区別できる。飛行中の姿はトンボに似ており、非常に速く羽ばたく。何かにとまっているときも翅を震わせている。大多数のチョウとは異なり、ホバリングして吸蜜する。

▶幼虫期　幼虫は濃緑色で、黒い斑点がある。ハスノハギリ科のテングノハナ属やミカン科のサンショウ属を食草とする。

▶分布　インドから中国南部、マレーシア、フィリピン、スラウェシ島。通常は、日光が当たる林間の空き地で見られる。

インド・オーストラリア区

触角は前翅と同じくらいの長さ

後翅の縁は白色

♂

後翅には白色か淡黄色の鱗粉が散在する

鳥の羽のような長い尾状突起

活動時間帯：☼	生息地：🌴	開張：4−5cm

科：アゲハチョウ科	学名：*Parnassius apollo*	命名者：Linnaeus

アポロウスバシロチョウ Apollo

模様が特徴的で、非常に変異に富む。前翅に赤い斑点がないことで、近縁種と区別できる。雄は雌よりも小さい。

▶幼虫期　幼虫はビロードのような黒色で、体側に沿って橙赤色の斑点が並ぶ。ベンケイソウ科のマンネングサ属やクモノスバンダイソウ属を食草とする。

▶分布　ヨーロッパから中央アジアにかけての山岳地帯。

翅の縁がわずかに灰色になっている
灰色の触角に、暗色で輪状の模様がある
後翅の模様は、赤色から橙黄色まで変異に富む
♂
体の末端に灰色の毛がある

旧北区

活動時間帯：☼	生息地：▲	開張：5−10cm

科：アゲハチョウ科	学名：*Cressida cressida*	命名者：Fabricius

ウスバジャコウアゲハ Big Greasy Butterfly

雄の透明な前翅には、大きな黒い斑点が左右に2つずつある。羽化直後の雌は濃灰色で特徴的な模様を持つが、鱗粉の大半はすぐに落ちてしまい、薄い油紙のような翅になる。

▶幼虫期 幼虫は暗褐色で乳白色の斑紋があるが、色と模様の形状は変異に富む。ウマノスズクサ属を食草とする。

▶分布 オーストラリアに2亜種、パプアニューギニアに別の1亜種、ティモール島にも別の1亜種が生息する。

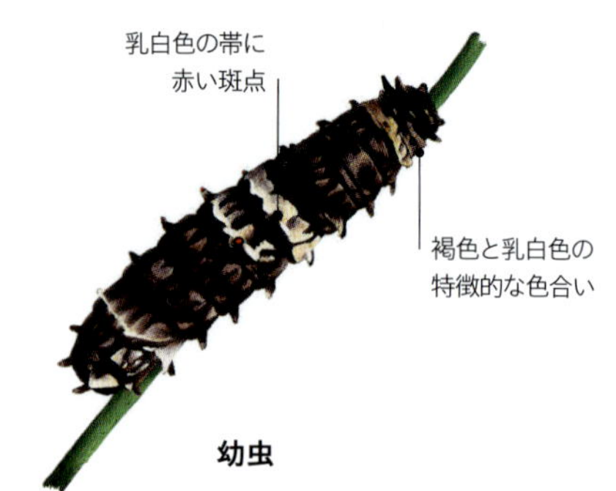
乳白色の帯に
赤い斑点
褐色と乳白色の
特徴的な色合い
幼虫

雄の翅は
雌の翅より
細い
後翅の赤い斑点
♂
黒色と赤色で彩られた腹部は、
有毒であることを示す

鱗粉が落ちて
鈍い色になっている
♀

インド・オーストラリア区

活動時間帯：☼	生息地：🌴	開張：7–7.5cm

科：アゲハチョウ科	学名：*Ornithoptera alexandrae*	命名者：Rothschild

アレクサンドラトリバネアゲハ Queen Alexandra's Birdwing

世界最大のチョウとして知られる。雄は雌よりもかなり小さく、翅の目立つ色模様で近縁種と区別しやすい。雄の後翅の裏面は緑色を帯びた黄金色で、黒い翅脈が走っている。

▶幼虫期　幼虫は赤みを帯びた黒色。肉質の突起は明赤色で、体の中央の鞍状の模様はクリーム色。ウマノスズクサ属を食草とする。

▶分布　分布域はパプアニューギニア南東部とオーエンスタンレー山脈東部に限定される。希少種であり保護対象になっている。

鮮やかな色の突起を持つ

幼虫

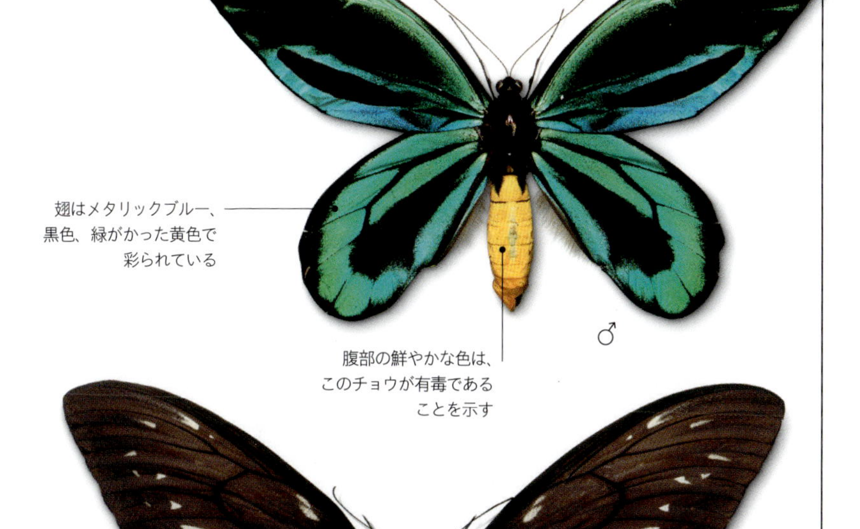
翅はメタリックブルー、黒色、緑がかった黄色で彩られている
腹部の鮮やかな色は、このチョウが有毒であることを示す
♂

後翅の小さな白い斑点で他の種と区別できる
後翅に黒く明瞭な翅脈が見える
腹部は淡色
♀

インド・オーストラリア区

活動時間帯：☼	生息地：🌴	開張：17−28cm

科：アゲハチョウ科	学名：*Ornithoptera priamus*	命名者：Linnaeus

メガネトリバネアゲハ Cairns Birdwing

多数の亜種が存在し、英名のケアンズはその1亜種を指す。雄の翅の表面は黒色と緑色で彩られ、前翅の裏面は黒色で中央はターコイズブルー。翅脈は黒色。雌は雄より大きく、翅は黒色で白い模様がある。力強く羽ばたき滑空する。

▶幼虫期　幼虫の体色は黒褐色から灰色まで変異に富む。長い肉質の突起を持ち、ウマノスズクサ属を食草とする。

▶分布　モルッカ諸島からパプアニューギニア、ソロモン諸島、オーストラリア北部。

体の中央が帯状に白くなっている

幼虫

前翅の先端は尖る

力強く羽ばたく大きな前翅

金色の独特な斑点は裏面の方が大きい

後翅の縁は波状

♂

胸部と腹部は黒色と黄色の特徴的な色合い

インド・オーストラリア区

活動時間帯：☼	生息地：🌴	開張：10.8–13cm

科：アゲハチョウ科	学名：*Trogonoptera brookiana*	命名者：Wallace

アカエリトリバネアゲハ Rajah Brooke's Birdwing

亜種が複数存在するが、どの亜種の雄も黒地に緑色の独特な模様がある。雌の翅はオリーブ色に白色か緑色の模様があるものや、黒色に銅緑色の模様があるものなど多様。後翅の基部にメタリックブルーの光沢を持つ雌が多い。力強く羽ばたき急上昇する。ぬかるみで吸水する雄がよく見られ、雌雄とも花に集まる。

▶幼虫期　幼虫は暗褐色から灰色で、体の中央に鞍状で淡色の模様がある。薄い黄褐色の長い触手状の突起と、体と同色の短い突起がある。大きな頭部は黒色で光沢がある。ウマノスズクサ属を食草とする。

▶分布　マレーシアからスマトラ、ボルネオ。

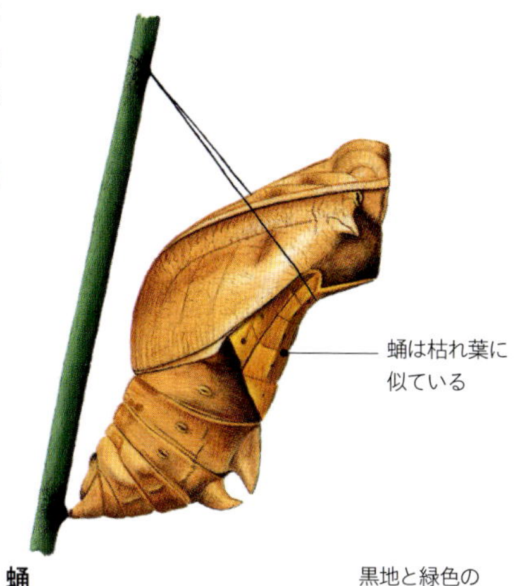
蛹は枯れ葉に
似ている

蛹

この種に典型的に
見られる細長い
前翅

黒地と緑色の
コントラストが
鮮やか

赤色で襟のように
彩色されている

雌の一部も
翅に特徴的な
模様を持つ

♂

漆黒の腹部

インド・オーストラリア区

活動時間帯：☼	生息地：🌴	開張：12−17.8cm

セセリチョウ科 Hesperiidae

約3,500種からなる大きな科で世界中に分布する。チョウに分類されるが、触角の形状がチョウ特有の棍棒状ではない種が多い。大きな頭部、頑丈な胸部と腹部、やや小さい三角形の前翅が特徴である。多くの種は小型から中型で、地味な色合いをしている。ただし、鮮やかな色彩と目を引く模様を持つ種もいる。

花から花へと飛び回る特徴的な姿から、スキッパー（跳ねるものの意）という英名がつけられた。

科：セセリチョウ科	学名：*Urbanus proteus*	命名者：Linnaeus

オナガセセリ Long-tailed Skipper

非常に同定しやすい種の1つ。背と翅の表面が遊色効果を持つ緑色であることから、北アメリカに分布する他のオナガセセリ類と区別できる。飛び方はきわめて特徴的。

▶幼虫期　幼虫はオリーブ色で、褐色の線に加え黄色と黒色の斑点がある。頭部は褐色で黄色い斑点が2つある。マメ科の栽培種を食草とすることが多い。

▶分布　アルゼンチンからアメリカ合衆国のテキサス、コネチカット、カナダのオンタリオ南部まで、南北アメリカに広く分布する。

触角の先端の
湾曲が特徴的
♂
尾状突起が
のびている
♂△
後翅の裏面に
複雑な模様がある
新北区、新熱帯区

活動時間帯：☼	生息地：	開張：4–5cm

科：セセリチョウ科	学名：*Zophopetes dysmephila*	命名者：Trimen

アフリカヤシセセリ Palm Skipper

チョコレートブラウンの丈夫な体を持つ。アフリカで類似種が数種発見されている。後翅の裏面は褐色で黒い斑点が散在し、紫色を帯びている。成虫は夕暮れに盛んに活動する。

▶幼虫期　幼虫の体表は緑色と白色の淡い縞模様で滑らか。種々のヤシ類を食樹とし、糸を吐いてヤシの葉を折り畳み、隠れ家にする。

▶分布　南アフリカからエリトリア、セネガル、サハラ砂漠南部に分布し、サバンナの低地、川沿い、森林に生息する。

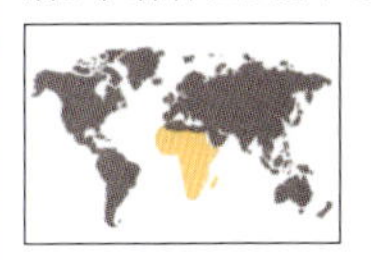

熱帯アフリカ区

触角の先端は棍棒状で白色

三角形の前翅

前翅に白斑が3つある

前翅の縁は白色

♂

活動時間帯：	生息地：	開張：4−4.5cm

科：セセリチョウ科	学名：*Epargyreus clarus*	命名者：Cramer

ギンボシオオチャバネセセリ Silver-spotted Skipper

大型で暗褐色。前翅の中央に橙色の模様があり、先端には白い斑点が集まっている。

▶幼虫期　幼虫は薄緑色で暗色の模様があり、頭部は赤褐色。温帯の北部では年に1回発生し、より温かい南部では2、3回発生する。

▶分布　北アメリカ。

触角の先端は屈曲している

♂

雌雄とも後翅の後端が丸みを帯びて小さく突き出している

後翅の裏面に銀白色の斑紋がある

♂△

新北区

活動時間帯：	生息地：	開張：4.5−6cm

科：セセリチョウ科	学名：*Euschemon rafflesia*	命名者：Macleay

ラッフルズセセリ Regent Skipper

大型で翅は黒色と黄色。オーストラリアに2亜種がいる。様々な植物の花を訪れるが、特にランタナを好む。昼間に活動し、素早くちょこちょこと飛ぶ。葉にとまるときは翅を開く。雄は前翅と後翅をつなぐ、ガ類の多くに見られる翅刺に似た連結器官を持つ。

▶幼虫期　幼虫の丈夫な体は緑みがかった灰色か青灰色。頭部の後ろは黄色で、赤みを帯びた黒色の縞がある。夜間に活動しウィルキアを食樹とする。

▶分布　オーストラリアのクイーンズランドからニューサウスウェールズ。

触角の先端は細く、屈曲している

♀

翅の模様はクリーム色か白色
♀ △
腹部の末端は赤色

インド・オーストラリア区

活動時間帯：☼	生息地：🌴	開張：4.5−6cm

科：セセリチョウ科	学名：*Thorybes dunus*	命名者：Cramer

ホソオビアメリカマエキセセリ
Southern Cloudywing

暗褐色の前翅に見られる淡色の斑点の並び方で、北アメリカの他のセセリチョウ類と区別できる。成虫は非常に活動的で、その不規則な飛び方も同定に役立つ。

▶幼虫期　幼虫は鈍い紫褐色で緑味を帯びている。ごく小さな盛り上がった斑点に覆われ、斑点には毛が見られる。頭部は黒色。マメ科の野生種やチョウマメなどを食草とする。

▶分布　アメリカ合衆国のミネソタ、ネブラスカ、ニューイングランド、テキサス南部、フロリダの道路沿いや牧草地。

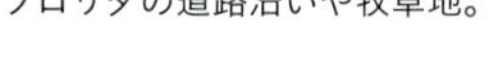

♂

翅の縁は鋸歯状

前翅の白線は不連続
後翅の裏面に暗色の斑紋がある
♂ △

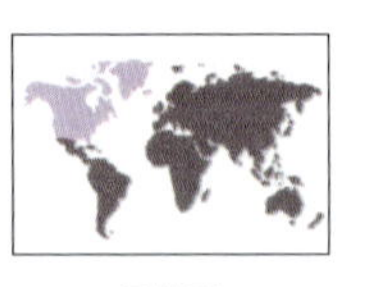

新北区

活動時間帯：☼	生息地：草地	開張：3−4.5cm

科：セセリチョウ科	学名：*Heteropterus morpheus*	命名者：Pallas

チョウセンキボシセセリ Large Chequered Skipper

後翅の裏面に格子模様が見られる。

▶幼虫期　幼虫は灰白色で、様々なイネ科を食草とする。年に1回発生する。

▶分布　スカンジナビア半島南部から朝鮮半島まで広い範囲に分布する。

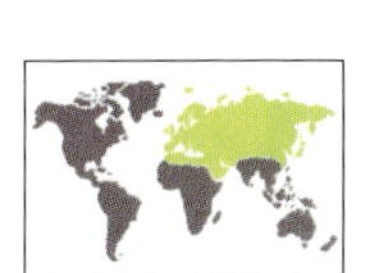

旧北区

♀

♀ △

後翅の裏面に縁取りされた大きな斑紋がある

活動時間帯：☼	生息地：	開張：3−4cm

科：セセリチョウ科	学名：*Metisella metis*	命名者：Linnaeus

ミナミアフリカタカネキマダラセセリ

Gold-spotted Sylph

小型で褐色。翅の表面に赤みがかった橙色の斑点がある。似た種が多く同定が困難。雌雄も似ている。

▶幼虫期　幼虫は濃緑色で背に沿って白線がある。腹側は淡緑色。様々なイネ科を食草とする。

▶分布　南アフリカのケープ州を流れる濁流沿い。

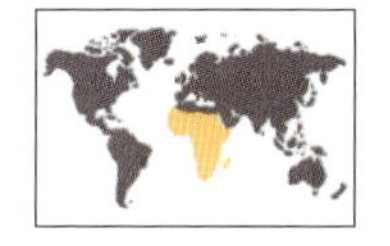

熱帯アフリカ区

♂

後翅は特に大きく丸みを帯びている

活動時間帯：☼	生息地：	開張：2.5−3cm

科：セセリチョウ科	学名：*Oreisplanus munionga*	命名者：Olliff

オーストラリアタカネセセリ Alpine Skipper

翅の表面は暗褐色で橙色の角張った斑紋がある。裏面は黄色で暗褐色の模様がある。

▶幼虫期　幼虫には緑味を帯びた灰色の縞がある。スゲ属を食草とする。

▶分布　オーストラリア南東部（ニューサウスウェールズからビクトリア、タスマニア）の山地。

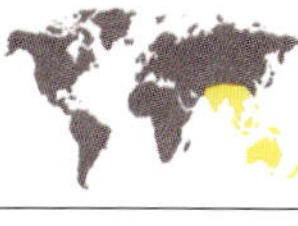

インド・オーストラリア区

黄色い花から吸蜜するとき、裏面の黄色が保護色になる

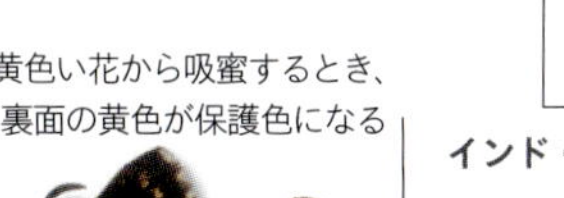

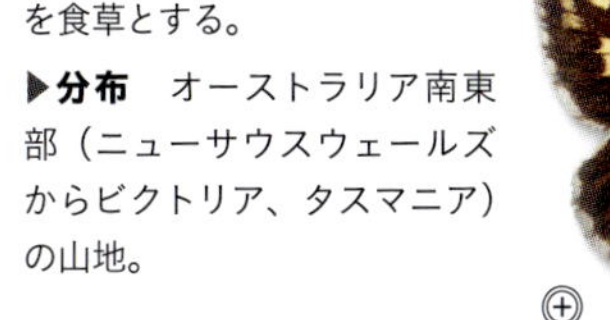

♂　♂ △

活動時間帯：☼	生息地：	開張：2.5−3cm

科：セセリチョウ科	学名：*Gangara thyrsis*	命名者：Fabricius

コウモリセセリ Giant Redeye

セセリチョウ科では最大級。血赤色の眼が特徴。雌は雄よりやや大きいが、雄が翅の基部に持つ特徴的な毛はない。

▶幼虫期　幼虫は血赤色で、蝋のような白い繊維質で覆われている。この物質は触るとはがれ落ちる。主にバナナの葉を摂食する。葉の間で蛹になり、刺激を受けると音を鳴らす。

▶分布　スリランカ、インドからフィリピン、スラウェシ島まで広範囲に分布する。

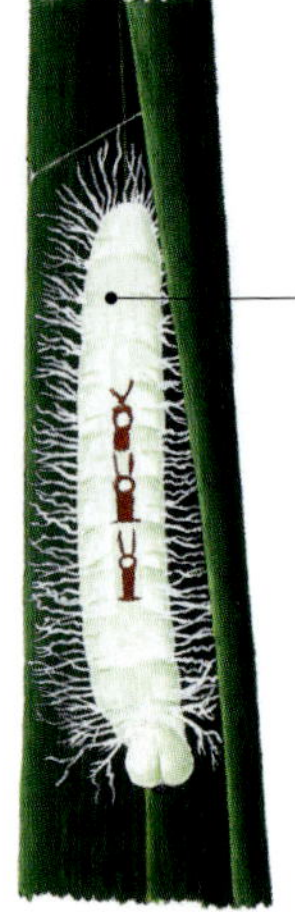

丸まった葉の中の幼虫

幼虫

死ぬと眼の赤みが消える

前翅に半透明で大きな淡色の斑紋がある

♂

後翅は角張った特徴的な形状

腹部は暗褐色で細長い

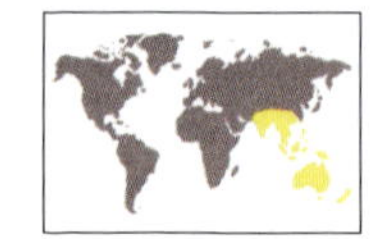

インド・オーストラリア区

活動時間帯：☼ ◐	生息地：🌴	開張：7−7.5cm

科：セセリチョウ科	学名：*Hesperilla picta*	命名者：Leach

キボシオセアニアセセリ Painted Skipper

暗褐色で、胸部に近い部分は黄色みを帯びる。前翅に黄色い斑紋、後翅の中央部に橙色の斑紋がある。

▶幼虫期　幼虫は黄色か緑色で、黄色い模様がある。背に沿って、白く縁取られた暗色の縞が見られる。カヤツリグサ属を食草とする。

▶分布　オーストラリアのクイーンズランドからビクトリアに至る沿岸部と、ニューサウスウェールズのブルーマウンテンズ。

♂

後翅の縁毛帯は格子模様になっている

♀△

後翅の裏面に白色の模様がある

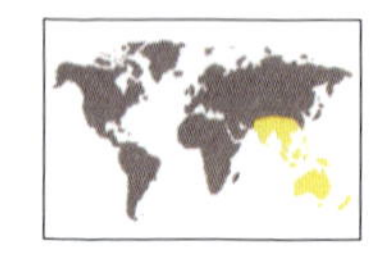

インド・オーストラリア区

活動時間帯：☼	生息地：湿地	開張：3−4cm

科：セセリチョウ科	学名：*Carterocephalus palaemon*	命名者：Pallas

タカネキマダラセセリ Chequered Skipper

地色は濃いチョコレートブラウンで、英名のとおり格子模様がある。雌雄は似ているが、雌の方が若干大きい。短距離しか飛行しない。

▶幼虫期　幼虫は淡い黄褐色で、終齢になるとピンク色の縞が見られる。ヤマカモジグサ属などイネ科を食草とする。

▶分布　北および中央ヨーロッパ、アジア北部から日本、北アメリカ。

♀

色が薄い翅の裏面にも格子模様が見られる
♂ △

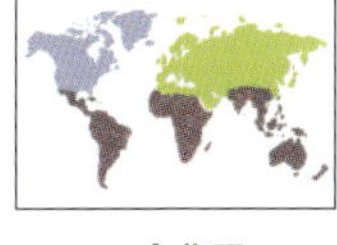
全北区

活動時間帯：☼	生息地：	開張：2–3cm

科：セセリチョウ科	学名：*Netrocoryne repanda*	命名者：Felder

オーストラリアムカシセセリ Eastern Flat

特徴的な大きな翅は角張っている。前翅は褐色で、3から4個の半透明の明瞭な斑紋がある。雌雄は似ているが雌はやや大きく斑紋も大きい。晩秋から晩冬にかけて見られる。

▶幼虫期　幼虫の丈夫な体は青灰色で、第1節のみ黄色。黒色と灰色の縞がある。頭部は黒色。主に糸で巻いたカリコマ・セラテイフォリアの葉を食草とする。

▶分布　クイーンズランド北東部および中部からビクトリアまで、オーストラリアに広く分布する。

触角の先端が強く屈曲している

♂

後翅の特徴的な小さい白斑
♀

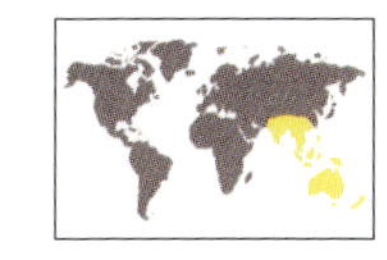
インド・オーストラリア区

活動時間帯：☼	生息地：	開張：4–5cm

科：セセリチョウ科	学名：*Phocides polybius*	命名者：Fabricius

シロベリセセリ Guava Skipper

黒地に緑みのメタリックブルーの縞がある、尖った印象的な翅を持つ。朱色の斑点が左右の前翅に2つずつあり近縁種と区別できる。胸部、腹部は黒色で背にメタリックブルーの縞がある。

▶幼虫期　若齢幼虫は赤色で黄色い帯がある。成長すると胸部、腹部は白色に、頭部は褐色と黄色になる。グアバの仲間を食樹とする。

▶分布　南アメリカと中央アメリカ。

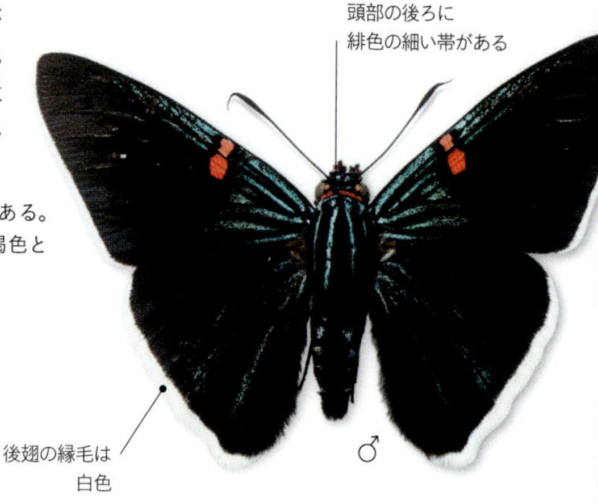
頭部の後ろに
緋色の細い帯がある
後翅の縁毛は
白色
♂

新熱帯区

活動時間帯：☼	生息地：🌴	開張：5−6cm

科：セセリチョウ科	学名：*Coeliades forestan*	命名者：Stoll

シロオビアフリカアオバセセリ Striped Policeman

丈夫な体と、灰褐色で三角形の前翅を持つ。前翅の裏面中央は白色。丸みのある後翅と幅広で短い尾状突起を持つ。素早く飛行し、薄明から薄暮まで縄張り内を熱心に見回るため、英名に警官という言葉が入った。背丈の低い植物の花に集まる。

▶幼虫期　幼虫は淡黄色で赤紫色の帯がある。頭部は赤色か黄色で黒い斑点がある。ゼラニウムを食草とする。

▶分布　サハラ砂漠より南のアフリカ、マダガスカル、セイシェル。

♂
尾状突起の
縁毛は
クロムイエロー

後翅の裏面に
太く白い帯がある

♂ △

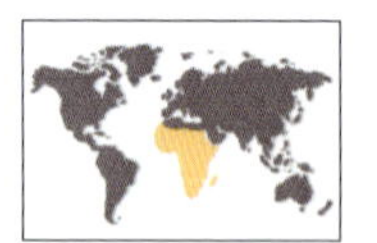

熱帯アフリカ区

活動時間帯：☼	生息地：🌴	開張：4.5−6.5cm

科：セセリチョウ科	学名：*Pyrrhochalcia iphis*	命名者：Drury

イフィスセセリ Giant African Skipper

アフリカ最大（おそらく世界最大）のセセリチョウ。雄は黒色と紫がかった青色。雌は青味のあるメタリックグリーンで強い光沢を持つ。雄の前翅裏面は濃青色で、後翅裏面はメタリックブルー。雌の翅の裏面はメタリックな帯黄色で黒い翅脈が走る。トラガ亜科のガ類に擬態していると思われ、夜間にゆっくりと飛行する。

▶幼虫期　幼虫は黒色で、乳白色の格子模様がある。カシューノキの葉を食樹とする。

▶分布　ガンビアからナイジェリア、コンゴ民主共和国、アンゴラ。

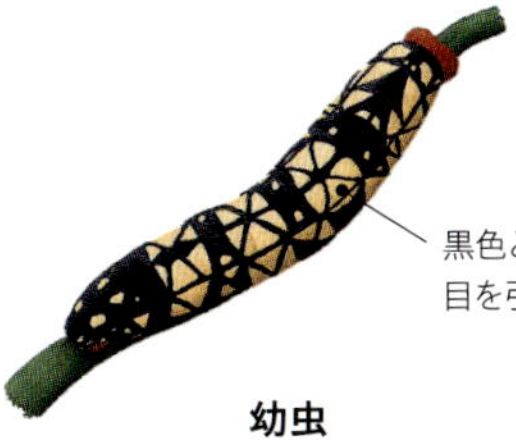
黒色と白色の
目を引く模様

幼虫

橙色の鱗粉で覆われた
特徴的な頭部
翅の
先端は
クリーム色
前後の翅に
またがる淡色
後翅の末端に
丸い突起がある
♀

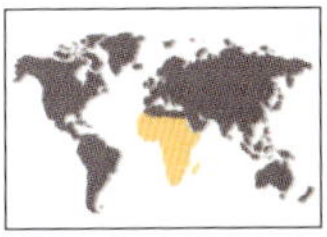

熱帯アフリカ区

活動時間帯：◑	生息地：	開張：7−8cm

科：セセリチョウ科	学名：*Erynnis tages*	命名者：Linnaeus

ヒメミヤマセセリ Dingy Skipper

地色は灰褐色の鈍い色だが、白色の繊細な模様が特徴になっている。

▶幼虫期　幼虫は緑色で、背に沿って暗色の線がある。頭部は黒色。夜間にミヤコグサなどマメ科の植物を摂食する。

▶分布　ヨーロッパからアジア温帯域にかけての野原や丘陵の草地。

大きく丸い後翅
♀

裏面に小さな
白斑がある
♀ △

旧北区

活動時間帯：☼	生息地：	開張：2.5−3cm

科：セセリチョウ科	**学名**：*Calpodes ethlius*	**命名者**：Stoll

オオイチモンジセセリ Brazilian Skipper

翅は暗褐色で銀白色の斑点がある。前翅は細く尖り、幅広で葉状の後翅とは対称的である。長距離の飛行が可能である。

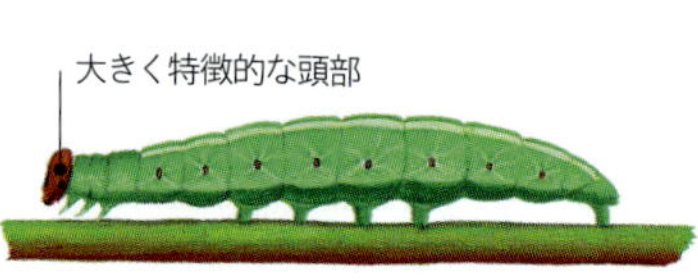
大きく特徴的な頭部

幼虫

▶幼虫期　幼虫は灰緑色で背に白線があり、体側に沿って褐色の斑点がある。頭部は橙色と黒色。カンナの葉を食草とし、栽培されているものに被害を与えることがある。丸めた葉の中に隠れて、淡緑色の蛹になる。

▶分布　南アメリカから西インド諸島まで広く分布する。アメリカ合衆国南部にも生息する。

頭部と胸部、腹部は
大きくて丈夫
後翅に白斑が
3つある
♂

新熱帯区

活動時間帯：	**生息地**：	**開張**：4.5–5.5cm

科：セセリチョウ科	**学名**：*Megathymus yuccae*	**命名者**：Boisduval & Le Conte

イトランセセリ Yucca Giant Skipper

胸部、腹部は毛深く大きい。翅は黒褐色で黄色と白色の独特な模様がある。雄は一般に雌よりもかなり小さい。真冬から初夏にかけて見られる。近縁種は吸水するが、本種の成虫は摂食しない。

▶幼虫期　幼虫は肌色で大きく、甲虫の幼虫に似ている。頭部は小さい。ユッカを食草とする。

▶分布　北アメリカで最も広く分布しているセセリチョウ。アメリカ合衆国のユタ、カンザスからフロリダ、メキシコまで、食樹が生える林縁など様々な環境に生息する。

特徴的な棍棒状の触角
♀
後翅の縁は
黄色みがかっている

新北区

活動時間帯：	**生息地**：	**開張**：4.5–8cm

科：セセリチョウ科	学名：*Ochlodes sylvanus*	命名者：Esper

ヨーロッパコキマダラセセリ Large Skipper

大型で翅に明瞭な模様がないため、ヨーロッパに生息する他のセセリチョウと区別しやすい。

▶幼虫期　幼虫は青緑色で体の側面に沿って黄色い線がある。イネ科を食草とする。

▶分布　ヨーロッパに広く分布し、日本に近縁のコキマダラセセリが生息する。

前翅に性標がある。この標本は雄

♂

後翅は暗色で幅広く縁取られている

♀

旧北区

活動時間帯：☼	生息地：	開張：2.5–3cm

科：セセリチョウ科	学名：*Pholisora catullus*	命名者：Fabricius

アメリカホシチャバネセセリ Common Sootywing

北アメリカに生息する近縁種の中で最も暗い色をしている。早春から晩秋まで見られる普遍的な種。

▶幼虫期　幼虫は淡緑色で頭部は暗色。雑草を食草とする。

▶分布　カナダ中部からメキシコ北部まで北アメリカに生息する。フロリダには生息しない。

白斑の形状は多様

大きく特徴的な後翅

♀

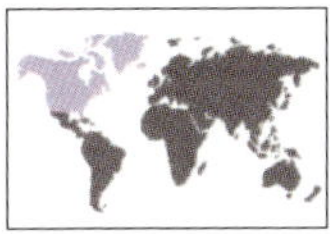

新北区

活動時間帯：☼	生息地：	開張：2–3cm

科：セセリチョウ科	学名：*Pyrgus malvae*	命名者：Linnaeus

ヒメチャマダラセセリ Grizzled Skipper

後翅の白斑で他のセセリチョウと区別できる。

▶幼虫期　幼虫は緑色で褐色の縞がある。大きな頭部は黒色。キジムシロ属を食草とする。

▶分布　ヨーロッパからアジアの温帯域。

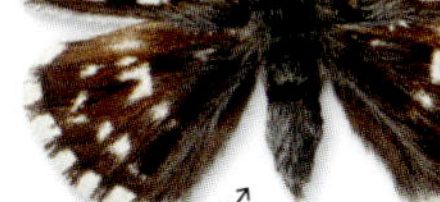

♂

翅の縁毛帯は格子模様

後翅の明瞭な翅脈

♂ △

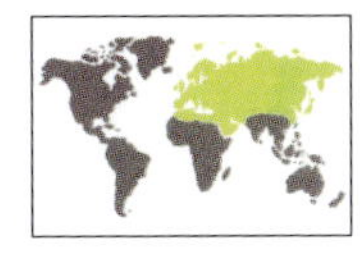

旧北区

活動時間帯：☼	生息地：	開張：2–2.5cm

シロチョウ科 Pieridae

1,100種以上が含まれる大きな科である。大半の種の翅は主に白色、黄色、橙色で、名前に「シロチョウ」や「キチョウ」という言葉が含まれる。体から出る老廃物に由来する色素が、この科に特有の色をつくり出している。英語のbutterflyという言葉は、昔の英国の博物学者が、本科の1種であるヤマキチョウを「バター色の虫（butter-coloured fly）」と呼んでいたことに由来すると言われる。
本科に含まれる白いチョウ（オオモンシロチョウやモンシロチョウ）は、菜園でよく見られる悪名高い害虫である。

科：シロチョウ科	学名：*Appias nero*	命名者：Fabricius

ベニシロチョウ Orange Albatross

世界で唯一、体全体が橙色の種である。雌雄は似ているが、雌は翅に黒い縁取りがあり、後翅に黒い帯がある。雄の場合は、川岸の湿った砂地で吸水している姿がよく見られる。雌は雄ほど活発に動かず、高い樹冠に留まっていることが多い。様々な樹木の花で吸蜜することが知られている。

▶**幼虫期**　フウチョウボク科を食樹とすること以外、幼虫の生態はほとんど解明されていない。

▶**分布**　インド北部からミャンマー、マレーシア、フィリピン、スラウェシ島まで広く分布する。

鋭く尖った
特徴的な前翅
細長い触角
前翅の黒い
翅脈
♂
後翅の内縁は
黄色みを帯びる
体は暗色
インド・オーストラリア区

活動時間帯：☼	生息地：🌴	開張：7−7.5cm

科：シロチョウ科	学名：*Mylothris chloris*	命名者：Fabricius

クロリスツマグロシロチョウ Common Dotted Border

翅の色と模様は、分布域により2タイプある（写真はアフリカ西部のタイプ）。雌の前翅は表と裏が似ているが、後翅の表面は薄いサーモンピンク。アフリカ東部と南部に生息するタイプの雄は、前翅の基部がピンクに染まり、後翅の黒い斑紋は小さくなっている。

▶幼虫期　幼虫は黒色で、赤色を帯びた横縞がある。各種のヤドリギ類の葉を摂食する。

▶分布　サハラ砂漠より南のアフリカ。森林、サバンナ、公園、庭園でよく見られる。

♂
後翅の縁に
黒い模様がある

雌の後翅の裏面は
特徴的な色模様
♀ △

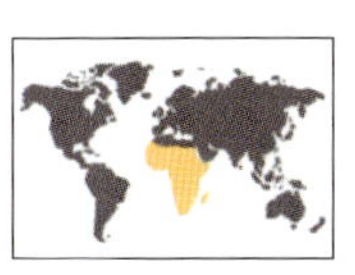

熱帯アフリカ区

活動時間帯：☼	生息地：🌴 ᐞᐞᐞ	開張：5.5−6cm

科：シロチョウ科	学名：*Neophasia menapia*	命名者：C. & R. Felder

マツノキシロチョウ Pine White

前翅前縁と先端に明瞭な黒い模様がある。細く黒い翅脈が網状に後翅を覆い、雌の場合は翅の縁に近いほど翅脈が明瞭になる。雌雄とも後翅裏面では、翅脈が黒色ではっきりと縁取られている。真夏から初秋にかけて、特に晩夏に最もよく見られる。

▶幼虫期　幼虫は濃緑色で背と体側に沿って白線が入っている。この配色は、マツ類の葉を摂食する際に効果的な保護色になる。

▶分布　カナダ南部からアメリカ合衆国カリフォルニア南部、メキシコの針葉樹林。

♂
細長い腹部
前翅の模様は
後翅ほど複雑
ではない
♀ △
翅の外縁は橙色か赤に
近いピンク色

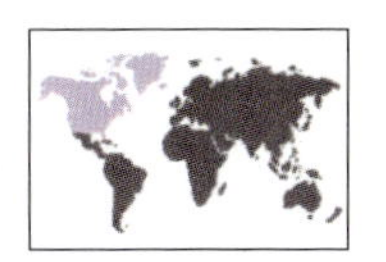

新北区

活動時間帯：☼	生息地：▲ 🌳	開張：4−5cm

科：シロチョウ科	学名：*Belenois java*	命名者：Sparrman

ジャワヘリグロシロチョウ Caper White

雄の前後の翅には特徴的な黒い帯があり、白い縞模様と斑点が見られる。雌には2タイプあり、1つは雄と似ていて模様がより明瞭。もう1つは白い縞や斑点がほぼ見られない。

▶幼虫期　幼虫はオリーブ色から褐色で、フウチョウボク属を食樹とする。

▶分布　約10亜種がジャワからパプアニューギニア、フィジー、サモア、オーストラリアに分布する。

♂
後翅の黒い模様は変異に富む

くさび形の模様

♀ △

インド・オーストラリア区

活動時間帯：☼	生息地：🌴 ⺌	開張：4.5–5cm

科：シロチョウ科	学名：*Belenois aurota*	命名者：Fabricius

オーロタヘリグロシロチョウ Brown-veined White

地色は純白。前翅表面の縁に、黒色か黒褐色の目立つ帯がある。帯には細長くて大きな白斑がある。雌は雄よりも模様が明瞭な場合が多い。

▶幼虫期　幼虫は黄緑色で、体側に黒い縞がある。フウチョウボク属、ボスキア属、マエルア属など多種のフウチョウボク科を食樹とする。

▶分布　アフリカから中東、インド。

前翅の暗色で特徴的な模様
♂

後翅の黄色いすじ

♀ △

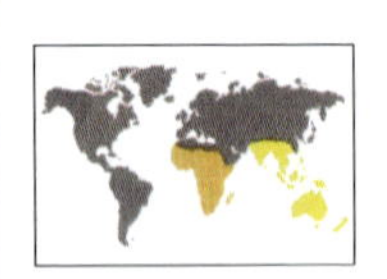

熱帯アフリカ区、
インド・オーストラリア区

活動時間帯：☼	生息地：⺌	開張：5–5.5cm

科：シロチョウ科	学名：*Delias mysis*	命名者：Fabricius

ミシスカザリシロチョウ Union Jack

前翅の先端が黒く、白斑が4つある。後翅の縁に沿って黒い帯がある。

▶幼虫期　幼虫は黄緑色で、長く白い毛がある。頭部は黒色。ヤドリギ類を食草とする。

▶分布　オーストラリア北部、パプアニューギニアおよび周辺の島々の熱帯雨林。

♂
後翅に薄いピンクと
灰色の模様が見られる

♂△

後翅裏面の
内縁は黄色い

赤、黒、白色の
国旗のような模様

インド・オーストラリア区

活動時間帯：☼	生息地：🌴	開張：5.5–6cm

科：シロチョウ科	学名：*Delias pasithoe*	命名者：Linnaeus

アカネカザリシロチョウ Red-based Jezebel

色は黒、白、黄色の3色で、ニヌスカザリシロチョウに似ているが後翅に赤い斑紋がない。後翅裏面の基部は鮮やかな赤色であり、英名の由来になっている。

▶幼虫期　幼虫は褐色で、黄色い毛と黄色い横縞がある。体側に沿って黒い点が並ぶ。アカネ科ナウクレア属などの葉を摂食とする。

▶分布　インドからマレーシア、インドネシア、中国南部に至る森林地帯でよく見られる。

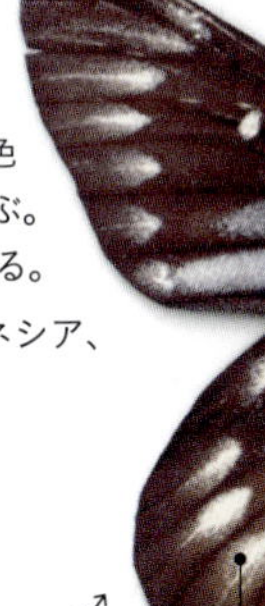
尖り気味の
細い前翅
♂
翅の縁に沿って
白い羽毛状の模様が並ぶ
明るい色で、食べても不味い
ことを鳥に知らせている

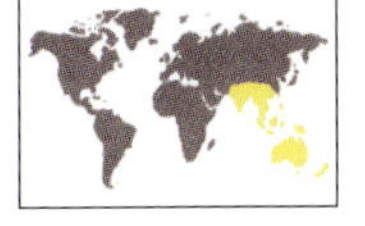

インド・オーストラリア区

活動時間帯：☼	生息地：🌴	開張：7–9cm

科：シロチョウ科	学名：*Aporia crataegi*	命名者：Linnaeus

エゾシロチョウ Black-veined White

英名どおりに翅脈が目立つため同定しやすい。雌は雄より大きく翅の透明度が高い。雌雄とも翅の裏面は黒い鱗粉で薄く覆われている。

▶幼虫期　幼虫は灰色で毛が生えており背は黒い。体全体に赤褐色の太い縞が走っている。イケガキセイヨウサンザシやスピノサスモモを食樹とする。

▶分布　ヨーロッパ本土全域、北アフリカからアジア温帯域、日本。

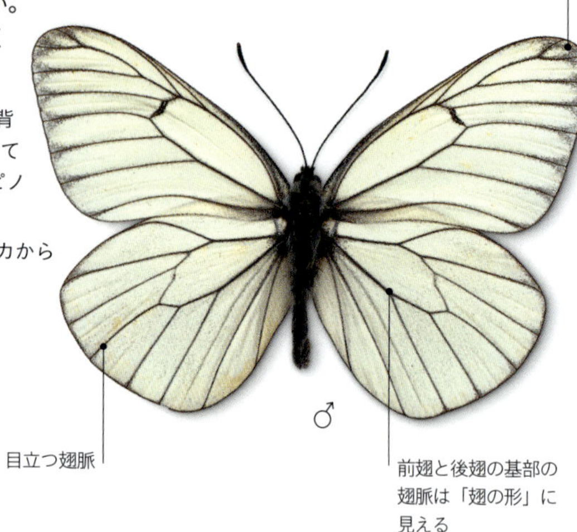
翅脈の先端は
灰色の鱗粉に
覆われている
♂
目立つ翅脈
前翅と後翅の基部の
翅脈は「翅の形」に
見える

旧北区

活動時間帯：☼	生息地：	開張：6−7.5cm

科：シロチョウ科	学名：*Pereute leucodrosime*	命名者：Kollar

シロモンベニオビシロチョウ Red-banded Pereute

シロチョウ科だが黒色。南アメリカのみに約10種生息する小さな属の1種。大きめのサイズ、前翅の赤い帯、後翅の青灰色の斑点が特徴だが変異に富む。後翅裏面に青灰色の斑点はなく、基部に小さな赤い斑点がある。雌雄は似ている。

▶幼虫期　本種の幼虫とその食草については知られていないが、近縁種はオオバヤドリギ科を食樹とする。

▶分布　ブラジルからコロンビアまで南アメリカに広く分布する。

新熱帯区

特徴的な
白い触角
飛ぶために
翅を開くと、
赤い帯が捕食者を
驚かせる
♂
胸部と腹部の毛も青灰色

活動時間帯：☼	生息地：	開張：6−7cm

科：シロチョウ科	学名：*Pieris brassicae*	命名者：Linnaeus

オオモンシロチョウ Large White

前翅に黒い点2つと黒い線を持つのが雌である。雌雄とも後翅の裏面は明黄色で、わずかに黒い鱗粉に覆われている。

▶幼虫期　幼虫は淡緑色で多数の黒い斑点があり、背と体側に黄色い線がある。キャベツの葉脈以外を食べ尽くす悪名高い害虫である。英語ではcabbage whiteという別名がある。

▶分布　ヨーロッパ、地中海地域から中央アジア、北アフリカでよく見られる。

翅の先端は黒色
前翅の前縁は
灰黒色
♂
後翅は乳白色

旧北区

活動時間帯：☼	生息地：	開張：5.5–7cm

科：シロチョウ科	学名：*Pieris rapae*	命名者：Linnaeus

モンシロチョウ Small White

地味だが広く分布するため、よく知られた種である。小型で、翅にシンプルな黒い模様があるのが特徴。雌は黄色みを帯び、前翅に黒い斑点が2つある。春から秋に見られる。

▶幼虫期　幼虫は黄緑色で、キャベツの仲間の栽培種および野生種を食草とする。

▶分布　ヨーロッパからアジアの温帯域、日本まで分布する。オーストラリア、ニュージーランド、北アメリカ、ハワイにも持ち込まれた。

翅の一部が灰色がかっている

♂

♂ △

前翅の先端と
それに続く縁は黄色
後翅の裏面に
黒い鱗粉が薄く
付着している
後翅の裏面は
明黄色

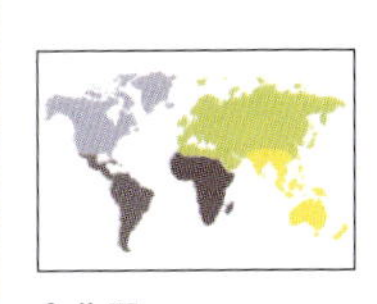

全北区、
インド・オーストラリア区

活動時間帯：☼	生息地：	開張：4.5–5.5cm

科：シロチョウ科	学名：*Leptosia nina*	命名者：Fabricius

クロテンシロチョウ Psyche Butterfly

小型で、翅の先端に黒い模様がある。後翅の裏面には、緑色の模様がうっすらと見える。雌雄は似ている。地上1m以上を飛行することはめったにない。

▶幼虫期　幼虫は淡緑色でフウチョウソウやギョボクを食草とする。

▶分布　インドからマレーシア、中国南部、オーストラリアの竹やぶ。

インド・オーストラリア区

丸みのある特徴的な
前翅
前翅の独特な
黒い模様
♂
灰色で細身の腹部

活動時間帯：☼	生息地：	開張：4−5cm

科：シロチョウ科	学名：*Zerene eurydice*	命名者：Boisduval

カリフォルニアイヌモンキチョウ California Dog-face

雄の前翅の、黒地に黄色い模様が犬の顔に似ていることから英名がつけられた。美しい紫紅色の光沢を持つことがある。英語では空飛ぶパンジーという意味の別名もある。後翅は豊かな山吹色で、黒く縁取られていることがある。雌はより薄い黄色。春から秋に見られる。

▶幼虫期　幼虫は鈍い緑色で、体側に橙色で縁取られた白線がある。イタチハギ属を食草とする。

▶分布　アメリカ合衆国カリフォルニアにほぼ限定されるが、ネバダでも見られることがある。

前翅の中央の
黒い斑紋
♂
雄の後翅の色は
雌よりも明るい

前翅の縁は
赤褐色で波状

雌の翅は
ほぼ無地

♀

新北区

活動時間帯：☼	生息地：	開張：4−6cm

科：シロチョウ科	学名：*Catopsilia florella*	命名者：Fabricius

アフリカウスキシロチョウ African Migrant

生息域内では普遍的な種。雄は緑がかった黄色みを帯びた白色で、小さな黒い斑点が前翅の中央にある。雌にも同様の淡色の個体が見られるが、ほぼ白色の個体もいる。

▶幼虫期　幼虫は緑がかった黄色で、小さな黒い斑点がある。センナ類を食草とする。

▶分布　アフリカ、マダガスカル、アラビア半島、カナリア諸島。

翅は大きく、飛行能力の高さを示す
黒い眼状紋が1つ
翅の縁に赤味を帯びた模様が並ぶ
♀
非常に薄い眼状紋
頑丈な腹部の先端は黄色

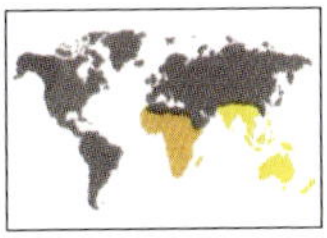

熱帯アフリカ区、インド・オーストラリア区

活動時間帯：	生息地：	開張：5−7cm

科：シロチョウ科	学名：*Gonepteryx cleopatra*	命名者：Linnaeus

ベニヤマキチョウ Cleopatra

ヤマキチョウ属の中でも特に目を引く。雄の前翅中央の濃いオレンジ色と、小さな尾状突起が特徴。雌は雄より大きく色は薄い。前翅裏面に薄い橙色の線が入っていることで他の種と区別できる。晩冬から秋に、特に地中海沿岸地域でよく見られる。

▶幼虫期　幼虫は青緑色で、体側に白線がある。クロウメモドキ属を食樹とする。

▶分布　スペイン、フランス南部、イタリア、ギリシャ、北アフリカ、カナリア諸島の疎林。なお、カナリア諸島産の系統は別種カナリーヤマキチョウ（*Gonepteryx cleobule*）として扱われることがある。

旧北区

翅の縁に赤褐色の小さな模様がある
♂

活動時間帯：	生息地：	開張：5−7cm

科：シロチョウ科	学名：*Phoebis philea*	命名者：Linnaeus

ベニモンオオキチョウ Orange-barred Giant Sulphur

雄の前翅にある橙色の太い帯が英名の由来である。雌は黄色か白色で、前後の翅の縁に褐色か黒色の模様がある。翅の裏面はサーモンピンクと紫色を帯び、様々な色合いの個体がいる。yellow apricot（黄色いアンズ）という英名もある。

▶**幼虫期**　幼虫は黄緑色で、体全体に蛇腹のようなしわと黒褐色の帯がある。センナ類を食草とする。

▶**分布**　ブラジル南部から中央アメリカ、アメリカ合衆国フロリダ南部。公園や庭園でよく見られる。最北は、ニューヨークで迷蝶の記録がある。

雄の前翅の先端は
わずかに暗色になっている
前翅のV字形の模様
♂
後翅の縁は色味が濃い
雌の前翅
中央の斑点
後翅の縁は
スモーキーレッド
後翅の縁は
わずかに波状
♀
新北区、新熱帯区

活動時間帯：☼	生息地：🌴	開張：7−8cm

科：シロチョウ科	学名：*Eurema brigitta*	命名者：Cramer

ホシボシキチョウ Broad-bordered Grass Yellow

小型で、翅の色は黄色から濃いオレンジ色まである。雄の翅は黒く縁取られ、前翅の縁よりも後翅の縁が細い。雌は通常は色が薄く、暗色の斑点が散在する。

▶**幼虫期**　幼虫は緑色で背に線が入り、体側に黄色い帯がある。センナ類を食草とする。

▶**分布**　アフリカからインド、中国、パプアニューギニア、オーストラリア。

前翅の太く黒い模様
♂

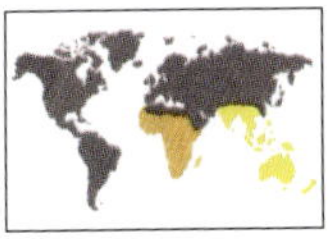

熱帯アフリカ区、
インド・オーストラリア区

活動時間帯：☼	生息地：草地	開張：4–5cm

科：シロチョウ科	学名：*Anteos clorinde*	命名者：Godart

マエモンオオヤマキチョウ Yellow-spotted Gonatryx

主に南アフリカに分布する小さな属の1種。マンモスヤマキチョウとしても知られる。旧北区のヤマキチョウ属によく似ているが近縁種ではない。雄の前翅にある山吹色の大きな斑紋と、4つの翅の中央部にある、黄色く縁取りされた小さな黒い点が特徴。雌は前翅の山吹色の斑紋を持たないか、ごく薄いものになっている。

▶**幼虫期**　幼虫は淡緑色で、体側に黄色い線があり黒い斑点が列をなす。センナ属とピテケロビウム属を食草とする。

▶**分布**　ブラジル、中央アメリカ、西インド諸島、アメリカ合衆国テキサス南部、アリゾナ、コロラド。

翅の先端は鉤状
雄の前翅に明るい金色の斑紋がある
かすかに色づいた後翅の細い縁
小さく尖った尾状突起
♂

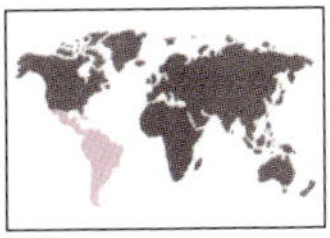

新熱帯区

活動時間帯：☼	生息地：熱帯林・森林	開張：7–9cm

科：シロチョウ科	学名：*Colias eurytheme*	命名者：Boisduval

オオアメリカモンキチョウ Orange Sulphur

雌は雄より大きく、前翅の縁の黒い模様も大きい。春には、黄色で翅の中央が橙色の個体が見られる場合がある。

▶幼虫期　幼虫は濃緑色で、体側には黒く縁取られた白線があり、その腹側にはピンク色の線もある。ムラサキウマゴヤシやシロツメクサを食草とする。

▶分布　アメリカ合衆国の各地でよく見られるが、カナダ、フロリダ南部、メキシコでは少なくなる。

後翅には橙色の斑点がある

♂

前翅中央の黒い点が特徴

♀

新北区

活動時間帯：	生息地：	開張：4−6cm

科：シロチョウ科	学名：*Pontia daplidice*	命名者：Linnaeus

チョウセンシロチョウ Bath White

前翅の独特な黒い斑紋と中央の四角く大きな斑紋が、本種をヨーロッパの近縁種と区別するのに役立つ。翅を休めるときは、裏側の淡いオリーブ色の模様が効果的な保護色になる。雌は雄よりも大きく模様の色も濃いが、特に後翅は色が濃い。晩冬から初秋に見られる。

▶幼虫期　幼虫は青灰色で、背と側面に盛り上がった黒点と黄色い線がある。キバナモクセイソウやシロガラシ属を食草とする。

▶分布　中央および南ヨーロッパからアジア温帯域、日本。

前翅表面の中央に特徴的な
黒い斑点がある
♀

雌の前翅裏面に暗色の斑点がある

オリーブ色の模様は効果的な保護色になる

後翅の縁に特徴的な白斑がある

♀ △

旧北区

活動時間帯：	生息地：	開張：4−5cm

科：シロチョウ科	学名：*Anthocharis cardamines*	命名者：Linneaus

クモマツマキチョウ Orange Tip

地色が黄色か黄白色のヨーロッパの近縁種とは、容易に区別できる。雌の前翅先端は黒色か濃灰色。翅の裏面に繊細な模様があり斑模様と同じ効果を持つため、草にとまったとき保護色となる。成虫は春から初夏に見られる。

▶幼虫期　幼虫は淡い青緑色か灰緑色。ニンニクガラシやハナタネツケバナなど、食草とする植物の莢に似ている。

▶分布　ヨーロッパからアジアの草原、日本の山岳域。

翅の先端が
橙色なのは雄
前翅中央の斑点
は雌より小さい
♂

後翅の緑の
格子模様
裏面の暗色で
繊細な模様が
透けて見える
♀

旧北区

活動時間帯：☼	生息地：	開張：4－5cm

科：シロチョウ科	学名：*Colotis danae*	命名者：Fabricius

ヒイロツマアカシロチョウ Crimson Tip

雌は暗色の模様が大きいため容易に見分けられる。雌雄とも前翅裏面の先端は赤色で後翅裏面は黄色く、後翅裏面中央に黒い点が列をなす。季節と生息域によって色合いが異なる。

▶幼虫期　幼虫の背は緑色で腹は青白色。背に沿って細く黄色い縞がある。フウチョウボク科のフウチョウボク属、カダバ属、マエルア属を食樹とする。

▶分布　アフリカからイラン、インド、スリランカの森林地帯や低木地帯。

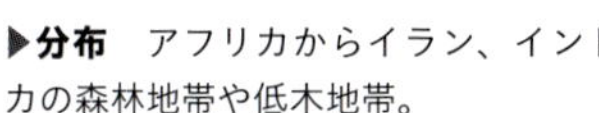

♂

前翅と後翅の
基部は暗色を
帯びる
翅の先端にある
真紅の斑紋は
雌の方が小さい
後翅の黒い斑点が
帯のように
つながっている
♀

熱帯アフリカ区、
インド・オーストラリア区

活動時間帯：☼	生息地：	開張：4.5－5cm

科：シロチョウ科	学名：*Dismorphia amphione*	命名者：Cramer

ベニオビコバネシロチョウ Tiger Pierid

南アメリカに分布する約40種からなる大きな属の1種。このグループは味が悪い様々なチョウ類に擬態している。雌雄とも黒色、橙色、黄色の目を引く色模様を持ち、英名の由来になっている。非常に変異に富み、色彩多型や亜種が多い。低地から標高約1000mまでの林縁部でよく見られる。

▶幼虫期　幼虫は半透明の濃緑色で、ネムノキ科インガ属と近縁種を食草とする。

▶分布　南および中央アメリカに広く分布しよく見られる。西インド諸島とメキシコにも分布する。

シロチョウ科には珍しい翅の形
雄の後翅には、半透明で白く大きい斑紋がある
♂

前翅に黄色い斑点が帯状に連なる
♀
細長い腹部

新熱帯区

活動時間帯：☼	生息地：🌴	開張：4−4.5cm

科：シロチョウ科	学名：*Leptidea sinapis*	命名者：Linnaeus

ヨーロッパヒメシロチョウ Wood White

繊細な種。ヨーロッパに分布する、細長い腹部を持つ小グループに属する。DNA解析か解剖による雄の交尾器観察によってのみ、確実に同定できる。雄の前翅先端には特徴的な灰色の斑紋があり、雌の場合は淡灰色のすじがある。裏面は黄色く染まり、後翅の翅脈に沿って灰色の模様がある。地面近くを弱々しく飛行する。

▶幼虫期　幼虫は黄緑色。背に暗色の線があり、体側に黄色い線がある。マメ科の野生種、特にレンリソウ属を食草とする。

▶分布　ブリテン諸島を含むヨーロッパ各地の森林地帯。ただし局所的に分布する。

♂

前翅裏面の先端部は淡黄色
♂ △
細長い腹部は本属の特徴である

旧北区

活動時間帯：☼	生息地：🌳	開張：4−5cm

科：シロチョウ科	学名：*Hebomoia glaucippe*	命名者：Linneaus

ツマベニチョウ Great Orange Tip

旧北区、
インド・オーストラリア区

アジア最大のシロチョウ。雌は雄よりも色が濃く、後翅の暗色の範囲も広い。雌雄の翅の裏面は似ており、表面とは色合いが大きく異なる。後翅の裏面全体と前翅裏面の外側半分に、褐色とバフに染まった繊細な模様があり、翅を閉じて地面で休んでいるときに枯れ葉そっくりになる。力強く高速で飛行する。雄は吸水のため小川沿いの湿地によく集まるが、雌が森の安全地帯から離れることはめったにない。

▶**幼虫期**　幼虫はやや平らで緑色。体の両側面に淡色の縞が1本ずつある。ギョボクやフウチョウボク科の一種を摂食する。

▶**分布**　インドからマレーシア、中国、日本。

前翅前縁は褐色

前翅先端部は橙色

力強い飛び方をうかがわせる大きな翅

♂

翅の先端は尖っている

雄よりも赤みが少ない

雌の後翅にはひし形の模様がある

後翅の縁にある黒色でV字形の模様

♀

活動時間帯：☼	生息地：	開張：7−10cm

タテハチョウ科 Nymphalidae

6,000種以上が属する大きな科。コムラサキ類、マダラチョウ類、ヒョウモンチョウ類、アカタテハ類など世界でも指折りの美しい種が含まれる。
この科の最も重要な特徴は、前脚が通常は発達しておらず、前脚に歩行機能が備わっていないことである。なお雄の前脚は房状になった鱗粉で覆われている場合が多く、そのため英語では「brushfooted butterflies」(刷毛のような脚のチョウ)とも呼ばれる。多数の亜科に分けられるが、以前は独立した科として扱われていた亜科も多い。

科：タテハチョウ科	学名：*Cethosia biblis*	命名者：Drury

ハレギチョウ Red Lacewing

雌には、雄と似た配色のタイプと、地色が鈍い緑色のタイプがある。雌雄とも翅の裏面は橙赤色で、黒い縁取りの白線がレース状の模様を描く。同属には似た種が含まれている。年間を通して見られる。

▶**幼虫期**　幼虫は有毒の棘に覆われている。棘は枝分かれしている。トケイソウに群生する。

▶**分布**　インド北部から中国南部、マレーシア、インドネシア、フィリピンまで広く分布する。

雄は鮮やかな
赤褐色
♂

翅の縁に沿って
V字形の白い模様
が並ぶ
♀

インド・オーストラリア区

活動時間帯：☼	生息地：🌴	開張：8−9cm

科：タテハチョウ科	学名：*Anartia jatrophae*	命名者：Linneaus

ウスイロアメリカタテハモドキ White Peacock

雌雄はとても似ているが、雌は若干大きく翅が少し丸みを帯びる。翅に褐色の模様が描かれている。

▶幼虫期　幼虫は黒色で銀色の斑点があり、棘を持つ。オトメアゼナを食草とする。

▶分布　南および中央アメリカ、西インド諸島、アメリカ合衆国テキサス南部、フロリダ。

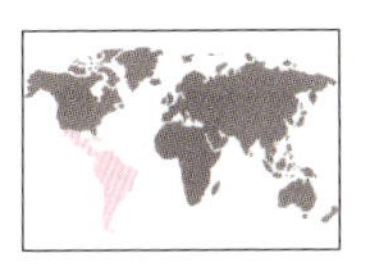
新熱帯区

地色は輝くような白色
♂

活動時間帯：☼	生息地：	開張：5–5.5cm

科：タテハチョウ科	学名：*Pantoporia hordonia*	命名者：Stoll

キンミスジ Burmese Lascar

特徴的な種。翅の裏面は薄い麦わら色で、褐色の線と、細い褐色の縁取りがある。

▶幼虫期　幼虫は緑みがかった灰色。体側に帯があり、背に斑点が4対ある。アカシアを食樹とする。

▶分布　インド、スリランカからマレーシアにかけて分布する。

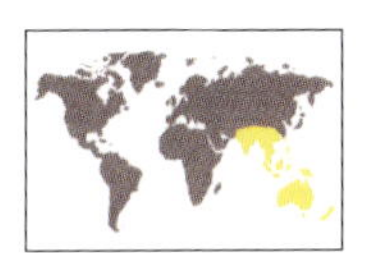
インド・オーストラリア区

左右の翅を黒色と
橙色の縞が横切る
♀
後翅の縁はわずかに波状

活動時間帯：☼	生息地：	開張：4.5–5.7cm

科：タテハチョウ科	学名：*Cyrestis thyodamas*	命名者：Boisduval

イシガケチョウ Common Map

白地に地図のような複雑で独特な模様があり、英名の由来になっている。ぎくしゃくした飛び方をする。

▶幼虫期　幼虫の体表は滑らかで、背に肉質の長い突起を2本持つ珍しい形態。食樹はイチジク。

▶分布　インド北部、パキスタンから日本。

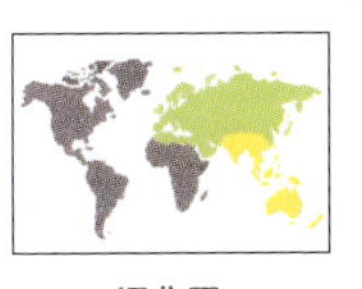
旧北区、
インド・オーストラリア区

前翅先端の
くぼみ
♂

活動時間帯：☼	生息地：	開張：6–7cm

科：タテハチョウ科	学名：*Araschnia levana*	命名者：Linnaeus

アカマダラ European Map Butterfly

春型と夏型で、極めて異なる色模様を持つのが特徴。春型は橙色で、暗褐色の模様がある。これに対し夏型はチョコレートブラウンに白い帯が入っている。翅の裏面は暗色で、黄白色の線が地図のように見える特徴的な模様を描く。この翅の裏面の模様にちなんで英名がつけられた。

▶幼虫期　幼虫は黒色で棘がある。セイヨウイラクサを食草とする。

▶分布　ヨーロッパに広く分布する。アジア温帯域、韓国、日本にも生息する。

♂

春型

前翅の縁は波状
♂
縁毛帯は黒白の斑模様

夏型

旧北区

活動時間帯：☼	生息地：🌳	開張：3−4cm

科：タテハチョウ科	学名：*Polyura delphis*	命名者：Doubleday

ホウセキフタオチョウ Jewelled Nawab

近縁のフタオ属と同様、特徴的な尾状突起を持つ。翅の表面は淡い黄緑色から白色。前翅の先端に三角形の黒い斑紋がある。裏面は淡青色で、褐色、緑色、濃青色の模様がある。色模様は変異に富む。

▶幼虫期　幼虫の生態は詳しくわかっていない。同属他種の幼虫は、頭部に独特な突起がある。食草もわかっていない。

▶分布　インド北部、パキスタンからミャンマー、ジャワ島。

前翅先端に、三角形で暗色の斑紋がある
♂
後翅の縁の模様は変異に富む
胸部と腹部は丈夫

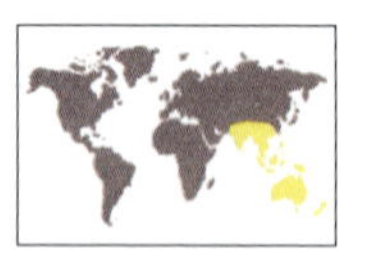

インド・オーストラリア区

活動時間帯：☼	生息地：🌴	開張：9.5−10cm

科：タテハチョウ科	学名：*Polyura pyrrhus*	命名者：Linneaus

モルッカフタオチョウ Tailed Emperor

翅の表面の黒い部分は変異に富む。クリーム色がかった黄色が大半を占め、細い縁取りのみが黒い個体もいる。しかし後翅の縁はいずれも青く、左右に2つずつある尾状突起まで青色が続く。翅の裏面は褐色で、黒帯で縁取られた乳白色の部分が中央にある。後翅の縁に黒く縁取られた橙色の斑紋があり、斑紋より内側にマルーンレッドの斑点が並ぶ。雌雄は似ている。飛び方は力強く、高い樹木の梢にとまり、発酵した果実から吸蜜するため下降する。オーストラリアの亜種は別種センプロニウスフタオチョウと見なされている。

樹上の幼虫は保護色で見つかりにくい

幼虫

▶幼虫期　幼虫は緑色で、細かな白斑がある。体側に沿って黄色い線があり、背に2本以上の黄色い帯がある。アカシアを食樹とする。

▶分布　モルッカ諸島からパプアニューギニア、オーストラリア。

前翅中央の2つの斑点
前翅の前縁は黒色
♀
後翅の縁の斑紋は変異に富む
後翅の青い帯は2つある尾状突起まで続く
インド・オーストラリア区

活動時間帯：☼	生息地：🌴	開張：7−9cm

科：タテハチョウ科	学名：*Aglais urticae*	命名者：Linnaeus

コヒオドシ Small Tortoiseshell

ヨーロッパで最もよく見られるチョウの1種。比較的小型で明るい色合いである。縁に並ぶ青い点は前翅から後翅へと続いている。雌雄は非常によく似ている。春から秋に見られ、晩夏に羽化した成虫が越冬する。

▶幼虫期　幼虫は体全体に棘があり、地色は黒色で黄色い帯が断続的に続く。セイヨウイラクサを食草とする。

▶分布　ヨーロッパからアジア温帯域、日本まで広く分布する。

前翅に橙黄色の
部分と、角張った
黒い斑点がある
後翅の基部は
黒色
♂

後翅の縁に
突出部がある

♂△

旧北区

活動時間帯：☼	生息地：	開張：4.5–5cm

科：タテハチョウ科	学名：*Apatura iris*	命名者：Linnaeus

ユーラシアコムラサキ Purple Emperor

雄の翅の美しい紫色は遊色効果を持つ。地色は黒褐色で白い模様がある。梢近くを飛び回る。

▶幼虫期　幼虫は緑色で太く、前後端は先細りになっている。ヤナギ属を食樹とする。

▶分布　ヨーロッパからアジア温帯域の森林地帯に広く分布する。

♂

左右の後翅に橙色、黒色、紫色の
大きな眼状紋が1つある

雌雄とも翅の裏面は
褐色で白斑がある
♂△

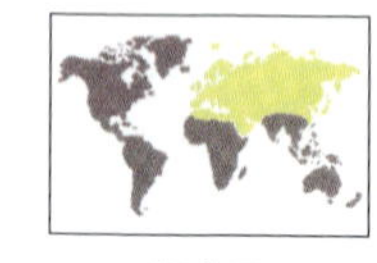

旧北区

活動時間帯：☼	生息地：	開張：6–7.5cm

科：タテハチョウ科	学名：*Asterocampa celtis*	命名者：Boisduval & Leconte

エノキコムラサキ Hackberry Butterfly

地色は褐色で、暗褐色の斑点と帯が複雑で多様性に富む模様を描く。前翅の先端に白斑があるのが特徴。雌は雄よりも大きく色は薄い。また後翅は雄よりも丸みを帯びる。春から秋に見られるが地域差がある。

▶幼虫期　幼虫は明緑色で黄色い帯があり、頭部に枝分かれした小さな角を持つ。エノキを食樹とする。

▶分布　オンタリオ北部からフロリダ、テキサスまで、北アメリカに広く分布する。

翅の縁は
わずかに波状
♂
後翅は
角張っている

後翅裏面に
黒色と白色の
眼状紋
♂△

新北区

活動時間帯：☼	生息地：	開張：4−5.5cm

科：タテハチョウ科	学名：*Issoria lathonia*	命名者：Linneaus

スペインヒョウモン Queen of Spain Fritillary

尖った前翅と角張った後翅を持ち、ヨーロッパのヒョウモンの中でも特徴的。雌雄の翅の表面は橙赤色で黒い斑点があり、裏面には銀色の模様がある。春から秋に見られる。

▶幼虫期　幼虫は黒色で、褐色の棘と白斑がある。また背に2本の白線がある。スミレ類を食草とする。

▶分布　南ヨーロッパと北アフリカに分布し北方に渡りをする。アジア温帯域から中国西部にも分布域が拡大している。

翅の縁に
黒い線が
2本ある
♂

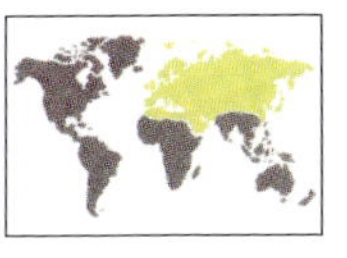

旧北区

♂△
後翅裏面に銀色の
大きな斑紋がある

活動時間帯：☼	生息地：	開張：4−4.5cm

科：タテハチョウ科 | 学名：*Euthalia aconthea* | 命名者：Cramer

マンゴーイナズマ Baron

雄の翅は暗褐色で、黒褐色の模様がある。前翅には白っぽい灰色の帯が見られる。雌は雄より大きく色は薄い。通常は前翅と後翅に白斑があるが、白さの程度に個体差がある。雌雄の翅の裏面は淡褐色で、帯黒色の斑点が翅の縁に沿って並ぶ。また翅の基部に帯黒色の輪状模様が見られる。

♂

▶幼虫期　幼虫は緑色で背に黄色い線があり、羽毛のような葉状突起が体側に並ぶ。マンゴーやカシューノキを食樹とする。

▶分布　インド、スリランカから中国、マレーシア、インドネシア。

♀

前翅の縁にU字形の模様がある

雌の後翅は雄のものより丸みを帯びている

インド・オーストラリア区

活動時間帯：☼ | 生息地：🌾🌴 | 開張：5.5−6cm

科：タテハチョウ科 | 学名：*Eurytela dryope* | 命名者：Cramer

キオビアフリカカバタテハ Golden Piper

暗褐色で、太い橙色の帯が前翅から後翅にかけてのびている。裏面は淡褐色で濃いチョコレートブラウンの帯があり、翅の外縁は褐色がかった白色。雌雄は似ている。樹木や低木の上でホバリングしている個体がよく見られる。樹木からにじみ出る樹液を吸うが、花を訪れて吸蜜することもある。

♂

▶幼虫期　幼虫は灰緑色で棘を持つ。トウゴマ(ヒマ)などトウダイグサ科を食樹とする。

▶分布　熱帯アフリカとアフリカ南部でよく見られる。マダガスカルとイエメンにも分布する。

後翅表面の外縁は暗褐色

♂△

翅の縁は波状で特徴的

熱帯アフリカ区

活動時間帯：☼ | 生息地：🌴 | 開張：5−6cm

科：タテハチョウ科	学名：*Phyciodes tharos*	命名者：Drury

アメリカコヒョウモンモドキ Pearl Crescent

北アメリカでよく見られる種。翅の表面は橙色で、黒褐色に縁取られ、基部に黒い模様がある。前翅の裏面は淡橙色で、後端に黒い斑点が2つ見られる。後翅裏面には三日月形の模様がある。英語ではpearly crescentspot（真珠色で三日月形の斑紋）という別名もある。

▶幼虫期　幼虫は褐色で棘を持つ。キク科を食草とし、1齢幼虫は群生する。

▶分布　ニューファウンドランド島からメキシコまで広く分布する。

後翅の
斑点の列
♂

新北区

♂△
後翅の縁に
白い三日月形の斑紋

活動時間帯：☼	生息地：	開張：2.5–4cm

科：タテハチョウ科	学名：*Charaxes jasius*	命名者：Linneaus

ヨーロッパフタオチョウ Two-tailed Pasha

ヨーロッパに分布する唯一のフタオチョウ。翅の表面は暗褐色で、橙色に縁取られている。2本の尾状突起の基部に青い斑点がある。翅の裏面には赤褐色、淡黄色、白色の帯があり、紫みの灰色の帯が断続的に続いている。雌は雄より大きい。英語ではfoxy charaxes（キツネ色のフタオチョウ）という別名がある。

▶幼虫期　幼虫は緑色で、白色の斑点がある。イチゴノキを食樹とする。

▶分布　ヨーロッパの地中海沿岸域から北アフリカにかけて分布する。

翅の表面は
濃い黒褐色
前翅の縁は
スモーキーイエロー
後翅は黒色で
縁取られている
♀
後翅の内縁は
淡色

旧北区

活動時間帯：☼	生息地：	開張：7.5–8cm

科：タテハチョウ科	学名：*Doleschallia bisaltide*	命名者：Cramer

イワサキコノハ Leafwing Butterfly

栗色がかった褐色で、前翅の縁は黒褐色。翅の裏面が枯れ葉に似ていることが、英名の由来である。

▶幼虫期　幼虫は黒色で、背に沿って白斑が2列に並ぶ。ジャックフルーツを食樹とする。

▶分布　インド、スリランカからタイ、日本、フィリピン、インドネシア、ソロモン諸島、バヌアツ。

♂

後翅の縁に小さく黒い斑点が2つある

♀△

かすかな眼状紋は、枯れ葉の傷ついた部分に似ている

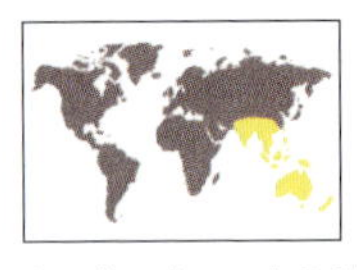

インド・オーストラリア区

活動時間帯：☼	生息地：🌴	開張：6–7cm

科：タテハチョウ科	学名：*Colobura dirce*	命名者：Linnaeus

ウラナミタテハ Zebra Butterfly

暗褐色で、淡黄色の太い帯が前翅を斜めに横切る。裏面には英名の由来になったゼブラ模様があり、前翅裏面には斜めに走る白く太い帯がある。年間を通して見られる。

▶幼虫期　幼虫はビロードのような黒色で、背に白色の棘がある。ヤツデグワの葉を食樹とする。

▶分布　メキシコから、西インド諸島を含む中央および南アメリカ。

♂

特徴的な角張った後翅

黒く縁取られた青い眼状紋が並ぶ

♀△

特徴的な眼状紋

新熱帯区

活動時間帯：☼	生息地：🌴	開張：5.5–7.5cm

科：タテハチョウ科	学名：*Rhinopalpa polynice*	命名者：Cramer

ソトグロカバタテハ The Wizard

ユニークな形の翅は濃い橙褐色で、前後の翅の縁と後翅の斑点は黒褐色である。裏面では褐色と赤褐色の帯や線が複雑な模様を描き、銀青色の細い線が散在する。また白色と黒色の眼状紋が列をなしている。

▶幼虫期 幼虫は赤褐色で、黒い斑点がある。肉質の棘に覆われている。シラボシカズラを摂食する。

▶分布 インド、マレーシアからインドネシアの森林地帯。

前翅に独特な
くぼみがある
短い尾状突起も
特徴である
♂

インド・オーストラリア区

活動時間帯：☼	生息地：🌴	開張：7–8cm

科：タテハチョウ科	学名：*Athyma nefte*	命名者：Cramer

メスグロイチモンジ Colour Sergeant

橙色と黒色の非常に個性的な模様を持つ。雄の翅の裏面は橙褐色で白い模様があり、表面に似ている。後翅裏面には黒色の斑点が帯状に並び、ピンクがかった橙色の斑点がさらに太い帯をつくっている。雌はランタナの花に引き寄せられることが多い。

▶幼虫期 幼虫は褐色で棘を持つ。背の中央に暗赤色の斑点がある。カンコノキ属やコンロンカ属を食樹とする。

▶分布 インド、パキスタン、ミャンマー、マレーシアの平原や熱帯雨林でよく見られる。

♂
雌雄とも翅の縁近くに
橙色の帯がある
雌は雄と似ているが、
色は薄く黄色みを帯びる
♀

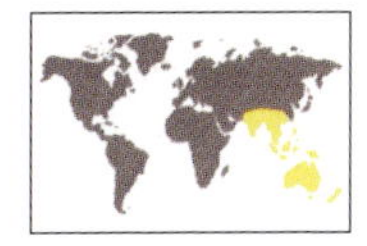

インド・オーストラリア区

活動時間帯：☼	生息地：🌴 ⺌⺌	開張：5.5–7cm

科：タテハチョウ科	学名：*Charaxes bernardus*	命名者：Fabricius

チャイロフタオチョウ Tawny Rajah

アジアに生息するチャイロフタオチョウ属の1種で美しい種。橙色で、翅の中央に太く白い帯がある。前翅は黒褐色で縁取られている。翅の裏面は灰褐色で、暗色の線が不規則な模様を描いている。雌の翅の模様は雄と似ているが、体は多少大きく、尾状突起がより発達している。梢付近を素早く飛び回る。

▶幼虫期　幼虫は濃緑色で体に赤い斑点があり、頭部に赤い角が4本ある。ナンバンアカアズキやネムノキ属など熱帯の様々な樹木を摂食する。

▶分布　インド、パキスタン、スリランカ、中国南部、ミャンマー、マレーシアの密林。

前翅前縁は
赤褐色
三角形の前翅
後翅の縁近くに
黒褐色の斑紋が並ぶ。
斑紋の中央に白斑がある
♂
小さな三角形の
尾状突起を持つ

前翅の先端に白斑が
2つある
触角はやや
棍棒状
前翅の白い帯は
後翅まで続く
♀
後翅の基部に
白斑がある

インド・オーストラリア区

活動時間帯：☼	生息地：🌴	開張：9–12cm

科：タテハチョウ科	学名：*Brenthis ino*	命名者：Rottemburg

コヒョウモン Lesser Marbled Fritillary

小型種。橙色の地色に黒い斑点というヒョウモンチョウ類特有の模様を持つ。後翅の裏面は黄色。斑紋の地理的変異が知られているが、小型であることと翅が黒く縁取られていることから判断できる。雌雄は似ている。弱々しい飛び方をする。

▶幼虫期　幼虫は黒色で、背に沿って2本の白線と橙褐色の棘を持つ。ワレモコウ、セイヨウナツユキソウ、ヨーロッパキイチゴを摂食する。

▶分布　ブリテン諸島を除くヨーロッパ、アジア温帯域から日本にかけての沼沢地に広く分布する。

棍棒状の触角

翅の縁は黒色

♂

翅の縁は波状

翅の縁は
黒色と
クリーム色
♂△

後翅に褐色で輪状の独特な斑紋がある

旧北区

活動時間帯：☼	生息地：	開張：3–4cm

科：タテハチョウ科	学名：*Charaxes bohemani*	命名者：C. Felder & R. Felder

ボヘマニチャイロフタオチョウ Large Blue Charaxes

翅の表面は美しい青色でわずかに虹色を帯び、黒色で太く縁取られている。雌は雄より大きく、前翅に特徴的な白い帯が斜めに走り、尾状突起が長い。雌雄とも翅の裏面は、くすんだ紫みの灰色である。

▶幼虫期　幼虫は緑色で、マメ科の*Afzelia quanzensis*と近縁種を摂食する。

▶分布　ケニアからマラウイ、ザンビア、アンゴラに至るアフリカ熱帯域の疎林や低木帯に生息する。

前翅に独特な白斑がある

♂

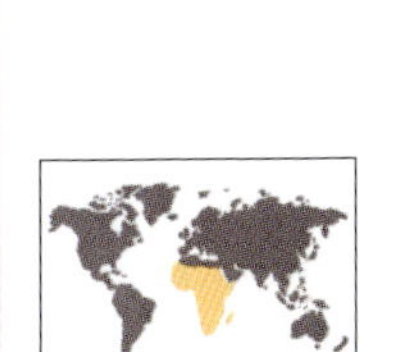

熱帯アフリカ区

尖った尾状突起が左右の後翅に2本ずつある

内縁は淡褐色

活動時間帯：☼	生息地：	開張：7.5–10.8cm

科：タテハチョウ科	学名：*Hypolimnas bolina*	命名者：Linnaeus

リュウキュウムラサキ Great Egg-fly

地理的変異に富むが、一般に雄はビロード状の黒い翅で、各翅の中央に紫色に縁取られた白斑がある。雌は雄より大きく、黒褐色で雄より複雑な白い模様がある。雌の前翅に橙赤色の斑点があるが、この斑点を持たず、白色部分が非常に少ない個体もいる。雌雄の翅の裏面は似ており、褐色で白斑が帯状に並ぶ。前翅は基部に向かって赤褐色が強くなる。ランタナによく集まる。

▶幼虫期　幼虫は暗褐色か黒色で、枝分かれした橙黄色の棘を持つ。体側に沿って黄色い線がある。多種にわたる熱帯植物を食草とする。

▶分布　インドから中国南部、マダガスカル、マレーシア、インドネシア、オーストラリアに広く分布する。亜種が多い。

黒色で棘がある

幼虫

雌雄とも翅の縁毛帯が白色と黒色で、波状になっているのが特徴
♂

前翅の縁がくぼんでいる

前翅は基部に向かって赤褐色が強くなる

♀

熱帯アフリカ区、インド・オーストラリア区

活動時間帯：☼	生息地：	開張：7－11cm

科：タテハチョウ科	学名：*Hypolimnas salmacis*	命名者：Drury

サザナミムラサキ Blue Diadem

雄の翅は英名にふさわしい青色で、縁と基部は黒色。白斑がある。雌は翅全体が黄色みを帯びる場合が多い。裏面はチョコレートブラウンで、白い帯と細長い紫色の斑点がある。

▶**幼虫期**　幼虫は暗褐色で、赤い棘を持つ。イラクサ科の*Urera hypselodendron*や*Fleurya*属を食草とする。

▶**分布**　アフリカ西部から東部にかけての熱帯域の、低地森林に生息する。

熱帯アフリカ区

前翅先端にある
特徴的な白斑で
近縁種と区別する
翅の縁毛帯は
黒色と白色で波状
♂

活動時間帯：☼	生息地：🌴	開張：9–9.5cm

科：タテハチョウ科	学名：*Prepona meander*	命名者：Cramer

メアンデールリオビタテハ Banded King Shoemaker

よく似た種が同属に数種いる。黒地に緑みのメタリックブルーという目を引く配色で変異に富み、名前がつけられた配色も多数存在する。裏面は対照的に灰褐色で、中央に暗褐色の帯がある。雌雄は似ている。パチパチという音を立てて飛ぶ。

▶**幼虫期**　幼虫は頭部に棘のある角を2本持ち、バンレイシ科を食樹とする。

▶**分布**　中央および南アメリカ、西インド諸島に広く分布する。

青い帯は翅の
先端で途切れ、
2個の青い斑点に
なっている
後翅の縁はわずかに
波状になっている
胸部と腹部は丈夫
♀

新熱帯区

活動時間帯：☼	生息地：🌴	開張：8–10.8cm

科：タテハチョウ科 | 学名：*Junonia coenia* | 命名者：Hübner

アメリカタテハモドキ Buckeye

模様は非常に変異に富むが、目立つ眼状紋で同定できる。雌雄は似ている。

▶幼虫期　幼虫は緑色から濃灰色で、橙色と黄色の斑点がある。オオバコ属を食草とする。

▶分布　オンタリオからフロリダに至る北アメリカとメキシコの、草原や海岸沿いで見られる。

新北区

前翅の特徴的な
橙色の帯
♂
後翅の大きな眼状紋

活動時間帯：☼ | 生息地： | 開張：5−6cm

科：タテハチョウ科 | 学名：*Junonia villida* | 命名者：Fabricius

ビリダタテハモドキ Meadow Argus

各翅に黒色と菫色の眼状紋が2つずつあり、前翅の先端にクリーム色の独特な模様が3つある。裏面は灰褐色で暗色の模様があるが、眼状紋はない。雌は雄と似ているものの翅が丸みを帯びている。

▶幼虫期　幼虫はオオバコ属を食草とする。

▶分布　パプアニューギニアからオーストラリア、太平洋南東部の島々。

インド・オーストラリア区

前翅の橙色の帯

♂

後翅の外縁に褐色と白色の模様がある

活動時間帯：☼ | 生息地： | 開張：4−5.5cm

科：タテハチョウ科 | 学名：*Charidryas nycteis* | 命名者：Doubleday

キマダラアメリカコヒョウモンモドキ Silvery Checkerspot

翅は黒色と橙色で、後翅に小さな黒い斑点が並んでいるのが特徴。前翅の裏面は表面と似ているが、後翅の裏面は黄白色で、橙色と黒色の模様と銀色の斑点がある。

▶幼虫期　幼虫は黒色で棘を持つ。

▶分布　カナダ、アメリカ合衆国のアリゾナ南部、テキサス、ジョージアの草原。

新北区

縁は格子模様

♂

中心が白色の黒い点が後翅に並ぶ

前翅から後翅にかけて黒色と橙色の模様が広がる

活動時間帯：☼ | 生息地： | 開張：3−5cm

科：タテハチョウ科	学名：*Protogoniomorpha parhassus*	命名者：Drury

オオシンジュタテハ Mother-Of-Pearl Butterfly

半透明の淡緑色で、遊色効果を示す紫色に染まっている。前翅と後翅に暗色の眼状紋があるが、尾状突起の近くの眼状紋は明るい色で目立っている。翅の裏面は表面と似ているものの、暗色の縁取りはなく、表面より小さい赤い眼状紋がある。雌雄は似ている。

▶幼虫期　幼虫は暗褐色で、背に沿って橙赤色の斑紋が帯状に並ぶ。棘を持つ。

▶分布　アフリカ熱帯域の密林、特に河川の沿岸でよく見られる。南アフリカにも分布する。

熱帯アフリカ区

翅の先端は鉤状に
強く曲がっている
短い短刀状の
尾状突起
♂
鮮やかな色の眼状紋が
捕食者を惑わせる

活動時間帯：☼	生息地：🌴	開張：7.5−10cm

科：タテハチョウ科	学名：*Junonia orithya*	命名者：Linnaeus

アオタテハモドキ Blue Pansy

雄の前翅は黒い部分が多く、白い帯が斜めに走り、橙色で縁取りされた眼状紋がある。美しい後翅から、別の英名 blue argus（青いアルゴス）がつけられた。雌は雄よりも大きく、雄よりもくすんだ色になる場合が多い。また雌の後翅は若干青みがかっている。雌雄とも翅の裏面は灰褐色で、白色の模様がある。

▶幼虫期　幼虫は黒色で、橙色と黄色の模様がある。短い棘を持つ。食草は多種にわたる。

▶分布　アフリカからインド、マレーシア、オーストラリア。

♂
雌雄とも後翅は黒色と
白色で縁取られている

熱帯アフリカ区
インド・オーストラリア区

雌の後翅の
眼状紋は
大きい
雌の翅は丸みを
帯びている
♀

活動時間帯：☼	生息地：草地	開張：4−6cm

科：タテハチョウ科	学名：*Poladryas minuta*	命名者：Edwards

ゴイシヒョウモンモドキ Dotted Checkerspot

黒色と橙色の格子模様が魅力的な、典型的なヒョウモンチョウ。翅の裏面は淡橙色で、独特な黒い斑点があり、縁には大きな白斑が並ぶ。雌は雄よりもかなり大きい。

▶幼虫期　幼虫は橙色で、橙色と黒色の棘がある。オオバコ科のイワブクロ属を食草とし、年に数回発生する。

▶分布　アメリカ合衆国のニューメキシコ、テキサスとメキシコの、食草が繁茂する石灰岩地帯。

♂

棍棒状の触角

前翅の縁近くに鋸歯状の模様

翅の縁毛帯は格子模様

後翅裏面に黒い斑点が3列に並ぶのが特徴

♀△

新北区

活動時間帯：	生息地：	開張：3–4cm

科：タテハチョウ科	学名：*Nymphalis antiopa*	命名者：Linnaeus

キベリタテハ Camberwell Beauty

他種と区別しやすい。翅の表面は濃いえび茶色で、淡黄色に縁取られている。縁近くに青色の斑点がある。裏面は濃灰色で、黒い線が走り、黄白色の縁に黒い斑点がある。雌雄は似ている。アメリカ合衆国ではmourning cloak（喪服用外套）として知られる。

▶幼虫期　幼虫は棘を持ち、ビロード状の黒色で細かい白斑がある。背に沿って赤褐色の斑点が並ぶ。各種の落葉樹を食樹とする。

▶分布　ヨーロッパ、アジア温帯域、北アメリカ。南アメリカ北部まで渡りをする場合がある。

独特な輪郭の前翅
♂
縁の黄色い部分に斑点が散在する
黒く縁取りされた青い斑点が並ぶ

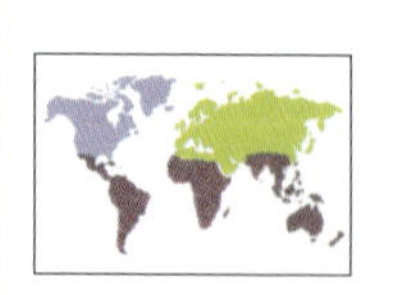

全北区

活動時間帯：	生息地：	開張：6–8cm

科：タテハチョウ科	学名：*Nymphalis polychloros*	命名者：Linnaeus

ヨーロッパヒオドシチョウ Large Tortoiseshell

コヒオドシ（80ページ）より大きく毛深く、前翅前縁に白斑がない。翅の裏面には、様々な色合いの褐色で模様が描かれており、特徴的な濃青灰色で縁取られている。

▶幼虫期　幼虫は黒色で、細かい白斑が散在する。橙褐色の棘を持ち、背と側面に沿って橙色の線が走る。様々な広葉樹の葉を食樹とする。

▶分布　ヨーロッパに広く分布し、北アフリカやヒマラヤ山脈でも分布域を広げている。

前翅の特徴的な斑点
♂
後翅の縁は波状
後翅の縁に
青い三日月紋

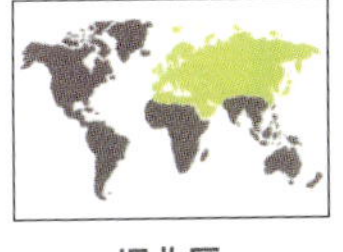

旧北区

活動時間帯：☼	生息地：🌳 ⺌⺌	開張：5–6cm

科：タテハチョウ科	学名：*Marpesia petreus*	命名者：Cramer

ツルギタテハ Ruddy Dagger Wing

前翅と後翅の特徴的な輪郭のため同定が容易。翅の表面は橙色で、前翅から後翅にかけて褐色の線が走る。尾状突起も褐色。裏面はピンクがかった褐色で、褐色の模様がある。雌雄は似ている。成虫は花や熟し過ぎた果実（特にイチジク）を好む。

▶幼虫期　幼虫は赤褐色と黄色で、黒い直線的な模様がある。棘のある独特な角が頭部についている。イチジク、カシューノキ、クワの葉を食樹とする。

▶分布　南および中央アメリカ、アメリカ合衆国のフロリダとテキサス。

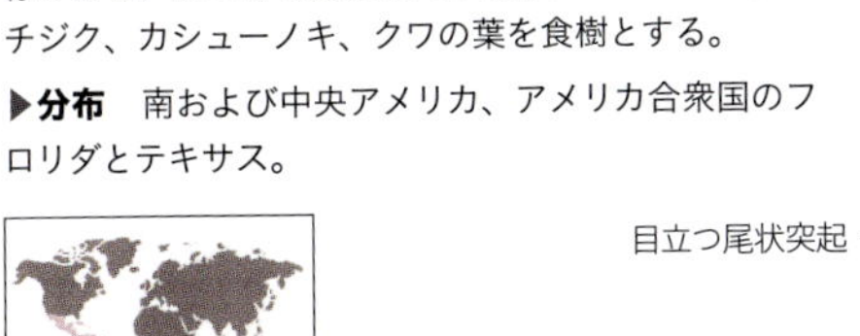

鉤状に強く曲がった前翅

♂

目立つ尾状突起

後翅に偽の頭部があり、捕食者を惑わせる

後翅内縁は淡色

新熱帯区

活動時間帯：☼	生息地：🌴	開張：7–7.5cm

科：タテハチョウ科	学名：*Limenitis archippus*	命名者：Cramer

カバイロイチモンジ The Viceroy

オオカバマダラ（154ページ）によく似た擬態で知られている。翅脈を横切る黒い線でオオカバマダラと区別できる。春から秋にかけて見られ、アブラムシが分泌する甘露に集まる。

▶幼虫期　幼虫にはオリーブ色と褐色の斑模様があり、瘤を持つ。頭部の後方に剛毛の房が1対ある。ヤナギ類など落葉樹の葉を食樹とする。

▶分布　カナダ、アメリカ合衆国、メキシコ。

♂

翅脈を横切る黒い線がある

♂

新北区、新熱帯区

活動時間帯：☼	生息地：	開張：7–7.5cm

科：タテハチョウ科	学名：*Precis octavia*	命名者：Cramer

アオアカタテハモドキ The Gaudy Commodore

明確に区別できる2つの季節型を持つ美しい種。乾季型（右写真）は青みがかった暗褐色。青みの程度は変異に富む。雨季型は橙赤色で、斑点と縁は暗褐色である。地理的変異が存在する。

▶幼虫期　幼虫は暗褐色で棘を持つ。頭部は赤褐色。コリウス属などシソ科を食草とする。

▶分布　アフリカ熱帯域と南部の森林地帯。

♂

赤く縁取られた黒い斑点が翅の外側に並ぶ

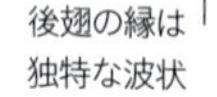
後翅の縁は独特な波状

熱帯アフリカ区

活動時間帯：☼	生息地：	開張：5–6cm

科：タテハチョウ科	学名：*Polygonia c-album*	命名者：Linnaeus

シータテハ Comma

変異に富み、第1世代は第2世代よりも薄く明るい色をしている。後翅の裏面にC字形の白い模様があり、これが学名、和名、英名の由来である。

▶**幼虫期**　幼虫は黒色で橙褐色の線があり、背に大きな白い模様がある。セイヨウイラクサやホップを食草とする。

▶**分布**　ヨーロッパ、北アフリカからアジア温帯域、日本。

♂

前翅の輪郭は波状

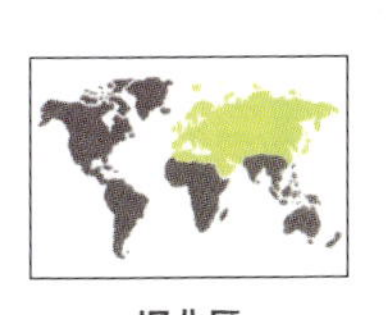

旧北区

裏面の模様は
枯れ葉に似ている
♂△

活動時間帯：☼	生息地：	開張：4.5−6cm

科：タテハチョウ科	学名：*Argynnis pandora*	命名者：Denis & Schiffermüller

パンドラヒョウモン Cardinal

翅の表面が似ている種はいくつかあるが、前翅裏面の美しいバラ色の斑紋は独特であり、見間違えようがない。

▶**幼虫期**　幼虫は黒色で、橙色の線と棘がある。夜間に活動しスミレ類を食草とする。

▶**分布**　南および東ヨーロッパから北アフリカ、イラン、パキスタン。

♂

翅の外縁に
黒い帯がある

後翅の裏面に小さな
白斑が見られる
♂△

旧北区

活動時間帯：☼	生息地：	開張：6−8cm

科：タテハチョウ科	学名：*Palla ussheri*	命名者：Butler

ホソオビオナガフタオチョウ Palla Butterfly

雄は黒地に白い縞が入った特徴的な前翅と、暗褐色で中央部に琥珀色の太い帯がある後翅を持つ。雌は雄よりも大きく、翅の地色は褐色で中央部に淡橙色の帯がある。素早く力強く飛行する。

▶幼虫期　幼虫には緑色と褐色の模様があり、枯れ葉に似ている。ヒルガオ科の*Porana densifolia*、*Bonamia poranoides*、ミカン科のサルカケミカン属を食べる。

▶分布　西、東、中央アフリカの熱帯林。

目を引く白い帯
♂
雌雄とも小さな眼状紋がある

前翅のくぼみ

♀

緑の帯は尾状突起までのびている

熱帯アフリカ区

活動時間帯：☼	生息地：🌴	開張：7−8cm

科：タテハチョウ科	学名：*Aglais io*	命名者：Linnaeus

クジャクチョウ Peacock

優美で独特な模様を持つ。表面が目を引く色模様であるのに対し、裏面は暗褐色で紫黒色の線が走り、効果的な保護色になっている。雌は雄よりもやや大きい。

▶幼虫期　幼虫は黒色で棘を持つ。セイヨウイラクサとホップを食草とする。

▶分布　ヨーロッパでは身近な場所で見られる。アジアと日本の温帯域まで広く分布する。

旧北区

眼状紋は、鳥の攻撃を本体からそらすのに役立つ
♂

活動時間帯：☼	生息地：草地	開張：5.5−6cm

科：タテハチョウ科	学名：*Kallima inachus*	命名者：Boisduval

コノハチョウ Indian Leaf Butterfly

雌雄の翅の表面は橙色と紫がかった青色で鮮やかな配色だが、裏面は褐色主体の模様である。左右の翅の独特な輪郭と相まって、最も効果的に枯れ葉に擬態する。この擬態の能力から名前がつけられた。

▶幼虫期　幼虫はビロードのような黒色で、赤い棘と黄色い毛がある。イラクサ科の*Girardinia*属やキツネノマゴ科のイセハナビ属などを食草とする。

▶分布　インド、パキスタンから中国南部まで広く分布する。

雌雄とも表面は
鮮やか
♂
長い尾状突起

尖った特徴的な
前翅
偽の「葉脈」が
尾状突起からのびる
独特な角張った
前翅
尾状突起は
葉柄に似ている
♂△

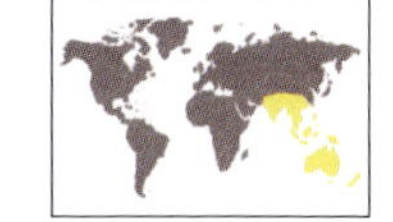

インド・オーストラリア区

活動時間帯：☼	生息地：🌴	開張：9–12cm

科：タテハチョウ科	学名：*Vindula erota*	命名者：Fabricius

チャイロタテハ Cruiser Butterfly

雄は橙褐色で、翅の中央に淡色の帯がある。裏面は表面と似ているが、赤褐色の線がある。雌は灰褐色で後翅は橙色を帯び、前後の翅の中央を白い帯が貫く。裏面には赤い線と淡色の斑点がある。

▶幼虫期　幼虫は淡黄色で褐色の模様がある。アデニア属やトケイソウ属を食草とする。

▶分布　インド、パキスタンからマレーシア、インドネシアの森林。

♂
雌雄とも後翅に眼状紋がある

♀
翅の先端に
淡色の斑点がある
小さな尾状突起

インド・オーストラリア区

活動時間帯：☼	生息地：🌴	開張：7–9.5cm

科：タテハチョウ科	学名：*Neptis sappho*	命名者：Pallas

コミスジ Common Glider

アフリカと東南アジアにかけて分布するミスジ属の1種だが、本種はヨーロッパに分布する。翅の黒色と白色の帯で、他のヨーロッパのチョウと区別できる。翅の裏面は錆びた赤褐色である。

▶幼虫期　幼虫の体表は滑らかで、棘がついた角が背に4対ある。レンリソウ属を食草とする。

▶分布　中央および東ヨーロッパの森林地帯や丘の中腹の低木地帯。

旧北区

前翅中央の帯
♂
後翅の2本の白い帯が
特徴的

活動時間帯：☼	生息地：🌳	開張：4.5–5cm

科：タテハチョウ科	学名：*Sasakia charonda*	命名者：Hewitson

オオムラサキ Japanese Emperor

日本の美しい国蝶である。雄の翅は青銅色を帯びた暗褐色と、虹色を帯びた紫色からなる。雌の翅は褐色で、紫色の部分が見られない。雌雄どちらも前翅の裏面は黒褐色で白斑があり、先端が淡い灰緑色である。後翅の裏面は淡い灰緑色で、基部に淡色の斑点とピンクの斑点が見られる。変異に富み、複数の亜種が存在する。夏に見られ、力強く飛行する。

▶幼虫期　幼虫は緑色で、背に沿って肉質の突起が数対並ぶ。頭部も緑色で長い角が1対ある。エノキを食樹とする。

▶分布　中国、韓国、ベトナム、日本。

幼虫の色は
食樹の葉に
溶け込む

幼虫

前後の翅の縁に白斑が
並び波状になっている
細長い触角
前翅のわずかなくぼみ
♂
後翅のピンクの斑点
力強く飛ぶチョウに
よく見られる丈夫な体
翅の縁がわずかに
波状になっている

旧北区

活動時間帯：☼	生息地：🌳	開張：9.5−12cm

科：タテハチョウ科	学名：*Kallimoides rumia*	命名者：Doubleday

アフリカコノハチョウ African Leaf Butterfly

雄は暗褐色で、前翅に紫色と赤色の模様がある。雌は雄より大きく、前翅に淡青色、後翅にクリーム色の模様がある。翅の裏面は典型的な葉状で、本属特有の褐色模様になっている。裏面の模様から名前がつけられた。

▶幼虫期　幼虫は灰赤色で黒い線がある。食草は解明されていない。

▶分布　東および西アフリカの熱帯域。

前翅前縁が
強く曲がっている
前翅を赤い
三日月紋が横切る
前翅は他のコノハチョウ属
ほど尖っていない
後翅は前翅より
色彩が単調
前翅先端に
小さな白斑
♂
後翅の末端に
紫色のすじがある
黄色く縁取られた
黒い眼状紋が後翅にある
後翅の中央に
葉脈に似た線が
入っている
♂△
熱帯アフリカ区

活動時間帯：☼	生息地：🌴	開張：7−8cm

科：タテハチョウ科	学名：*Euphydryas aurinia*	命名者：Rottemburg

クロテンベニホシヒョウモンモドキ

Marsh Fritillary

雌雄の翅の表面は橙色、クリーム色、褐色。裏面は色が薄く、黒色の模様は少ない。雌は雄よりも大きい。

変異に富む
複雑な模様
♀
後翅の黒い斑点

▶幼虫期　幼虫は棘を持つ。黒色で、白色の斑点がある。通常はマツムシソウ科の*Succisa pratensis*の葉を食草とする。

▶分布　ヨーロッパに広く分布し、アジア温帯域にまで分布域を広げている。

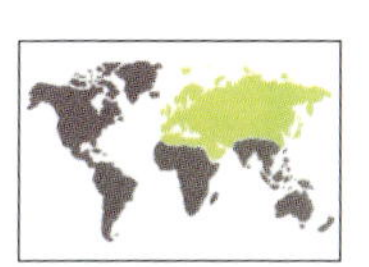

旧北区

活動時間帯：☼	生息地：	開張：3−4.5cm

科：タテハチョウ科	学名：*Speyeria cybele*	命名者：Fabricius

アメリカオオヒョウモン Great Spangled Fritillary

アメリカに生息する大型の種。雌は、前翅と後翅の内側半分が濃い黒色に染まっていることで同定できる。雄は色彩が明瞭ではない。なお、翅の裏面も特徴的である。裏面は淡橙色で、前翅に黒色の模様、後翅に銀色の斑点がある。

▶幼虫期　幼虫は黒色で、基部が橙色の棘を持つ。スミレ類の葉を食草とする。

▶分布　カナダ南部からアメリカ合衆国ニューメキシコ、ジョージア。

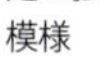
翅の独特な
模様
地色は橙色だが、
淡い麦わら色の
場合もある
♀

前翅と後翅の縁は
波状

新北区

活動時間帯：☼	生息地：	開張：5.5−7.5cm

科：タテハチョウ科	学名：*Hamadryas arethusa*	命名者：Cramer

カスリタテハ Queen Cracker

飛行時にカチカチと音を立てる。前翅と後翅に独特なメタリックブルーの斑点がある。雌は雄よりも大きく、前翅を斜めに横切る白色の帯を持ち、後翅にメタリックブルーの模様がある。

▶幼虫期　幼虫期についてはほとんど知られていないが、近縁種の幼虫は棘を持ち、頭部に節のある湾曲した角を持つ。

▶分布　メキシコからボリビア。

非常に長い触角
後翅は強く丸みを帯びている
♂
胸部と腹部にもメタリックブルーの斑点がある

新熱帯区

活動時間帯：	生息地：	開張：6−7cm

科：タテハチョウ科	学名：*Euphaedra neophron*	命名者：Hopffer

キオビルリボカシタテハ Gold-banded Forester

アフリカの森林に生息する約180種のグループの1種。地色は黒褐色。前翅を斜めに横切る縞が英名の由来。前翅の基部と後翅の大部分は、通常は紫がかった青色だが緑色の型も存在する。裏面は淡い橙褐色で、明るい色の帯がある。

▶幼虫期　幼虫は緑色で、背にピンクがかった赤色の大きな斑紋が2つある。体側に沿って羽毛状の長い棘が並ぶ。ムクロジ科のデインボリア属を食樹とする。

▶分布　東アフリカの熱帯域。

前翅の先端は橙色

♂

後翅の縁は波状

後翅の内縁は淡色

熱帯アフリカ区

活動時間帯：	生息地：	開張：6−7.5cm

科：タテハチョウ科	学名：*Agrias claudina*	命名者：Schulze

ミイロタテハ Schulze's Agrias

南アメリカに生息する美麗種の大きなグループの1種。前翅に鮮やかな朱色の斑紋がある。同属の近縁種の多くが、後翅裏面に複雑な模様を持つ。雌は前翅に橙色の模様があり、後翅には鮮やかな色の斑紋がない。

▶**幼虫期**　幼虫はコカ属の低木の葉を食樹とすると考えられている。

▶**分布**　南アメリカ熱帯域に広く分布する。

新熱帯区

前翅に真紅で半円形の斑紋がある
後翅の縁は波状
♂
雄の後翅に淡色の発香鱗がある

活動時間帯：☼	生息地：🌴	開張：7－9cm

科：タテハチョウ科	学名：*Diaethria clymena*	命名者：Cramer

ウラモジタテハ Cramer's 88 Butterfly

翅に同様の模様を持つ種は多い（105ページのベニオオモンウズマキタテハ）。本種は後翅裏面に黒色と白色で「88」に見える模様が描かれ、英名の由来になっている。前翅裏面に赤、黒、白色の目を引く模様がある。対照的に表面はくすんだ色だが、黒地にメタリックブルーの帯が走る場合がある。雌雄は似ている。

▶**幼虫期**　幼虫は緑色で、黄色い模様がある。尾部に短い棘が2本あり、頭部には棘を持った長い角が2本ある。アサ科の *Trema micrantha* を食樹とする。

▶**分布**　南アメリカに広く分布する。ブラジルでよく見られる。

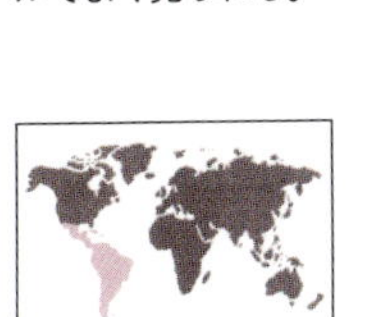

新熱帯区

♂
縁毛帯は白色
後翅前縁まで赤い色が続く
♂△
明瞭な「88」の模様

活動時間帯：☼	生息地：🌴	開張：4－4.5cm

科：タテハチョウ科	学名：*Boloria selene*	命名者：Denis & Schiffermüller

ナカギンコヒョウモン Small Pearl-bordered Fritillary

翅の表面は橙色で、黒い斑点がある。裏面には色鮮やかな模様があり、近縁種と区別できる。北アメリカではsilver-bordered fritillary（銀縁ヒョウモン）と呼ばれる。

▶幼虫期　幼虫は褐色で、白色の斑点と黄褐色の棘がある。スミレ類を食草とする。

▶分布　ヨーロッパに広く分布し、アジア温帯域に分布域を広げている。北アメリカでも見られる。

♂

全北区

前翅裏面は表面よりも色が薄い
後翅基部の近くに黒い斑点がある
♂△

活動時間帯：☼	生息地：	開張：3−5cm

科：タテハチョウ科	学名：*Hamanumida daedalus*	命名者：Fabricius

ホシボシタテハ Guineafowl Butterfly

独特な外観で、鉛灰色から灰褐色まで色は変異に富む。前翅と後翅の両者に黒色と白色の模様があり、ホロホロ鳥の羽の色を連想させる。雌雄とも翅の裏面は橙褐色で、表面と似た模様があるが、より明るい色の場合が多い。雌雄は似ている。地面近くを飛行し、何かに止まるときは翅を広げている。

▶幼虫期　幼虫は長い羽毛状の棘に覆われている。シクンシ科の*Combretum*を食草とする。

▶分布　アフリカの半砂漠地帯や低木が茂る平原でよく見られる。

♂
後翅の基部に独特な黒い模様がある

前翅と後翅の縁に鋸歯状の模様がある
縁毛帯に白斑がある
♂△

熱帯アフリカ区

活動時間帯：☼	生息地：	開張：5−8cm

科：タテハチョウ科	学名：*Callicore texa*	命名者：Hewitson

ベニオオモンウズマキタテハ Yellow-rimmed 88 Butterfly

中央および南アメリカに生息する、後翅に「88」に似た模様を持つ多数の種の1つ。翅の表面は黒色で、橙色の帯が前翅先端を横切り、基部には大きな赤色の斑紋が見られる。雄の後翅に、虹色を帯びた紫色の輝きが見られる場合が多い。

♂

▶幼虫期　幼虫期についてはほとんど知られていないが、他のウズマキタテハ属の幼虫は細長い体型を持つ。

▶分布　メキシコからコロンビア、西インド諸島に至る、南アメリカの熱帯域。

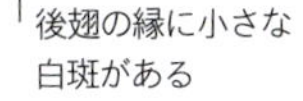

後翅の縁に小さな白斑がある

♂△

「88」の模様は黒色と青色に縁取られている

新熱帯区

活動時間帯：☼	生息地：🌴	開張：5−5.5cm

科：タテハチョウ科	学名：*Argynnis paphia*	命名者：Linnaeus

ミドリヒョウモン Silver-washed Fritillary

雄の前翅には、発香鱗からなる特徴的な黒い縞がある。通常、雌は橙色で、黒い斑点がある。後翅の表面は大部分が緑色だがsilverwashed（銀メッキをしたよう）な色合いで、これが英名の由来である。

▶幼虫期　幼虫は暗褐色で、背に赤褐色の棘と2本の橙黄色の線がある。スミレ類を食草とする。

▶分布　ヨーロッパに広く分布し、北アフリカ、アジア温帯域、日本にも分布域を広げている。

旧北区

雄の前翅は角張っている

♂

活動時間帯：☼	生息地：🌳	開張：5.5−7cm

科：タテハチョウ科	**学名：***Catacroptera cloanthe*	**命名者：**Stoll

ジャノメコノハ Pirate Butterfly

赤褐色で、黒く縁取られた青い斑点が前翅と後翅に列をなす。前翅の前縁に黒い斑点が散在し、すべての翅の基部と外縁は暗色である。雄の翅は遊色効果を示す紫色の輝きを持つが雌には見られない。雌は雄よりも大きい。翅の裏面の色合いは様々。成虫は湿地で吸水するが花にも集まる。

▶幼虫期　幼虫は黄色がかった灰色で、黒い棘を持つ。頭部は褐色で球根状の角が2本ある。フウセントウワタ属やキツネノマゴ属を食草とする。

▶分布　アフリカの草原や湿地帯で見られる。

熱帯アフリカ区

前翅の前縁に
黒い点が散在する
♂
縁毛帯に房状の
鱗粉がある
小さい尾状突起

活動時間帯：☼	**生息地：**	**開張：**5.5–7cm

科：タテハチョウ科	**学名：***Siproeta epaphus*	**命名者：**Latreille

ツマアカシロオビタテハ Brown Siproeta

黒褐色で、前翅の先端は明るい橙褐色になっており白い帯があるため同定しやすい。雌は雄と似ているが大きい。翅の裏面の模様は表面のものより薄く、くすんでいる。後翅裏面には橙褐色で縁取りされた白い帯がある。成虫は地面近くを飛行し森林の花々から吸蜜する。

▶幼虫期　幼虫はえび茶色で、枝分かれした長い明黄色の棘を持つ。頭部は光沢のある黒色。キツネノマゴ科のルイラソウ属を食草とする。

▶分布　中央および南アメリカの熱帯雨林。高い位置を飛行している。

新熱帯区

翅脈と前翅の縁毛帯は暗色
♂
小さいが明瞭な尾状突起

活動時間帯：☼	**生息地：**	**開張：**7–7.5cm

科：タテハチョウ科	学名：*Melitaea didyma*	命名者：Esper

フチグロヒョウモンモドキ Spotted Fritillary

雄は明るい橙赤色で、明瞭な黒い縁取りがある。雌は一般に雄よりも大きく色は薄い。前翅の裏面は淡橙色で、黒い斑点がある。後翅の裏面は大部分がクリーム色で、橙色と黒色の模様がある。

▶幼虫期　幼虫は白色で棘を持ち、背に黒い線と赤橙色の斑点がある。オオバコ属を食草とする。

▶分布　ヨーロッパ、北アフリカ、アジア温帯域。

♂

太い棍棒状の触角

雌の前翅は後翅よりも色が薄い

♀

旧北区

活動時間帯：☼	生息地：	開張：3–4.5cm

科：タテハチョウ科	学名：*Ladoga camilla*	命名者：Linnaeus

イチモンジチョウ White Admiral

翅の表面は大部分が黒色で、白斑が見られる。裏面には赤褐色と白色の模様がある。後翅の内縁は淡青色に染まっている。雌は雄よりも大きく、色はやや淡い。初夏から盛夏に見られ、キイチゴ類の花に集まる。

▶幼虫期　幼虫の背は緑色で腹は褐色。背には褐色の棘が2列並び、頭部にも褐色の棘がある。スイカズラ属を食樹とする。

▶分布　ヨーロッパに広く分布し、アジア温帯域、日本にも分布域を広げている。

♀

後翅の縁近くに黒い斑点が並ぶ

後翅の内縁は淡青色に染まっている

♀ △

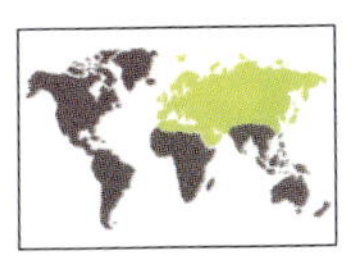

旧北区

活動時間帯：☼	生息地：	開張：5–6cm

科：タテハチョウ科	学名：*Vanessa atalanta*	命名者：Linnaeus

ヨーロッパアカタテハ Red Admiral

黒地に赤い縞模様と白斑がある特徴的な前翅を持ち、同定しやすい。前翅の裏面は表面と似ているが、色は淡い。後翅の裏面は褐色と黒色の模様になっている。雌雄は似ている。力強く飛行し、渡りをする場合が多い。

▶幼虫期　幼虫は棘を持ち、灰黒色から灰緑色や淡い黄褐色まで変異に富む。イラクサ類を食草とする。

▶分布　ヨーロッパから北アフリカ、インド北部。カナダからアメリカ合衆国、中央アメリカ。

♂
後翅の赤い帯に
小さな黒い
斑点がある

♂△
後翅裏面に
複雑な模様がある

全北区

活動時間帯：☼	生息地：	開張：5.5−6cm

科：タテハチョウ科	学名：*Vanessa indica*	命名者：Herbst

アカタテハ Indian Red Admiral

ヨーロッパアカタテハ（上）に似ているが、前翅の赤い帯は本種の方が太く、後翅の赤い帯にある黒い斑点も大きい。

▶幼虫期　幼虫は棘を持つ。黒地に黄色い斑点か、黄色地に黒い斑点がある。イラクサ類を食草とする。

▶分布　インド、パキスタンから日本、フィリピン。

前翅の黒い
斑点が特徴的
♂
翅の縁に大きな
黒い斑点
後翅に小さな
青い斑点

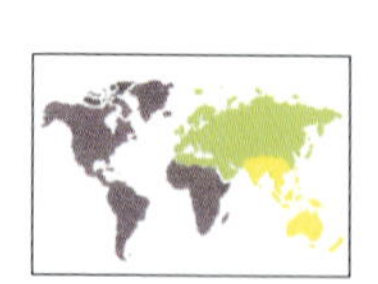

旧北区、
インド・オーストラリア区

活動時間帯：☼	生息地：	開張：5.5−7.5cm

科：タテハチョウ科	学名：*Vanessa cardui*	命名者：Linnaeus

ヒメアカタテハ Painted Lady

橙色と黒色の特徴的な模様に加えて白斑もあり、同定しやすい。

▶幼虫期　幼虫は黒色で、細かい白斑が散在する。黒色または黄色の棘を持つ。ヒレアザミ属やイラクサ類などを食草とする。

▶分布　オーストラリアとニュージーランドを除く世界各地。

♂

前翅先端に白斑が
集まっている
後翅の縁は
やや波状
後翅裏面に4から5個の
眼状紋が並ぶ
♀△

世界全域

活動時間帯：	生息地：	開張：5−6cm

科：タテハチョウ科	学名：*Symbrenthia hypselis*	命名者：Godart

ヒメキミスジ Himalayan Jester

橙色と黒色の縞模様を持つ種の1つ。翅の裏面は、白地にチョコレートブラウンの角張った斑紋という目立つ模様である。雌は雄よりも大きく色は薄い。

▶幼虫期　本種の幼虫期についてはほとんど知られていない。近縁種のキミスジの幼虫は暗褐色で、体の両側に暗色の線が斜めに入り、枝分かれした帯黒色の棘を持つ。集合性があり、カワリバイラクサやヤナギイチゴなど食草は多種にわたる。

▶分布　インド、パキスタンからマレーシア、ジャワ島。

縁が
ギザギザした
後翅は、
本属に特有
♂

翅の縁に白線が
2本ある
後翅の眼状紋は
スレートブルーで
中央は黒色
♂△

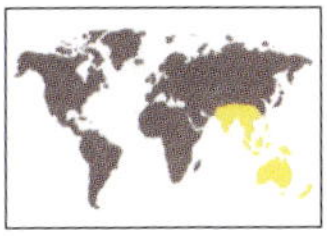

インド・オーストラリア区

活動時間帯：	生息地：	開張：4−5cm

科：タテハチョウ科	学名：*Pseudacraea boisduvali*	命名者：Doubleday

ホソチョウモドキ Boisduval's False Acraea

鮮橙色、赤色、黒色からなるが、この配色は味が悪いチョウの典型である。模様は有毒なホソチョウ属に酷似している。前翅の前側は灰色で、黒い翅脈が目立つ。後翅は濃い橙赤色で黒い模様がある。翅の裏面は表面より色が薄い。雌は雄より大きく色は薄い。また後翅は雄のものより丸みがある。

▶幼虫期　幼虫はユニークな外観である。頭部に棘があり、暗褐色の体に肉質で棘状の大きな突起がある。頭部と尾部の識別は困難。アカテツ科の *Chrysophyllum* 属と *Mimusops* 属を食樹とする。

▶分布　アフリカ熱帯域と南アフリカの、森林内の空き地や川岸。

尾部を上げた
独特な姿
こちら側が
頭部
幼虫

前翅の後角に
赤い斑紋がある
♂
黒い縁に
橙色の斑点

胸部と腹部にも黒色と
赤色の模様がある
前翅の先端は
暗色
後翅の縁は
波状
♀

熱帯アフリカ区

活動時間帯：☼	生息地：🌴	開張：7–8cm

科：タテハチョウ科	学名：*Kaniska canace*	命名者：Linnaeus

ルリタテハ Blue Admiral

青黒色で、翅の縁に淡色の帯がある。亜種により帯の幅が異なる。また亜種により、前翅の大きな斑点が白色か青色かの違いがある。

▶幼虫期　幼虫は橙黄色で黒い斑点がある。サルトリイバラ科のシオデ属の葉を食草とする。

▶分布　インド、スリランカからマレーシア、フィリピン、日本。

縁がギザギザの翅は本種の特徴
♂
翅の縁近くに淡青色の帯がある

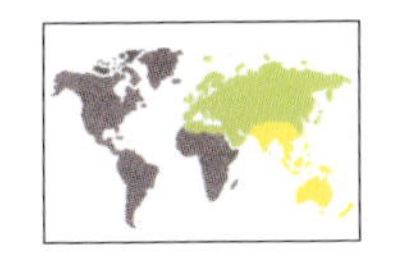

旧北区、インド・オーストラリア区

活動時間帯：☼	生息地：🌴	開張：6−7.5cm

科：タテハチョウ科	学名：*Catonephele numilia*	命名者：Cramer

ミツボシタテハ Grecian Shoemaker

雄はビロードのような黒色で、鮮やかな橙色の斑点があり、後翅に帯紫色の模様が見られる。雌の前翅には黄白色の模様があり、後翅は大部分が淡赤褐色で黒い斑点と帯がある。裏面は褐色で前翅の斑点は、雄は橙色、雌は黄色である。雌は不味いドクチョウに擬態していると考えられている。

▶幼虫期　幼虫は緑色で白斑と短い棘がある。棘は橙色と黒色か、緑色と黒色である。頭部は赤みがかった橙色で棘を持つ角がある。トウダイグサ科のオオバベニガシワ属やクマツヅラ科の*Citharexylum*属を食樹とする。

▶分布　中央および南アメリカ、西インド諸島。

雄の後翅は丸みを帯びている
♂
雌の前翅の縁にくぼみがある
♀

新熱帯区

活動時間帯：☼	生息地：🌴	開張：7−7.5cm

科：タテハチョウ科	学名：*Terinos terpander*	命名者：Hewitson

ビロードタテハ Royal Assyrian

雄の帯黒色の翅に見られる、遊色効果を持つ紫色の輝きから英名がつけられた。雌は紫みが少ない。

▶幼虫期　幼虫は帯緑色で縞があり、帯黒色の棘を持つ。頭部は黄色。コミカンソウ科ヤマヒハツ属を食樹とする。

▶分布　マレーシアからジャワ島、ボルネオ。

♂
後翅に独特な三角形の
斑紋がある

♂△

後翅の縁に暗褐色の斑点が並ぶ

インド・オーストラリア区

活動時間帯：☼	生息地：🌴	開張：7−7.5cm

科：タテハチョウ科	学名：*Doxocopa cherubina*	命名者：Felder

ルリオビアメリカコムラサキ Blue-green Reflector

翅の色が虹色の光沢を持つグループの1種。翅の裏面は淡褐色で、帯黒色の模様がある。

▶幼虫期　幼虫の体表は滑らかで緑色。頭部に、瘤のある角を2本持つ。背の半分が黄色である。エノキを食樹とする。

▶分布　中央および南アメリカ。

前翅の先端に白斑が3つある

♂

雄の小さな尾状突起

♀△
白色と淡褐色の
繊細な模様

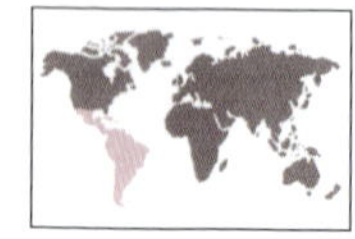

新熱帯区

活動時間帯：☼	生息地：🌴	開張：6−7cm

科：タテハチョウ科	学名：*Euxanthe wakefieldi*	命名者：Ward

シロモンマルバネタテハ Forest Queen

アフリカに生息する、独特な丸い翅を持つグループの1種。雄は黒色で、白い模様には虹色を帯びた青緑色の輝きがある。裏面も同様だが、黒い部分の大半が褐色になる。木漏れ日がさす場所を好み、白黒の翅の模様が保護色になる。雌は雄より大きく色が薄い。雌の翅には青みがない。

▶幼虫期 幼虫は緑色で、背に黒く縁取られた白斑が2つあり、各白斑の中に緑色の斑点が2つある。頭部は淡褐色に縁取られた緑色で、長く湾曲した角が4本ある。ムクロジ科のデインボリア属を摂食する。

▶分布 東アフリカの熱帯域からモザンビーク、南アフリカ。

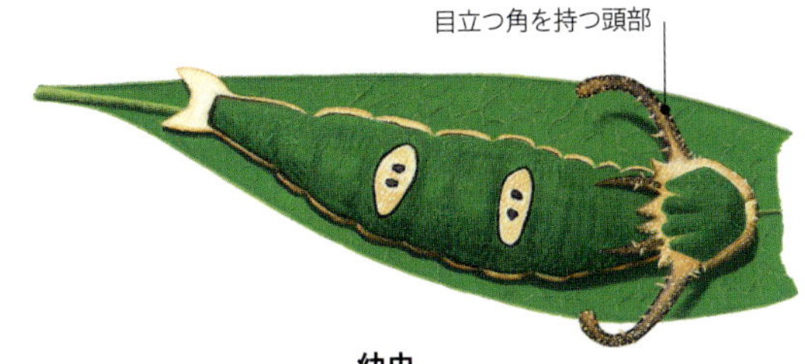
目立つ角を持つ頭部
幼虫

後翅の縁に
丸い白斑が並ぶ
♂
雌雄とも腹部は黄褐色である

雌の前翅の先端は
雄よりも大振り
後翅の縁は
わずかに波状
♀△

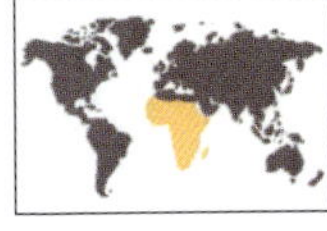
熱帯アフリカ区

活動時間帯：☼	生息地：🌴	開張：8−10cm

科：タテハチョウ科	学名：*Parasarpa zayla*	命名者：Doubleday & Hewitson

オオキオビムラサキイチモンジ Bi-colour Commodore

暗褐色で、前翅に目を引く橙黄色の帯があり、この帯は後翅では白色となって続いている。帯は後翅の後端に向けて先細りである。前後の翅の縁に、波状の赤い線がある。前翅の基部は橙褐色に染まっている。雌雄は似ている。

▶幼虫期　幼虫期については知られていない。

▶分布　インド、パキスタン、ミャンマーの標高2,500mまでの森林地帯でよく見られる。

前後の翅の縁に
淡色の線が2本ある
前翅は三角形
で尖っている
後翅の後端に
白色の縁毛帯がある
♂

インド・オーストラリア区

活動時間帯：☼	生息地：🌴 ▲	開張：8−9.5cm

科：タテハチョウ科	学名：*Siproeta stelenes*	命名者：Linnaeus

アサギタテハ Malachite

表面は非常に薄い淡緑色で、特徴的な黒い模様がある。裏面も淡色で橙褐色の線がある。熱帯域で年間を通して見られ、熟した果実から吸汁する。

▶幼虫期　幼虫は黒色で、赤い棘がある。キツネノマゴ科の*Blechum*属やルイラソウ属を食草とする。

▶分布　南および中央アメリカに広く分布する。アメリカ合衆国のテキサスやフロリダ南部まで渡りをする。

短く細い触角
♂

♂△

後翅の縁は強い波状で、短い尾状突起がある

新熱帯区

活動時間帯：☼	生息地：🌴	開張：6−8cm

科：タテハチョウ科	学名：*Parthenos sylvia*	命名者：Cramer

トラフタテハ Clipper

地色は青色から緑色、橙色と非常に変異に富む。ただし、前翅にある半透明で白色の斑点と暗色の模様は共通した特徴である。裏面にも模様があるが淡色。雌雄は似ている。ランタナの花に集まる。

▶幼虫期　幼虫は緑色から黄褐色で、暗紫色の棘がある。トケイソウ科の*Adenia parmata*やツヅラフジ科のイボツヅラフジを食草とする。

▶分布　インド、スリランカからマレーシア、パプアニューギニア。

インド・オーストラリア区

半透明で
白色の斑紋
♂
胸部と腹部は黒色と橙色の
特徴的な縞模様

活動時間帯：☼	生息地：🌴	開張：10－10.8cm

科：タテハチョウ科	学名：*Libythea celtis*	命名者：Laicharting

テングチョウ Nettle-tree Butterfly

テングチョウ属で唯一ヨーロッパにも分布する。暗褐色の模様と独特な翅の形で同定しやすい。前翅の裏面は表面と似ているが、後翅の裏面は全体が灰褐色。初夏から初秋まで見られ、越冬するものは春の初めから半ばに見られる。

▶幼虫期　幼虫は褐色か緑色。少数で群生しヨーロッパエノキを食樹とする。

▶分布　ヨーロッパ中部と南部、北アフリカ、日本。複数の亜種が存在する。

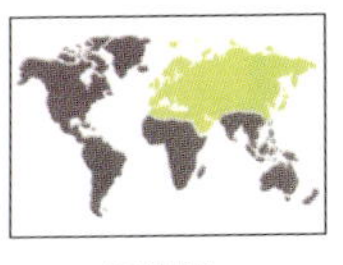

旧北区

このグループの特徴は
天狗のように長い「鼻」
（下唇髭）である
♂
♂△
前翅は極端な
鋸歯状

活動時間帯：☼	生息地：🌳 ﾑﾑ	開張：5.5－7cm

科：タテハチョウ科	学名：*Libythea geoffroyi*	命名者：Godart

ムラサキテングチョウ Beak Butterfly

雄は黒褐色で紫色の光沢がある。雌は暗褐色で、不規則な形状の白斑が散在する。雌雄とも裏面は褐色と白色で、紫色の光沢がある。

▶幼虫期　幼虫期については知られていない。

▶分布　ミャンマー、タイ、フィリピン、パプアニューギニア、オーストラリア。

♂

前翅にくぼみがある

♀

雌雄とも後翅の縁が波状になっている

インド・オーストラリア区

活動時間帯：☼	生息地：	開張：5−5.5cm

科：タテハチョウ科	学名：*Libythea carinenta*	命名者：Cramer

カリネンタテングチョウ Southern Snout Butterfly

翅の形状が独特なため、バクマニーテングチョウを除けば、北アメリカに生息する他の種と容易に区別できる。ただしバクマニーテングチョウは、翅により明るい橙色の模様があり、本種より北方に生息している。本種の前翅裏面は表面より色が薄く、後翅裏面に灰褐色の斑紋がある。雌雄は似ている。一年の大半を通して見られる。

▶幼虫期　幼虫には緑色と黄色の縞模様があり、エノキを食樹とする。

▶分布　中央および南アメリカに広く分布する。

♂

△♂

翅の先端に特徴的な三角形の白斑がある

新熱帯区

活動時間帯：☼	生息地：	開張：4−5cm

科：タテハチョウ科	学名：*Morpho aega*	命名者：Hübner

エガモルフォ Brazilian Morpho

雄の翅は鮮やかなメタリックブルーで、装身具をつくるのに用いられていた。雌は雄とは大きく異なり、黒褐色で縁取りされた淡橙色で、特徴的な模様がある。雌の前翅の形状は雄と異なり、前後の翅が一体的な模様になっている。

▶幼虫期　幼虫は黄色で、尾部に向かうほど白色になる。毛深く、背に赤と黒の線が2本ある。タケ類を食樹とする。

▶分布　ブラジルでよく見られる。

前翅前縁は暗色
前翅先端に白斑が
2つある
光沢のある青色が
翅にしわが寄って
いるように見せる
♂
丸みのある
小さな尾状突起
♀
雌の腹部は
ずっしりしている
後翅の縁は淡色
新熱帯区

活動時間帯：☼	生息地：🌴	開張：8–9cm

科：タテハチョウ科	学名：*Morpho menelaus*	命名者：Linnaeus

メネラウスモルフォ Blue Morpho

雌雄とも濃いメタリックブルーの美しい翅を持つが、雌は翅の縁に幅広の黒い帯があり、帯には白斑が見られる。雌雄の翅の裏面は褐色。褐色の輪を持つ橙色の眼状紋が、淡いメタリックブロンズに縁取られて並ぶ。雌には、金属光沢を持つイエローブロンズの不規則な帯もある。密林内を素早く飛行し落果から吸汁する。雄は特に活発で、日差しの中で追いかけ合う。雄ははためく青い布すら追いかけ回すため、この性質を捕獲に利用できる。素早く飛行するので、他の方法での捕獲は難しいだろう。

▶**幼虫期**　幼虫の毛深い体は赤褐色で、背に鮮やかなライムグリーンの葉状の斑紋がある。夜行性でコカノキ科の*Erythroxylum pulchrum*など食草は多種にわたる。

▶**分布**　ベネズエラからブラジルまで、南アメリカの熱帯雨林に広く分布する。

前翅の外縁は黒色で白斑が2つある
前翅前縁は暗色
♂
特徴的な細長い後翅

雌の翅は雄よりも強く波状になっている
翅の縁に鋸歯状の白斑が見られる
♀

新熱帯区

活動時間帯：☼	生息地：🌴	開張：13–14cm

科：タテハチョウ科	学名：*Morpho peleides*	命名者：Kollar

ペレイデスモルフォ Common Morpho

美しい種。雄の前翅表面は雌のものより青みが強い。裏面は地色が褐色で、黒色と黄色で縁取られた独特な眼状紋が目立っている。熟した果実に集まる。

▶**幼虫期**　幼虫には褐色、赤色、黒色の細い線がある。背に黄色い斑紋が2つあり、赤い線が貫いている。体表は赤褐色と白色の毛で覆われ、毛は背で密集している。マメ科の*Machaerium seemannii*や*Lonchocarpus*属などを食草とする。危険を察知すると前脚の間の分泌腺から強い臭いを放ち、捕食者を撃退する。

▶**分布**　中央および南アメリカ、西インド諸島でよく見られる。

前後の翅は、幅広の暗色の帯で縁取られている
前翅の内縁は明瞭な黒色
♂

翅の縁に小さな白斑がある

黒色と黄色で縁取られた眼状紋

翅の縁は黒く、ごく小さな白斑がある

♂△

新熱帯区

活動時間帯：☼	生息地：🌴	開張：9.5−12cm

科：タテハチョウ科	学名：*Morpho rhetenor*	命名者：Cramer

レテノールモルフォ Cramer's Blue Morpho

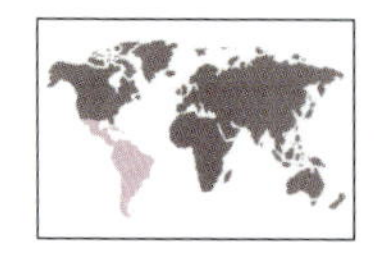
新熱帯区

雄は目を引くメタリックブルー。雌は雄よりも頑丈で、翅の色は橙褐色と黒色と対照的である。雌の前翅裏面に淡い橙黄色の三角形の斑紋がある。雌雄とも裏面は銀色がかった灰褐色で、翅の基部近くに暗色の斑点がある。

▶幼虫期　幼虫は淡い黄褐色で、紫褐色の模様がある。背にひし形で淡色の斑紋が2つある。マメ科の*Macrolobium bifolium*を食草とする。

▶分布　コロンビア、ベネズエラ、エクアドル、フランス領ギアナ、スリナム、ガイアナの密林。

前翅の先端は濃青色に染まっている

前翅の前縁は黒色で白斑がある

雄の前翅の先端は暗色で湾曲し尖っている

前翅の白斑がない亜種もいる

♂

前翅の先端は湾曲している

前翅の先端に淡黄色の斑点

後翅に橙色の模様が2列で並ぶ

♀

活動時間帯：☼	生息地：🌴	開張：13–15cm

科：タテハチョウ科	学名：*Morpho laertes*	命名者：Druce

シンジュモルフォ Mother-of-pearl Morpho

銀白色の独特な淡い色をしており、翅に真珠光沢が見られる。前翅表面の先端に黒褐色の模様がある。裏面はより広範囲に黒色の模様が広がり、細長い金色の眼状紋がある。雌雄は似ている。熟した果実、特にジャックフルーツに集まる。

▶幼虫期　幼虫は灰褐色から黄褐色で、黄色に染まっている。背に赤褐色の斑点があり、体は毛で覆われている。マメ科植物の葉を摂食する。

▶分布　南アメリカの森林。

特徴的な短く
細長い触角
♂
後翅の縁に黒い
斑点が並ぶ

新熱帯区

活動時間帯：☼	生息地：🌴	開張：10−10.8cm

科：タテハチョウ科	学名：*Faunis canens*	命名者：Hübner

マルバネワモン Common Faun

地味な種で、雌雄とも表面全体が褐色。裏面は暗褐色で、黒褐色の線と翅の縁に沿って並ぶ白斑がある。

▶幼虫期　幼虫は淡緑色で毛深い。バナナの野生種を食樹とする。

▶分布　インド、ミャンマー、マレーシアの密林。

胸部、腹部も橙褐色

後翅の縁に沿って
白い斑点が並ぶ

インド・オーストラリア区

活動時間帯：☼	生息地：🌴	開張：6−7.5cm

科：タテハチョウ科	学名：*Amathuxidia amythaon*	命名者：Doubleday

アミタオンメスキワモン Koh-I-Noor Butterfly

美しく特徴的な雄は黒褐色で、前翅に淡青色の太い帯が斜めに走る。一方、雌は濃黄色の帯を持つ。裏面は褐色からピンクがかった青色まで変異に富み、黒い線がある。左右の後翅の裏面に眼状紋が2つずつある。刺激を与えない限り飛びたがらないが、夕暮れが近づくと活発になる。しかし遠距離の飛行は行わない。熟した果実に集まる。雄は生きているときだけでなく死んでからも甘い匂いを発するとされる。

▶**幼虫期**　幼虫期に関しては何も知られていない。

▶**分布**　インド、パキスタンからマレーシア、インドネシア、フィリピン。複数の亜種が存在する。

前翅の先端に
暗色の三角斑
細長い触角
角張った前翅
♂
後翅は前翅とは
対照的に地味
後翅の発香鱗
後翅は尾状突起に
向かって細くなる

インド・オーストラリア区

活動時間帯：◑	生息地：	開張：11–12cm

科：タテハチョウ科	学名：*Stichophthalma camadeva*	命名者：Westwood

ムラサキワモンチョウ Northern Jungle Queen

翅の色模様が特徴的である。前翅は青白色で、縁に沿って黒い斑点が並ぶ。後翅は黒褐色で、縁に淡青色と白色の帯がある。裏面は薄い黄褐色で、黒色と褐色の線、白い帯、黒く縁取られた橙色の眼状紋の列がある。雌雄は似ている。花に集まることはないが、腐った果実や発酵した樹液、ウシの糞などに集まる。飛行は力強く、通常は地面近くを飛ぶ。雄は雌よりも活動的。一般に年2化で、夏に見られる。

▶幼虫期 幼虫期の生態は明らかになっていないが、ヤシ類やタケ類を食樹とする可能性が高い。

▶分布 インド北部、パキスタンからミャンマー北部の密林。

前翅にひし形の
黒い斑紋がある
前翅に褐色の
斑点が1つある
後翅から胸部と腹部にかけて
黒褐色になっている
♂

後翅の特徴的な白斑

裏面の目立つ眼状紋で、
急所となる頭部から腹部を
捕食者の攻撃からそらす
♂△

インド・オーストラリア区

活動時間帯：☼	生息地：🌴	開張：12−13cm

科：タテハチョウ科	学名：*Thauria aliris*	命名者：Westwood

シロオビワモン Tufted Jungle Queen

大型の種。角張った前翅は黒色で、白色の帯が斜めに走る。雄の後翅は黒色と橙色で、毛のような特殊な鱗粉が斑紋を形成している。雌は雄よりも大きく、この鱗粉の斑紋がない点を除けば雄と似ている。翅の裏面には橙色、褐色、白色の目を引く模様がある。日没直前に活動し、熟した果実に集まる。本種は、東南アジア固有の小さな亜科（Amathusiinae）に属する。

▶幼虫期　幼虫期についてはほとんど知られていないが、タケ類を食樹とする可能性が指摘されている。

▶分布　ミャンマーからタイ、マレーシア、ボルネオ。インドには似た種が数種生息する。

白斑は色あせたような外観
鱗粉で形成された斑紋が後翅にある
♂
後翅の下端は橙色の模様

前翅に羽毛状の褐色の模様がある
♂△
後翅の大きな眼状紋で捕食者の攻撃をそらす

インド・オーストラリア区

活動時間帯：◑	生息地：	開張：11−13cm

科：タテハチョウ科	学名：*Zeuxidia amethystus*	命名者：Butler

アメティストゥストガリバワモン Saturn Butterfly

雄の前翅は尖っており、後翅に青紫色の斑紋がある。雌は雄よりも大きい。雌は褐色で黄褐色の模様があり、前翅にクリーム色の帯が斜めに走る。雌雄とも翅の裏面は褐色で木の葉のような模様があるため、効果的な保護色になっている。

▶幼虫期　幼虫についてはほとんど知られていないが、他のワモンチョウの幼虫では毛が生え、頭部と尾部に角がある。

▶分布　タイ、マレーシア、スマトラの森林。

前翅の先端は尖っている
後翅で鱗粉が斑紋を
形成するのは雄のみ
♂

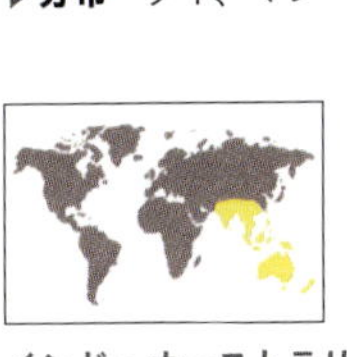

インド・オーストラリア区

活動時間帯：☼	生息地：🌴	開張：7–10cm

科：タテハチョウ科	学名：*Dynastor napoleon*	命名者：Westwood

ナポレオンフクロウチョウ Brazilian Dynastor

橙色と褐色の翅を持つ希少種。翅の表面は暗褐色で、前翅の裏面は表面より色が薄い。後翅の裏面には暗褐色の翅脈があり、翅を木の葉のように見せている雌は雄より大きく、前翅の丸みが強い。

▶幼虫期　幼虫期についてはほとんど知られていない。近縁種の幼虫は緑色か褐色で、背に輪状の模様があり、パイナップル科を食樹とする。

▶分布　ブラジルの高地の熱帯雨林。

翅の先端に小さな
橙色の斑点がある
前翅に白斑が
帯状に並ぶ
後翅に橙色の
太い帯がある
♂

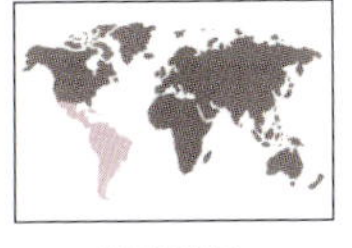

新熱帯区

活動時間帯：◑	生息地：🌴	開張：12–16cm

科：タテハチョウ科	学名：*Caligo idomeneus*	命名者：Linnaeus

イドメネウスフクロウチョウ Owl Butterfly

大型で後翅裏面にフクロウの眼のような大きな模様を持つ属の1種。雌雄とも前翅表面は暗褐色で帯青色に染まり、白い線が走っている。後翅は黒色で、基部は鈍い青色。前後の翅の裏面には、羽毛状の複雑な模様が褐色と白色で描かれている。早朝と夕暮れ近くに活動する。

▶幼虫期　幼虫は大型で、薄い灰褐色。頭部と二股に分かれた尾部は黒褐色を帯びる。バナナ類の葉を食樹とし、農園では害虫扱いされることが多い。

▶分布　アルゼンチンからスリナムに至る南アメリカに広く分布する。

前翅表面の白い縦線
♂

前翅の明瞭な翅脈
裏面には
褐色と白色の
模様がある
後翅裏面には
フクロウの眼のような
大きな眼状紋がある
♂△
新熱帯区

活動時間帯：☼ ◑	生息地：	開張：12–15cm

科：タテハチョウ科	学名：*Caligo teucer*	命名者：Linnaeus

テウセルフクロウチョウ Cocoa Mort Bleu

雄は黒褐色で帯黄色の帯があり、前翅の基部は淡色になっている。後翅の基部は遊色効果を持つ青紫色に染まっている。雌は雄より大きく、前翅の基部は色が濃い。雌雄とも裏面は表面より色彩が豊か。褐色で複雑な模様が描かれ、後翅裏面にはフクロウの眼のような大きな眼状紋がある。明るい日差しを避け、午後から夕暮れに活動する。熟した果実に集まる。

▶幼虫期　幼虫は大型で淡褐色。暗色の剛毛が背に沿って約5本並び、黒く縁取られた淡色で楕円形の斑紋がある。尾部は二股に分かれ、頭部には湾曲した棘が数本ある。種々のバナナ類の葉を食樹とする。

▶分布　コスタリカからギアナ、スリナム、ガイアナ、エクアドル。

前翅の翅脈は
非常に明瞭
雄の前翅に
黄色い帯がある
♂
翅の表面は黄色で
細く縁取られている

後翅にフクロウの眼の
ような眼状紋がある
後翅の縁は
前翅より顕著な
波状になっている
♂△

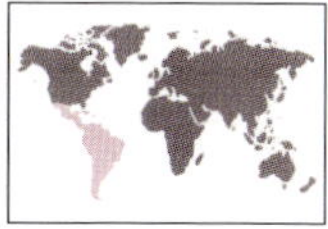

新熱帯区

活動時間帯：☼ ◑	生息地：🌴	開張：9.5−11cm

科：タテハチョウ科	学名：*Eryphanis automedon*	命名者：Cramer

ムラサキフクロウチョウ Purple Mort Bleu

濃紫色で遊色効果を示す美しい翅は、黒色で縁取られている。雌は雄より大きく、鮮やかな紫色を欠くが、紫がかった青色の輝きを持つ場合が多い。雌雄とも裏面は対照的で、様々な色合いの褐色である。後翅裏面に大きな眼状紋がある。素早い上昇と下降をくり返して飛び、森林のひらけた場所に午後遅くから夕暮れに姿を現す。

▶幼虫期　幼虫は淡褐色で、背に沿って黒い剛毛が5本ある。長い尾部は二股に分かれ、毛に覆われている。頭部には湾曲した短い棘が6本ある。タケ類を食樹とする。

▶分布　中央および南アメリカ、西インド諸島に広く分布する。

前翅の先端は
曲がっている
♂
雄の後翅内縁に
帯黄色の発香鱗条が
ある

♂△
翅の裏面は褐色で
木の葉のような模様

新熱帯区

活動時間帯：☼ ◑	生息地：🌴	開張：8.25–10cm

科：タテハチョウ科	学名：*Eueides isabella*	命名者：Cramer

キマダラヒメドクチョウ Isabella's Longwing

橙色、黄色、黒色の派手な色合い。翅の裏面は表面より地味で、褐色を帯びた橙色の模様がある。

▶幼虫期　幼虫は黒色で背に独特な白い帯がある。トケイソウ属を食草とする。

▶分布　中央および南アメリカ。

新熱帯区

♂
後翅の縁に淡色の斑点がある

活動時間帯：☼	生息地：🌴	開張：5.7–7.5cm

科：タテハチョウ科	学名：*Dryas iulia*	命名者：Fabricius

チャイロドクチョウ Julia

細長い前翅と明るい橙褐色が特徴的。雌は鈍い色で、前翅前縁に黒い模様がない。翅の裏面は橙色からバフで、色合いは変異に富む。後翅の基部近くに小さな赤い斑点が2つある。庭園の花々や湿った地面に集まる。

▶幼虫期　幼虫は棘を持ち明褐色。トケイソウ属を食草とする。

▶分布　南および中央アメリカからアメリカ合衆国のテキサス南部、フロリダ。

明るい色合いで有毒であることを警告している
前翅の黒い斑紋は雄特有である

後翅の縁に白い部分がある

後翅の内側に赤褐色の斑紋が2つある

♂△

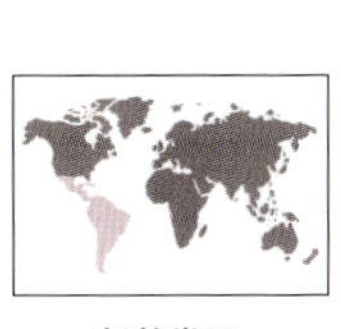

新熱帯区

活動時間帯：☼	生息地：🌴	開張：7.5–9.5cm

科：タテハチョウ科	学名：*Dione vanillae*	命名者：Linnaeus

ヒョウモンドクチョウ Gulf Fritillary

長い翅は明るい橙赤色で、黒い斑点と翅脈がある。裏面には独特な銀色の斑紋があり、silver-spotted flambeau（銀紋つきの燭台）という別名の由来になっている。

▶幼虫期　幼虫は黒色で棘を持ち、体の両側面に沿って赤褐色の縞がある。トケイソウ属を食草とする。成虫はトケイソウ属の花に強く誘引され吸蜜する。

▶分布　南アメリカからアメリカ合衆国南部まで広く分布し、はるか北方のロッキー山脈や五大湖まで渡りをする。

前翅内縁に暗色の
斑点がある
暗色で明瞭な翅脈
黒く縁取られた
橙色の斑点
♀

前翅の縁は
くぼんでいる
勾玉形の模様
後翅は銀色で
細く縁取られて
いる
♂△
新熱帯区、新北区

活動時間帯：☼	生息地：🌴 ﾘﾘﾘ	開張：6–7.5cm

科：タテハチョウ科	学名：*Heliconius charithonia*	命名者：Linnaeus

キジマドクチョウ Zebra Longwing

翅の表面の鮮やかな黒色と帯黄色の帯が、英名の由来である。裏面は表面に似ているが、翅の基部に赤い斑点がある。

▶幼虫期　幼虫は白色で、黒い棘と斑点がある。トケイソウ属を食草とする。

▶分布　中央および南アメリカからアメリカ合衆国南部。

新北区、新熱帯区

細長い前翅
♂
ドクチョウ属に
典型的な細長い腹部

活動時間帯：☼	生息地：🌴	開張：7.5–8cm

科：タテハチョウ科	学名：*Eueides aliphera*	命名者：Godart

ヒメチャイロドクチョウ Small Flambeau

橙色と黒色で、チャイロドクチョウ（129ページ）の南方型を小型化したような外観。擬態するグループの1種である。

長い前翅
翅の縁は黒い
♂
腹部も警告色

▶幼虫期　幼虫は黒色で長い棘を持つ。体側に白色か黄色の帯がある。トケイソウ属を食草とする。

▶分布　メキシコ南部から南アメリカ、トリニダード島。

新熱帯区

活動時間帯：☼	生息地：🌴	開張：4.5−5cm

科：タテハチョウ科	学名：*Dione juno*	命名者：Cramer

ウラギンドクチョウ Scarce Silver-spotted Flambeau

よく似ているヒョウモンドクチョウと同じ場所で発生することが多い。長い前翅と、翅の裏面に広がる暗褐色の模様で区別できる。希少種で、赤色や青色の花に誘引される。

▶幼虫期　幼虫は明褐色の斑模様で、短い毛に覆われている。頭部は暗褐色で短い角がある。群生しトケイソウ属を食草とする。

▶分布　中央および南アメリカ熱帯域に広く分布する。

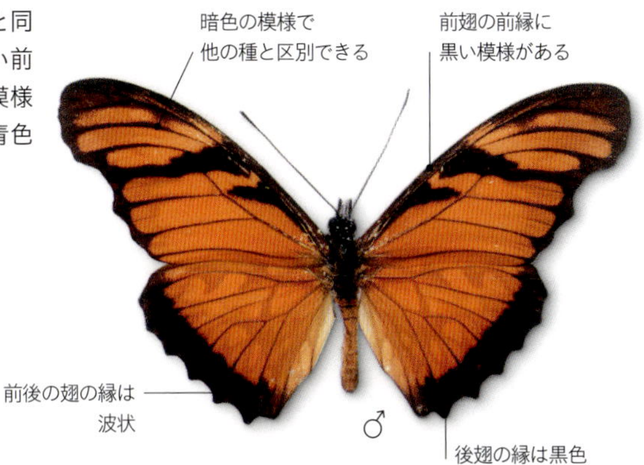
暗色の模様で
他の種と区別できる
前翅の前縁に
黒い模様がある
前後の翅の縁は
波状
♂
後翅の縁は黒色

細長い前翅
後翅の縁は
鋸歯状
♂ △
翅の模様が
胸部と腹部に続く

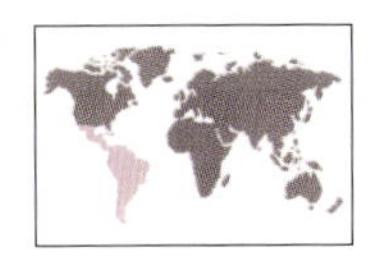

新熱帯区

活動時間帯：☼	生息地：🌴	開張：6−7.5cm

科：タテハチョウ科	学名：*Heliconius doris*	命名者：Linnaeus

ドリスドクチョウ Doris Butterfly

3つの主要な色彩多型がある美しい種。3タイプとも前翅は黒色と淡黄色で似ているが、後翅は橙色、青色、緑色と違いがある。前翅の裏面は表面と似ており、後翅の裏面は黒色で白色の光沢がある。雌雄は似ている。

▶幼虫期　幼虫は緑がかった黄色で黒い帯と棘がある。群生しトケイソウ属を食草とする。

▶分布　中央および南アメリカの林縁や開墾地。

前翅の色合いは共通
♀
独特な扇子形の模様

前翅に白斑が2つある
後翅の縁に小さな白斑が並ぶ
♀
後翅の縁はわずかに波状になっている

新熱帯区

活動時間帯：☼	生息地：🌴	開張：8–9cm

科：タテハチョウ科	学名：*Heliconius melpomene*	命名者：Linnaeus

メルポメネドクチョウ The Postman

同属の種は外観が似ているため区別しにくい（17ページのコラム参照）。翅の裏面は表面と似ているが色が薄く、後翅の基部に赤い斑点がある。アカスジドクチョウ（133ページ）と一緒に飛ぶが、直射日光を避けたがる。

▶幼虫期　幼虫はトケイソウ属を食草とする。

▶分布　中央アメリカからブラジル南部。

新熱帯区

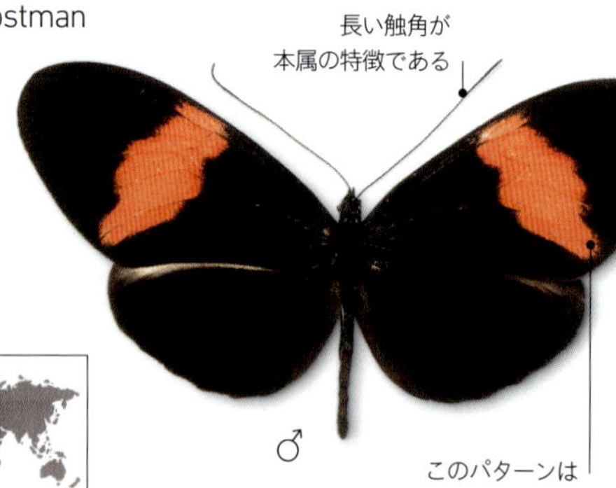
長い触角が本属の特徴である
♂
このパターンは多数ある色彩多型の1つに過ぎない

活動時間帯：☼	生息地：🌴	開張：6–8cm

科：タテハチョウ科	学名：*Heliconius ricini*	命名者：Linnaeus

ヒメベニモンドクチョウ Small Heliconius

前翅は黒色でクリーム色の模様がある。後翅は橙色で縁に幅広の黒い縁取りがある。裏面は表面と似ているが、後翅に橙色の斑紋がない。

▶幼虫期　幼虫期についてはほとんど知られていないが、トケイソウ属を食草とすることは判明している。

▶分布　中央アメリカからアマゾン盆地までの南アメリカ。

新熱帯区

短く頑丈な触角
♂
後翅の大きな
橙色の斑紋

活動時間帯：☼	生息地：熱帯雨林	開張：5.5−7cm

科：タテハチョウ科	学名：*Heliconius erato*	命名者：Linnaeus

アカスジドクチョウ Small Postman

驚くほど変異に富むが、ほとんどの変異はメルポメネドクチョウ（17ページのコラムおよび132ページ参照）と平行して生じている。2種は生息地を同じくする。雌雄に同様の変異が認められる。林縁やひらけた場所の地面近くを飛行し、夜になると集まって休息する。

▶幼虫期　幼虫は白色で、黒い斑点と棘がある。頭部の色はバフ。様々なトケイソウ属を食草とする。

▶分布　中央アメリカからブラジル南部でよく見られる。

幼虫は棘を持ち
独特な外観をしている

幼虫

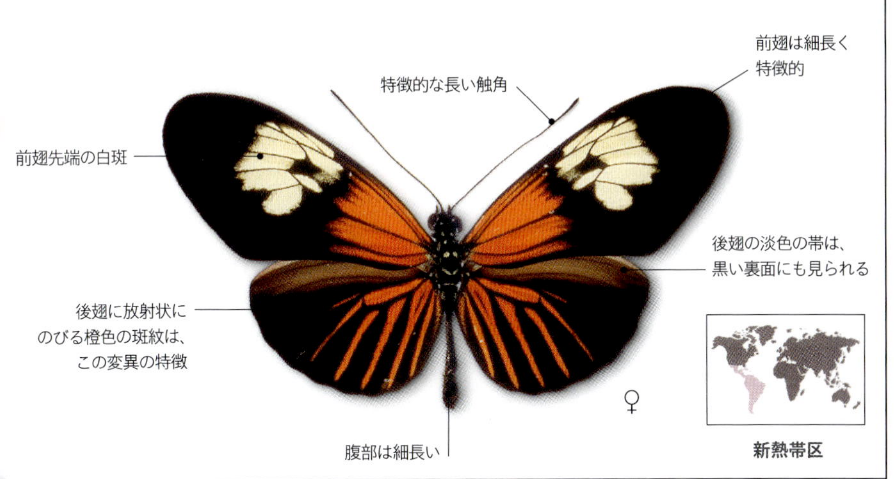
特徴的な長い触角
前翅は細長く
特徴的
前翅先端の白斑
後翅の淡色の帯は、
黒い裏面にも見られる
後翅に放射状に
のびる橙色の斑紋は、
この変異の特徴
♀
腹部は細長い

新熱帯区

活動時間帯：☼	生息地：熱帯雨林 草地	開張：5.5−8cm

科：タテハチョウ科	学名：*Philaethria dido*	命名者：Linnaeus

アサギドクチョウ Scarce Bamboo Page

ほぼ同一種に見えるような近縁種群のうちの1種。美しい青緑色と黒褐色の模様が特徴。翅の裏面は色が薄く、赤褐色と灰褐色の模様がある。雌雄は似ている。ランタナなどから吸蜜するが白、青、黄色の花を好む。通常、林冠付近の高い位置を飛ぶが、吸水と湿った地面から塩分を補給するため降りてくることがある。

▶幼虫期　幼虫は淡緑色で、黒みがかった赤色の模様と赤色で先端が黒い棘がある。トケイソウ属を食草とする。

▶分布　近縁種群はメキシコからアルゼンチンに分布する。

近縁種群の中では
例外的に長い前翅
前翅前縁に小さな
青い斑点がある
前翅の下端に
ペールホワイトの
斑点が2つある
♂
後翅の縁は波状
細長い腹部

新熱帯区

活動時間帯：☼	生息地：🌴	開張：8−9.5cm

科：タテハチョウ科	学名：*Acraea andromacha*	命名者：Fabricius

クロホシホソチョウ Glasswing

英名どおりの透明な前翅と、黒く縁取られた白色の後翅を持つ。裏面は表面に似ているが、後翅の黒く縁取られた白斑は表面より大きい。雌雄は似ているが、雌は雄よりも大きい。

▶幼虫期　幼虫は光沢のある黄褐色。隆起した青黒い斑点から、枝分かれした長く黒い棘が生えている。トケイソウ属を食草とする。

▶分布　インドネシアからパプアニューギニア、フィジー、オーストラリア。多数の亜種が存在する。

インド・オーストラリア区

前翅では、裏面の斑点が
淡色の表面から透けて見える
♀
翅の縁の白斑は
裏面のものより小さい

活動時間帯：☼	生息地：🌴	開張：5−6cm

科：タテハチョウ科	学名：*Acraea acerata*	命名者：Hewitson

サツマイモホソチョウ Sweet Potato Acraea

アメリカでは普遍的な種で、淡黄色から橙褐色まで変異に富む。翅の裏面は色が薄く、縁の暗色部分に特徴的な細長い橙色の斑点がある。

▶幼虫期 幼虫は淡緑色で、黄色と黒色の棘がある。サツマイモを食草とするため、害虫扱いされることがある。

▶分布 ガーナからアフリカ東部の熱帯域。

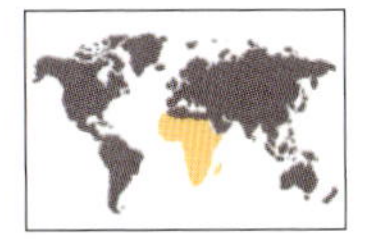

熱帯アフリカ区

本属の特徴である
短く丈夫な触角
♂
味が悪いことを
示す警戒色

活動時間帯：☼	生息地：	開張：3–4cm

科：タテハチョウ科	学名：*Acraea issoria*	命名者：Hübner

ホソチョウ Yellow Coster

翅の色は橙色と暗褐色で、非常に変異に富む。ほぼ黒色のみの標本もある。翅の裏面は表面と似ているが、色は淡く、暗色の縁取りがない。雌は一般に雄よりも大きく、斑紋が多い。

▶幼虫期 幼虫は黒色で棘を持ち、頭部は赤色。群生するため不快な警告臭がきつくなる。ヤブマオ、ヤナギイチゴ、フジウツギを食草とする。成虫は幼虫の食草の近くでよく見られる。

▶分布 インド北部からパキスタン、ミャンマー、中国南部のひらけた低木帯。

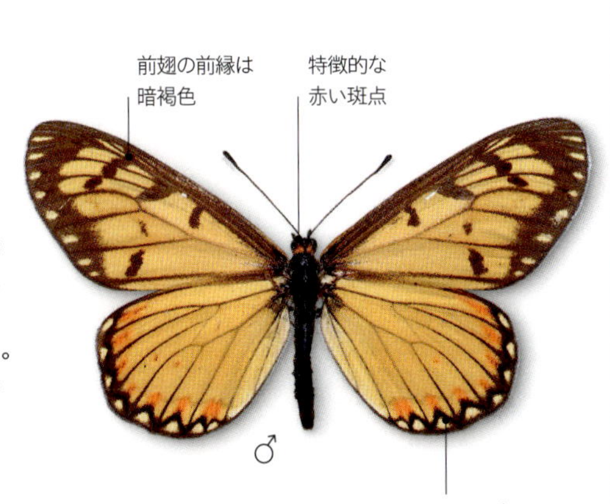
前翅の前縁は
暗褐色
特徴的な
赤い斑点
♂
黒いU字形の
模様が、翅の縁の
淡色の斑点を囲む

前翅は後翅より
かなり色が濃い
♀
後翅の縁は
赤褐色に
染まっている

インド・オーストラリア区

活動時間帯：☼	生息地：	開張：4.5–8cm

科：タテハチョウ科	学名：*Acraea zetes*	命名者：Linnaeus

オオマダラホソチョウ Large Spotted Acraea

色は橙色と褐色で非常に変異に富む。いくつもの亜種が存在し、その中にはほぼ黒一色のものもある。雌は雄より大きい。油脂のような光沢があり、翅の裏面は色が淡い。

▶幼虫期　幼虫は黄土色で黒い帯と棘がある。頭部には棘がない。トケイソウ属やアデニア属などを食草とする。

▶分布　アフリカのサハラ砂漠より南に広く分布する。

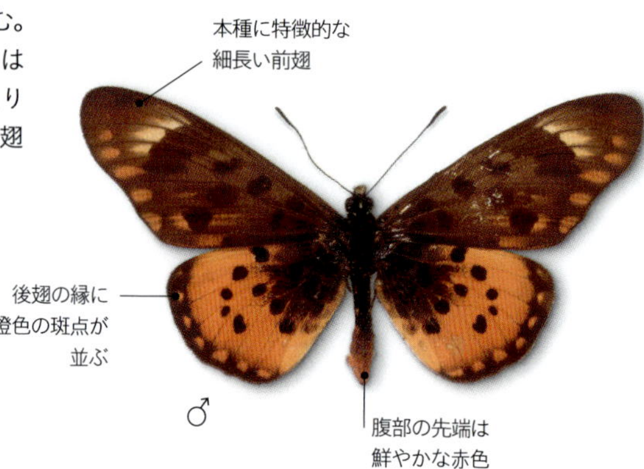

本種に特徴的な
細長い前翅
後翅の縁に
橙色の斑点が
並ぶ
♂
腹部の先端は
鮮やかな赤色

雌は雄よりも地味

独特な白い色合い

前翅の白斑

後翅の内側に
暗色の斑点がある

♀

熱帯アフリカ区

活動時間帯：☼	生息地：🌴	開張：6−7.5cm

科：タテハチョウ科	学名：*Aphantopus hyperantus*	命名者：Linnaeus

ミヤマジャノメ The Ringlet

雄の翅の表面は帯黒色で不明瞭な眼状紋がある。眼状紋の数は個体により異なる。雌は雄より大きく色が淡い。裏面の黄色い縁取りの特徴的な眼状紋が、英名の由来である。

▶幼虫期　幼虫は淡い黄褐色で、濃淡2本の縞がある。様々なイネ科を食草とする。年1化である。

▶分布　ヨーロッパからアジア温帯域まで広く分布する。

翅の縁は
淡色

♂△

眼状紋の
大きさと数は
変異があり、
まったくない
個体もいる

旧北区

活動時間帯：☼	生息地：	開張：4−4.5cm

科：タテハチョウ科	学名：*Actinote pellenea*	命名者：Hübner

チャイロヒメホソバマダラ Small Lace-wing

アフリカに生息するホソチョウ属に極めて近縁な種。黒色と橙色の模様が、食べても味が悪いと鳥に警告している。

▶幼虫期　本種の生活環は解明されていないが、近縁種の幼虫は棘を持ち頭部が滑らかである。

▶分布　アルゼンチンからベネズエラに至る南アメリカと西インド諸島。

新熱帯区

触角の先端は
平らな棍棒状で
特徴的
前翅は細長く
丸みを帯びる
♂

活動時間帯：☼	生息地：🌴	開張：4.5－5cm

科：タテハチョウ科	学名：*Bematistes aganice*	命名者：Hewitson

キオビホソチョウ The Wanderer

雄は黒色と橙色で、より大きい雌は黒色と白色。雌の前翅は雄よりも丸みがある。裏面は表面と似ているが、後翅の基部は赤褐色に黒い斑点があり特徴的。比較的ゆっくり飛び、花に集まる。有毒で、鳥が好むベニイロホソチョウモドキなど多数の種に擬態されている。

▶幼虫期　幼虫は白色で赤紫色の斑点と縞がある。黄色い棘を持つ。トケイソウ科の*Adenia gummifera*やトケイソウ属を食草とする。

▶分布　エチオピア、スーダンから南アフリカ。

短く丈夫な
触角
前翅の先端は
内縁より色が薄い
雄の前翅には
特徴的な
くぼみがある
♂
♀
明瞭な翅脈
後翅の内側にある
黒い斑点

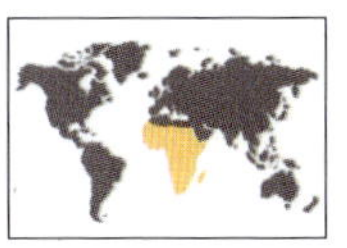

熱帯アフリカ区

活動時間帯：☼	生息地：🌴	開張：5.5－8cm

科：タテハチョウ科	学名：*Cepheuptychia cephus*	命名者：Fabricius

アオジャノメ Blue Night Butterfly

褐色が多いグループの中で、本種の雄の遊色効果を持つ青色は独特。裏面には黒い縞があり一層目を引く。対照的に雌は褐色で、表面の縁に細い青色の線が走り、裏面は地色が青色で暗色の帯と眼状紋がある。

▶幼虫期　幼虫期については何も知られていない。

▶分布　スリナム、コロンビアからブラジル南部、西インド諸島。

前翅の太く
黒い翅脈
♂
雌雄とも翅の縁に
細く青い帯がある

♂△

後翅に非常に小さい眼状紋が2つある

新熱帯区

活動時間帯：☼	生息地：🌴	開張：4cm

科：タテハチョウ科	学名：*Cithaerias andromeda*	命名者：Fabricius

ムラサキスカシジャノメ The Andromeda Satyr

翅全体がほぼ透明なグループの1種で珍しい魅力的な種。鱗粉は少なく、翅脈と翅の縁は暗褐色。後翅に帯紅色の斑紋があるが色合いは変異に富む。後翅には黄色く縁取られた眼状紋もある。木々が密集した薄暗い熱帯雨林で地面近くを飛ぶと、姿がほとんど消えてしまう。

▶幼虫期　幼虫は淡緑色から暗褐色で、頭部に柔らかい角が2本ある。食草は多種にわたる。

▶分布　南アメリカ各地で見られる。

丸みのある特徴的な翅

前後の翅の縁に細い褐色の線がある

後翅にある不透明で紫がかったピンク色の斑紋

♂

新熱帯区

活動時間帯：☼	生息地：🌴	開張：5cm

科：タテハチョウ科	学名：*Cercyonis pegala*	命名者：Fabricius

オオモンヒカゲ Large Wood Nymph

明褐色から黒褐色まで色合いは変異に富む。翅の裏面は濃い褐色がかった灰色で、中心部が白色で橙色に縁取りされた黒い眼状紋がある。眼状紋の数は個体差がある。雌雄は似ている。眼状紋の中心が帯青色のため、blue-eyed greyling（青い眼の灰色のチョウ）とも呼ばれる。初夏から初秋にかけて見られる。

▶**幼虫期**　幼虫は緑色で、黄色い縦縞と2本の赤い尾がある。

▶**分布**　カナダ中央部からフロリダまで、北アメリカの森林や牧草地に生息する。

翅に比べて
小さい触角
♂
後翅の縁は波状
眼状紋の
中心は青色

新北区

活動時間帯：	生息地：	開張：5–7.5cm

科：タテハチョウ科	学名：*Coenonympha inornata*	命名者：Edwards

アメリカヒメヒカゲ Plain Ringlet

他のヒメヒカゲ属と区別しにくく、現在ではヨーロッパヒメヒカゲ（140ページ）の亜種と見なされることもある。前翅裏面は橙褐色で先端は灰色。小さな眼状紋を1つ持つ個体もいる。後翅はオリーブグレイで不連続な白色の帯があり、微小な眼状紋を持つ場合がある。

▶**幼虫期**　幼虫は赤褐色かオリーブブラウンで、尾が2本ある。様々なイネ科を食草とする。

▶**分布**　カナダからサウスダコタ、ニューヨークの草原、牧草地、森林の開墾地で見られる。

翅の表面の
模様は単純
♂
翅の縁は鱗粉が粗くつき、
毛皮のような外観になっている

新北区

活動時間帯：	生息地：	開張：2.5–4.5cm

科：タテハチョウ科	学名：*Coenonympha tullia*	命名者：Müller

ヨーロッパヒメヒカゲ Large Heath

多数の亜種が存在する変異に富む種。地色も斑点の色も多様。通常、雌よりも雄の方が明るい色をしている。

▶幼虫期　幼虫は緑色で、背に濃緑色の線があり体側に沿って白い帯がある。スゲ属やワタスゲ属を食草とする。

▶分布　中央および北ヨーロッパ。

表面の眼状紋は不明瞭

♀

♂ △
後翅に不連続な白色の帯

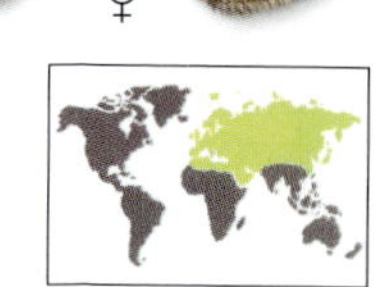

旧北区

活動時間帯：☼	生息地：	開張：3–4cm

科：タテハチョウ科	学名：*Enodia portlandia*	命名者：Fabricius

アメリカヒカゲ Pearly Eye

特徴的な斑点がある。翅の裏面は灰褐色で、暗褐色と白色の帯と線がある。黄色く縁取られた眼状紋は、表面より裏面の方が明瞭。後翅の眼状紋の中心は真珠色である。

▶幼虫期　幼虫は黄緑色で、頭部と尾部に先端が赤い角を持つ。タケやササ類を食草とする。

▶分布　アメリカ合衆国イリノイからフロリダ南部。

新北区

尖った三角形の前翅

♂

活動時間帯：◑ ☼	生息地：	開張：4.5–5cm

科：タテハチョウ科	学名：*Megisto cymela*	命名者：Cramer

マルバネアメリカヒカゲ Little Wood Satyr

地色は暗褐色。橙色に縁取られた眼状紋のそれぞれに、金属光沢を持つ銀青色の小さな斑点が複数ある。裏面の眼状紋同士の間にはメタリックシルバーの斑点が並んでいる。

▶幼虫期　幼虫は褐色で、隆起した小さな白斑が散在する。イネ科を食草とする。生息域の北部では年1化、南部では年2化である。

▶分布　カナダ南部からメキシコ北部の森林を開墾した土地でよく見られる。

新北区

前翅は丸みを帯びている
♂
翅の縁に特徴的な暗色の線が2本走る

活動時間帯：☼	生息地：	開張：4.5–5cm

科：タテハチョウ科	学名：*Elymnias agondas*	命名者：Boisduval

メダママネシヒカゲ Palmfly

雄の翅の縁は淡青色がかっており、縁取りがよく発達した型もある。後翅裏面には橙色の斑紋があり、斑紋の中に眼状紋が2つずつある。雌の翅は表裏とも、黒色と白色の目を引く模様がある。

インド・オーストラリア区

▶幼虫期　幼虫は緑色と黄色で、様々なヤシ類を食樹とする。害虫と見なされることがある。

▶分布　パプアニューギニアからオーストラリア北部。

黒一色の
見事な前翅
細長い触角
翅の縁は
青みがかって
いる
翅の縁が波状
♂
前翅の前縁は
褐色
翅は白色で細く
縁取られている
後翅の眼状紋は
裏面のものより
かなり小さい
♀

活動時間帯：☼	生息地：🌴	開張：7–9cm

科：タテハチョウ科	学名：*Heteronympha merope*	命名者：Fabricius

ミナミジャノメ Common Brown

雌雄は非常に異なる。雄の翅の裏面は表面と似ているが、暗色の模様が少なく眼状紋も小さい。雌の前翅裏面は表面と似ているが、後翅裏面には赤褐色と灰褐色の斑模様があり、眼状紋は少ない。

▶幼虫期　幼虫の色合いは緑色から灰色、明褐色まで変異に富む。暗色の斑模様と2本の短い尾がある。イネ科を食草とし、地域により年1化または年2化である。

▶分布　タスマニアを含むオーストラリア南東部、南西部。

♂

雌の前翅は幅が広く、先端があまり尖っていない

♀

雌雄とも後翅の縁は波状

インド・オーストラリア区

活動時間帯：☼	生息地：	開張：5－6cm

科：タテハチョウ科	学名：*Maniola jurtina*	命名者：Linnaeus

マキバジャノメ Meadow Brown

亜種は非常に多く、色彩多型も豊か。一般に雄は雌よりも小さく色が濃い。雌雄とも前翅裏面は橙色で後翅裏面は褐色。ただし雌は濃淡が雄よりはっきりしている。

▶幼虫期　幼虫は緑色で白く長い毛があり、体側に沿って黄色い線がある。イネ科、特にイチゴツナギ属やヌカボ属を食草とする。

▶分布　ヨーロッパから北アフリカ、イランにかけて分布する。

♀
♀ △
眼状紋で鳥を騙し、胸部、腹部への攻撃をそらす
後翅裏面では、不規則な線が色の境界になっている
後翅の縁は波状

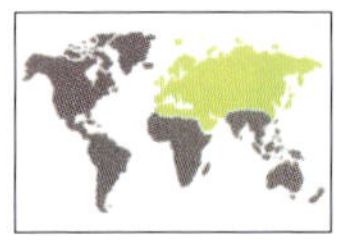

旧北区

活動時間帯：☼	生息地：	開張：4－5.5cm

科：タテハチョウ科	学名：*Hypocysta adiante*	命名者：Hübner

オレンジメダマヒメジャノメ Orange Ringlet

前後の翅は金褐色。前翅裏面は表面と似ているが色はより薄い。後翅の眼状紋は淡い灰褐色で縁取られている。

▶幼虫期　幼虫はピンクがかった褐色で、暗色の線がある。頭部に毛が生え、尖った1対の角がある。イネ科を食草とする。

▶分布　オーストラリア北部および東部。亜種が2種記録されている。

前翅の縁は褐色
後翅の隅に
褐色の斑点が
ある
♂
後翅の眼状紋
インド・オーストラリア区

活動時間帯：☼	生息地：	開張：3−4cm

科：タテハチョウ科	学名：*Hipparchia fagi*	命名者：Scopoli

オオタカネジャノメ Woodland Grayling

雄は前翅の帯が灰褐色になる傾向がある。通常、眼状紋は雌のものほど発達していない。雌雄の翅の裏面は似ている。夏に見られる。

▶幼虫期　幼虫の体色は淡い灰褐色から黄褐色まであり、暗色の線と縞がある。主にイネ科のシラケガヤ属を食草とする。年1化である。

▶分布　中央および南ヨーロッパのひらけた森林地帯に広く生息する。

♀

前翅のギザギザの
白い帯
後翅裏面の模様は
休息時に効果的な
保護色になる
♀ △
後翅の縁は
波状

旧北区

活動時間帯：☼	生息地：	開張：7−7.5cm

科：タテハチョウ科	学名：*Melanargia galathea*	命名者：Linnaeus

ヨーロッパシロジャノメ Marbled White

黒色と白色の模様が特徴的だが、色模様は極めて変異に富み、地色が鮮黄色の個体もいる。雌雄は似ているが、雌は雄よりも大きく色が薄い傾向がある。夏に見られ、キク科のヒレアザミ属やヤグルマギク属の花に集まる。

▶幼虫期　幼虫は黄緑色か淡褐色で、背に沿って暗色の線がある。イネ科のウシノケグサ属を食草とする。

▶分布　ヨーロッパに広く分布し、北アフリカ、アジア温帯域西部にも分布域を広げている。

独特な
格子模様が
同定に役立つ
♂

♂△
後翅裏面の縁に
不連続な帯がある

旧北区

活動時間帯：☼	生息地：	開張：4.5−5.5cm

科：タテハチョウ科	学名：*Melanitis leda*	命名者：Linnaeus

ウスイロコノマチョウ Evening Brown

独特な形状をしている。翅の裏面に暗褐色の斑模様と、黒褐色の非常に細い縁取りがあり、翅を閉じて休んでいると枯れ葉そっくりになる。通常は夜明けと夕暮れ直前に活動する。

▶幼虫期　幼虫は黄緑色で、短い毛が密生している。イネ属、サトウキビ属、モロコシ属など多様なイネ科を食草とする。

▶分布　アフリカから東南アジア、オーストラリアでよく見られる。

前翅の「四角形」の眼状紋

♂

後翅の縁はわずかに波状になり小さな尾状突起がある

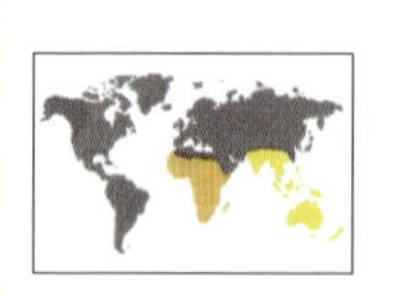

熱帯アフリカ区
インド・オーストラリア区

活動時間帯：☼	生息地：	開張：6−8cm

科：タテハチョウ科	学名：*Minois dryas*	命名者：Scopoli

ジャノメチョウ Dryad Butterfly

雄は雌より小さく暗色で、眼状紋が雌より小さめ。翅の裏面は淡色で、後翅に灰色の帯が見られる場合がある。初夏から初秋に見られる。

▶幼虫期　幼虫はくすんだ白色で、暗色の模様があり、二股になった尾まで黒褐色の縞が2本のびる。様々なイネ科を摂食するが、特にモリニア属を好む。

▶分布　中央および南ヨーロッパからアジア温帯域、日本まで分布し、ひらけた森林や斜面の草地に見られる。

眼状紋の中心が青色であることから近縁種と区別できる
♀
後翅の縁は波状だが、雌の方がはっきりしている

旧北区

活動時間帯：☼	生息地：	開張：5–7cm

科：タテハチョウ科	学名：*Pararge aegeria*	命名者：Linnaeus

キマダラジャノメ Speckled Wood

雌雄は非常に似ているが、雌の前翅は雄よりも丸みが強い。翅の表面の眼状紋は、裏面のものより発達している。眼状紋は乳白色から琥珀色までバリエーションがある。キイチゴからよく吸蜜している。

▶幼虫期　幼虫は黄緑色で背に濃緑色の縞があり、体側に沿って濃淡の線が走っている。コムギダマシ属などのイネ科を食草とする。

▶分布　ヨーロッパに広く分布し、中央アジアまで分布域を広げている。

翅の縁は淡色で波状
♂
後翅の縁は波状

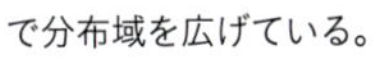
♂△
眼状紋は発達していない

旧北区

活動時間帯：☼	生息地：	開張：4–4.5cm

科：タテハチョウ科	学名：*Lasiommata schakra*	命名者：Kollar

シャクラキマダラジャノメ Common Wall Butterfly

翅の表面は地色が褐色で、橙色で縁取りされた黒色と白色の眼状紋があり、それほど特徴的ではない。これに対し裏面は特徴的で、後翅には同心円状の眼状紋が並び、前翅に「焦げ跡」のような模様がある。活発に飛び回り、通常は地面近くを飛行する。1年の大半の時期に、標高2,000m以上の日当たりのよい山腹で発生する。

♂

▶幼虫期　幼虫期についてはほとんど知られていないが、イネ科を食草とするのは確実である。

▶分布　イランからインド北部、中国西部まで。

旧北区
インド・オーストラリア区

二重の縁取りを持つ眼状紋の列

翅の縁は濃淡の縞があり特徴的

♀△

活動時間帯：☼	生息地：▲	開張：5.5–6cm

科：タテハチョウ科	学名：*Taygetis echo*	命名者：Cramer

タソガレヒカゲ Night Butterfly

褐色で、前翅の中央部分はビロード状の黒色。裏面の色は表面と似ている。前翅裏面の縁には小さな黄白色の斑点が並び、後翅ではその斑点が大きくなる。雌雄は似ている。

▶幼虫期　幼虫期についてはほとんど知られていないが、同じ属の他種の幼虫は、体表が滑らかでイネ科やタケ類を食草とする。

▶分布　スリナムからブラジルに至る南アメリカの熱帯域。トリニダードにも生息する。

新熱帯区

前翅の先端は金褐色に染まっている

♂

後翅の縁は不規則な波状

暗色のため、夜間に飛行すると見つかりにくい

活動時間帯：◑ ☼	生息地：🌴	開張：5.7–6cm

科：タテハチョウ科	学名：*Pierella hyceta*	命名者：Hewitson

カバイロハカマジャノメ Hewitson's Pierella

角張った輪郭が独特で、後翅先端は橙色。南アメリカに分布する50の種と亜種からなる属の1種。裏面には後翅表面に見られる鮮やかな斑紋がなく、翅を閉じると保護色になる。翅脈に直交する線が特徴的。雌雄は似ている。

▶幼虫期　幼虫期についてはほとんど知られていないが、近縁種の幼虫は鈍い褐色で、2本の短い尾がある。様々なオウムバナ科とクズウコン科の葉を食草とする。

▶分布　ブラジルからガイアナまで南アメリカに広く分布する。

前翅に黄色みがある
♂
後翅の隅に淡褐色の
斑点がある

前翅の小さな白斑
前翅は細く、
後翅より面積が
かなり狭い
後翅の縁は
不規則に
角張っている
♀△

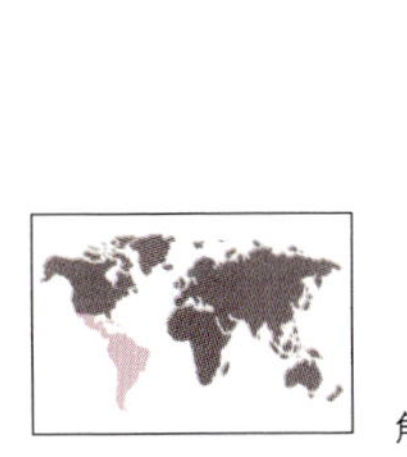

新熱帯区

活動時間帯：☼	生息地：	開張：7–7.5cm

科：タテハチョウ科	学名：*Chazara briseis*	命名者：Linnaeus

シロオビジャノメ The Hermit

雌雄は似ているが、雌は雄より大きい。前翅の裏面は表面と似ているが、後翅には褐色の斑模様があり、表面中央に見られる淡色の太い帯はない。

▶幼虫期　幼虫は灰白色。主に夜間に活動し、イネ科のブルームーアグラスを食草とする。

▶分布　中央および南ヨーロッパ、北アフリカ、トルコ、イランに広く分布する。

旧北区

前翅の前縁は
淡褐色
♀
後翅の縁は
特徴的な波状

活動時間帯：☼	生息地：	開張：4–7cm

科：タテハチョウ科	学名：*Tisiphone abeona*	命名者：Donovan

ベニモンクロヒカゲ Sword-grass Brown

橙色で特徴的な模様が前翅にあり、後翅の眼状紋は捕食者の攻撃を頭部や胸部、腹部からそらすのに役立つ。裏面は薄い色で、黄白色の帯が後翅を横切る。前翅より発達した眼状紋も後翅にある。雌は雄と似ているが、模様の色は淡い。

▶幼虫期　幼虫は緑色で毛深い。カヤツリグサ科のクロガヤ属を食草とする。

▶分布　オーストラリア南東部。

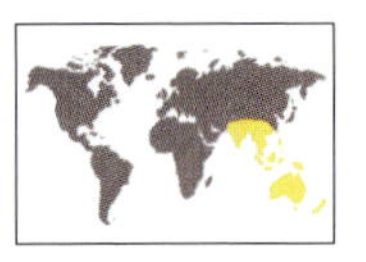
インド・オーストラリア区

どの眼状紋も
中央部分は青色と白色
♂

活動時間帯：☼	生息地：	開張：5–5.5cm

科：タテハチョウ科	学名：*Ypthima asterope*	命名者：Klug

アステロープウラナミジャノメ African Ringlet

よく似た種が多いグループの1種で同定が困難。翅の裏面に細い白線で特徴的な模様が描かれている。雌雄は似ている。

▶幼虫期　幼虫の体は細く、淡緑色でピンクがかっている。イネ科を食草とする。

▶分布　サハラ砂漠より南のアフリカと西南アジアの、乾燥した低木地帯。

熱帯アフリカ区
インド・オーストラリア区

前翅の眼状紋は黄色く
縁取られ、中央に白斑がある
♂
後翅の縁毛は淡色

活動時間帯：◑ ☼	生息地：	開張：3–4cm

科：タテハチョウ科	学名：*Ypthima baldus*	命名者：Fabricius

コウラナミジャノメ Common Five Ring Butterfly

左右それぞれの翅に前後合わせて5つの、黄色く縁取られた眼状紋がある。表面は褐色で、帯白色の短い線が模様を描く。雌雄は似ている。生息域南部では1年中、北部では春と夏に見られる。

▶幼虫期　幼虫は緑色でイネ科を食草とする。

▶分布　インドからパキスタン、ミャンマー、日本。

旧北区、インド・オーストラリア区

前翅の目立つ
眼状紋
♀
後翅の眼状紋の
大きさは変異に富む

活動時間帯：☼	生息地：	開張：3–4.5cm

科：タテハチョウ科	学名：*Zipaetis scylax*	命名者：Hewitson

ギンスジクロジャノメ Dark Catseye Butterfly

インドから中国に分布する、3種しか含まれない属の1種。雌雄とも翅の表面に模様は見られないが、裏面には英名の由来となった、黄色く縁取られた特徴的な眼状紋がある。弱々しく飛行し、たいていは深い茂みの中に留まっている。

▶幼虫期　幼虫期については何も解明されていないが、イネ科を食草にすると思われる。

▶分布　インド北部、パキスタン、ミャンマーの丘陵地帯でよく見られる。

表裏両面の縁に、
褐色と黄色の線がある
眼状紋の
痕跡
表面には
裏面のような
模様がない
♂
後翅はわずかに
波状になっている
後翅の
縁毛帯は
白色

翅の縁は淡褐色

眼状紋の大きさは
変異に富む

白く縁取られた
小さな眼状紋

♂ △

目立つ銀白色の帯が
後翅の眼状紋を囲む

インド・オーストラリア区

活動時間帯：☼	生息地：🌴	開張：5.7−6cm

科：タテハチョウ科	学名：*Tellervo zoilus*	命名者：Fabricius

シロモンチビマダラ Cairns Hamadryad

表面は黒色と白色で、裏面は表面と似ているが黒い縁に白斑がある。雌雄は似ている。

▶幼虫期　幼虫は濃灰色で、肩の近くの2本の角は基部が橙色で上部が黒色。キョウチクトウ科のホウライカガミ属を摂食することが知られている。

▶分布　スラウェシからパプアニューギニア、ソロモン諸島、オーストラリア北部。

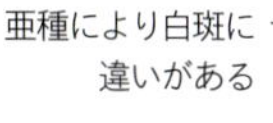
亜種により白斑に
違いがある

♂
細長い腹部

インド・オーストラリア区

活動時間帯：☼	生息地：🌴	開張：4−4.5cm

科：タテハチョウ科	学名：*Mechanitis polymnia*	命名者：Linnaeus

クロオビトラフスカシマダラ Common Mechanitis

異なる複数のグループの種に擬態していると考えられている。翅の裏面は表面と似ているが、黒い縁に白斑がある。日差しの中を飛び、花に集まる。特にキク科のヒヨドリバナ属を好む。

▶幼虫期　幼虫は淡緑色で、体側に沿って突起がある。突起の基部は黒い斑点である。ナス属を食草とする。

▶分布　メキシコからアマゾン盆地。

♂
明色の模様は、
味が悪い種に似ている
このグループの特徴で
ある細長い腹部

黒い線が
胸部まで続く
後翅の縁は暗色
♀
新熱帯区

活動時間帯：☼	生息地：🌴	開張：6–8cm

科：タテハチョウ科	学名：*Tithorea harmonia*	命名者：Cramer

キボシマダラ Tiger Butterfly

非常に変異に富み、有毒な種や味の良い種など幅広い種に擬態されている。後翅の黒い斑点が発達し、翅を横切る帯になる場合がある。

▶幼虫期　幼虫期は未解明だが、中央アメリカに分布する本種に似た亜種は、キョウチクトウ科のプレストニア属やエキテス属を食草とすることが知られている。

▶分布　メキシコからブラジルにかけて分布する。

新熱帯区

細長い橙色の触角
縁毛帯は
白い格子模様
♂
胸部と腹部に
橙色の特徴的な
模様がある

活動時間帯：☼	生息地：🌾	開張：5.5–7.5cm

科：タテハチョウ科	学名：*Methona themisto*	命名者：Hübner

セミストトンボマダラ Themista Amberwing

南アメリカに分布する約7種からなるグループに属する。翅は透明で、翅脈、帯、縁は黒くて明瞭。昼行性のマダウカストニアの1種など他のチョウ類やガ類に擬態されている。

▶幼虫期　幼虫は黒色で、明黄色の輪状の模様があり、捕食者に有毒に違いないと思わせる。ナス科のバンマツリ属を食樹とする。

▶分布　アルゼンチンとブラジルに広く分布する。市街地でもよく見られる。

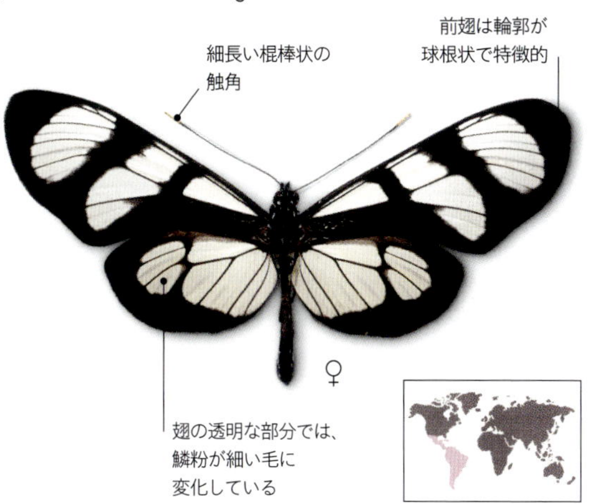
細長い棍棒状の触角
前翅は輪郭が球根状で特徴的
♀
翅の透明な部分では、鱗粉が細い毛に変化している

新熱帯区

活動時間帯：☼	生息地：🌴 ﾐﾑﾐﾑ	開張：7−8cm

科：タテハチョウ科	学名：*Melinaea lilis*	命名者：Doubleday

リリスキオビマダラ Mechanitis Mimic

変異に富み、様々なグループの多数の種に擬態する。長く黄色い触角と比較的小さな頭部で、似た種との区別が可能。翅の裏面は表面と似ているが、暗褐色の縁に沿って白斑が並ぶ。1年の大半の期間に見られ、雌雄とも花に集まる。

▶幼虫期　幼虫には目立つ縞模様がある。頭部の後ろは赤色と薄いピンクオレンジで、黒色と白色の鞭のような細い突起がピクピク動いている。ナス科の*Markea neurantha*を食草とする。

▶分布　メキシコからアマゾン盆地。

目を引く模様の幼虫は味が悪いと思われる

幼虫

黒色と橙色の模様は、有毒であることを警告している

♂

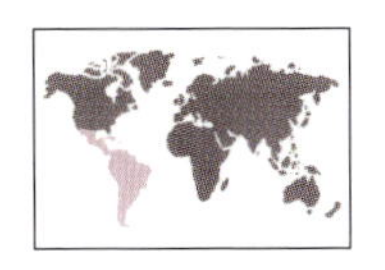

新熱帯区

活動時間帯：☼	生息地：🌴	開張：7−7.5cm

科：タテハチョウ科 | 学名：*Amauris echeria* | 命名者：Stoll

エケリアシロモンマダラ Chief Butterfly

非常に似た種からなるグループの1種。地理的変異に富み亜種が数種存在する。複数のアゲハチョウから擬態されており同定が難しい。裏面は表面とよく似ているが、翅の縁の小さな白斑が多い。雌雄は似ている。1年の大半の期間に見られる。

▶**幼虫期**　幼虫は黒色で、黄色い斑点がある。背に沿って黒い先細りの突起が5対ある。頭部は滑らかで黒色。キョウチクトウ科のオオカモメヅル属、セカモン属、キジョラン属などを食草とする。

▶**分布**　中央アフリカ熱帯域から南アフリカ。

尖った前翅
前翅に不規則な
形状の白斑がある
♂
橙黄色の後翅を
黒い翅脈が横切る

熱帯アフリカ区

活動時間帯：☼ | 生息地：🌴 | 開張：6–8cm

科：タテハチョウ科 | 学名：*Danaus chrysippus* | 命名者：Linnaeus

カバマダラ Plain Tiger

黒色と橙色の警告色をまとい、生息域ではよく見られる種。少しずつ異なる様々な模様があり、前翅先端の、白斑がある暗色部分を欠いている場合もある。裏面は表面と似ているが色は薄い。他の数種から擬態されている。1年の大半の時期に見られる。

▶**幼虫期**　幼虫には橙色を帯びた黒色と青白色の帯がある。トウワタ類を食草とする。

▶**分布**　アフリカからインド、マレーシア、日本、オーストラリア。

模様がどの型であっても
黒色と白色の縁毛帯がある

前翅の前縁は暗褐色

♂

後翅の斑点の大きさと
配置をもとに様々な型に
分類される

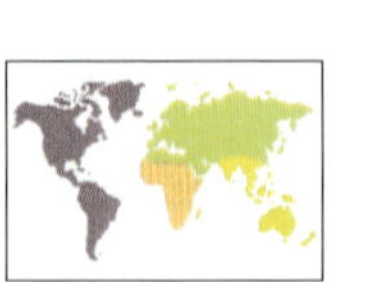

熱帯アフリカ区、旧北区、
インド・オーストラリア区

活動時間帯：☼ | 生息地：草地 | 開張：7–8cm

科：タテハチョウ科	学名：*Euploe core*	命名者：Cramer

ガランピマダラ Common Indian Crow

よく似た種で構成されるグループの中で、最もよく見られる種。斑紋の状態で多様な亜種や型に分類される。翅の裏面は表面と似ているが、色は淡い。雌雄は似ている。

▶幼虫期　幼虫は白色で、暗褐色の明瞭な縞がある。体側に沿って黄色と白色の線があり、背に紫褐色の細い突起が4対ある。キョウチクトウやトウワタ類など食草は多種にわたる。

▶分布　インドから中国南部、スマトラ、ジャワ、オーストラリア北部と東部。

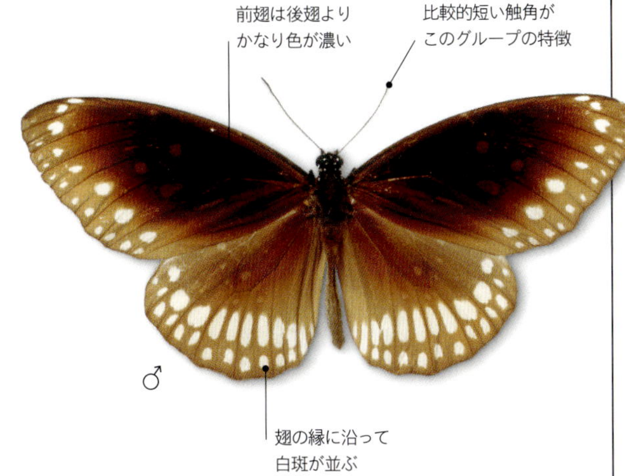
前翅は後翅よりかなり色が濃い
比較的短い触角がこのグループの特徴
♂
翅の縁に沿って白斑が並ぶ

インド・オーストラリア区

活動時間帯：☼	生息地：	開張：8–9.5cm

科：タテハチョウ科	学名：*Danaus gilippus*	命名者：Cramer

ジョオウマダラ Queen Butterfly

濃い橙褐色で均整の取れた種。翅は黒く縁取られ白斑がある。裏面は色が薄く、後翅裏面の黒い翅脈は表面より明瞭。

▶幼虫期　幼虫は淡い青灰色。黒い縦縞と、赤みがかった橙色の斑点がある帯を持つ。トウワタ類を食草とする。

▶分布　アルゼンチンから中央アメリカ、北アメリカ南部に広く分布する。近縁種の多くとは異なり、渡りはしない。

前翅の前縁は暗色
目立つ白斑
♂
後翅の発香鱗
後翅の縁は穏やかな波状

新北区、新熱帯区

活動時間帯：☼	生息地：	開張：7–7.5cm

科：タテハチョウ科	学名：*Danaus plexippus*	命名者：Linnaeus

オオカバマダラ Monarch Butterfly

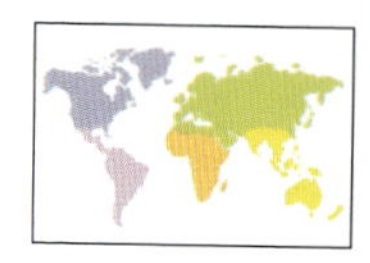

世界全域

最もよく知られているチョウの1種。黒色と橙色の印象的な模様を持ち、翅脈は暗色の縁取りで強調されている。雌雄は似ている。

▶幼虫期　幼虫には黒色、黄色、クリーム色の縞模様がある。頭部の後ろに長い角がある。トウワタ類を食草とする。

▶分布　渡りをすることで知られている。本来の生息地であるアメリカからインドネシア、オーストラリア、カナリア諸島まで分布域を広げている。1980年代からは地中海諸国にも定着している。

丈夫な構造を持つため
飛行能力が高い
前翅の先端に
橙色の斑紋が
3つある
橙色と黒色の模様は
有毒であることを
示している
後翅は前翅より
丸みがある
♀
前後の翅の外縁に
白斑がある
後翅の裏面は
表面より色が淡い
♀ △

活動時間帯：	生息地：	開張：7.5–10cm

科：タテハチョウ科	学名：*Euploea mulciber*	命名者：Cramer

ツマムラサキマダラ Striped Blue Crow

インド・オーストラリア区

大型の種。雌雄の前翅の表面は光沢を帯びた紫色に染まっているが、暗色の雄の方が紫色が強い。雌の後翅は褐色で、白い線が入っている。裏面は表面に似ているが、遊色光沢は見られない。インド・オーストラリア区に分布する大きな属（ルリマダラ属）の1種で、幼虫も成虫も有毒である。

▶幼虫期　幼虫は黄褐色で、濃淡の帯がある。先端が黒い、赤色の細い突起を4対持つ。キョウチクトウ属、イチジク属を食草とする。

▶分布　インドから中国南部、マレーシア、フィリピン。

前翅の基部は
暗褐色
淡青色で縁取られた
白斑
中央に白い部分が
ない斑点もある
後翅の基部に
淡色の三角紋
後翅の縁毛帯に
白斑がある
♂
紫色は雄ほど
明瞭でない
雌の後翅には
放射状の白い
すじが見られる
♀

活動時間帯：☼	生息地：🌴	開張：9－10cm

科：タテハチョウ科	学名：*Idea leuconoe*	命名者：Erichson

オオゴマダラ Large Tree Nymph

大型で繊細な形状の種。半透明で灰白色の翅に特徴的な黒い模様がある。翅の基部が黄色く染まることが多い。ゆったりと滑空するように、林冠の直下を飛ぶ。

▶幼虫期 幼虫はビロード状の黒色で、淡黄色の細い縞と赤い斑点がある。背に沿って黒く細い突起が4対ある。キョウチクトウ科のホウライカガミ属、イケマ属、オオカモメヅル属を食草とする。

▶分布 タイからマレーシア、インドネシア、フィリピン、日本の南西諸島。マレーシアでは主に海岸沿いのマングローブ湿地に生息する。

赤色と黒色の
独特な模様
幼虫

翅の縁に沿って白色のジグザグな線がのびる

色と模様は胸部、腹部まで続く

♂

後翅はやや角張っている

細い胸部から腹部、大きな翅は、弱々しい飛行を示唆する

白斑があるため翅の縁が波打っているように見える

インド・オーストラリア区

活動時間帯：☼	生息地：🌴	開張：9.5−10.8cm

科：タテハチョウ科	学名：*Ideopsis vitrea*	命名者：Blanchard

ビトレアヒメマダラ Blanchard's Wood Nymph

白色から緑色まで変異に富む美しい種で、亜種が存在する。雄の前翅は雌よりも暗色で細長く尖っている。

▶幼虫期　幼虫と食草については不明。他のリュウキュウアサギマダラ属の幼虫は淡色で斑点があり、頭部と尾部近くにそれぞれ1対の角を持つ。

▶分布　スリランカからモルッカ諸島、パプアニューギニアの森林地帯。

褐色で明瞭な翅脈
丸みを帯びた
棍棒状の触角
♂
暗色の模様は
雌雄共通
細長い腹部

インド・オーストラリア区

活動時間帯：☼	生息地：🌴	開張：7–9.5cm

科：タテハチョウ科	学名：*Lycorea halia*	命名者：Hübner

トラフマダラ Large Tiger

非常に変異に富む。ドクチョウ属の特定の種に似ているが、別の亜科に属している。

▶幼虫期　幼虫は白色で黒い縞があり、黒く柔らかい角を1対持つ。イチジクやパパイアなどを食樹とする。

▶分布　メキシコからブラジル。アメリカ合衆国南部に迷い込むことがある。

先端が黄色い
棍棒状の触角

黒色と橙色の警告色で、
味が悪いことを鳥に示す

♂

後翅の縁に
白い斑点が並ぶ

地色は暗褐色

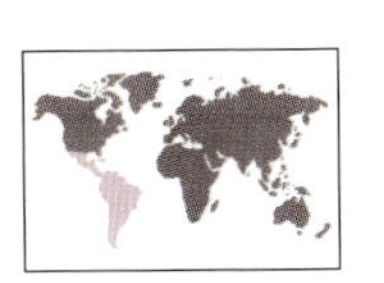

新熱帯区

活動時間帯：☼	生息地：🌴	開張：7–8cm

シジミタテハ科 Riodinidae

約1,500種の小さな科である。金属光沢のある鱗粉が小さな斑紋を形成している種が多いことから、英語ではmetalmarksと呼ばれることが多い。雄の短い前脚は歩行には使われない（76-157ページのタテハチョウ科と同様）ため、4本脚のように見える。雌は6本の脚を使う。

科：シジミタテハ科	学名：*Syrmatia dorilas*	命名者：Cramer

ドリアスオナガシジミタテハ

White-spotted Tadpole Butterfly

中央および南アメリカ熱帯域のみに分布する、約5種からなる属の1種。飛行速度は遅いが、スズメバチのように素早く羽ばたく。雌は雄よりも前翅が広く、橙色の斑点がある。

▶幼虫期　幼虫期については知られていない。

▶分布　ブラジルとベネズエラ。

新熱帯区

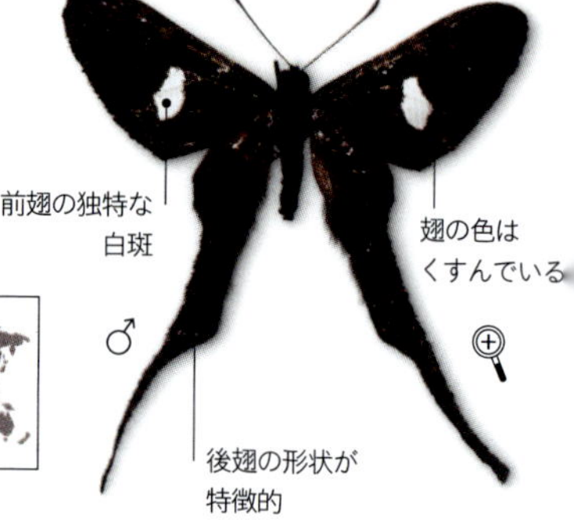
前翅の独特な
白斑
翅の色は
くすんでいる
♂
後翅の形状が
特徴的

活動時間帯：☼	生息地：🌴	開張：1.5−2cm

科：シジミタテハ科	学名：*Menander menander*	命名者：Stoll

メナンダーアオイロシジミタテハ

Blue Tharops

虹色を帯びた金属光沢のある鮮やかな色を持つ、中央および南アメリカ固有の約10種からなる属の1種。本種の雄は緑がかった青色で黒いすじがあり、雌は濃いメタリックブルー。雌雄の翅の裏面は黄白色で、赤褐色の斑点が前後の翅を貫く不規則な線を形成する。素早く飛び、ヒヨドリバナ属の花にとまる。

▶幼虫期　幼虫期については知られていない。

▶分布　パナマから南アメリカ北部、トリニダード。

新熱帯区

雄の前翅の
先端は黒褐色

雄は雌よりも
明るい色をしている

♂

翅は黒く
縁取られている

前縁は鮮やかな青色

翅の先端は
青みがない

翅の縁に
縁毛が見られる

不規則な黒い線が
雌の翅を横切る

♀

活動時間帯：☼	生息地：🌴	開張：3−4cm

科：シジミタテハ科	学名：*Mesene phareus*	命名者：Cramer

ファレウスシジミタテハ Cramer's Mesene

雄の翅は深紅色で縁は黒い。雌の翅はより大きく色は薄い。前翅裏面は赤みを帯びた黒色に染まっている。後翅裏面は表面に似ている。

▶幼虫期　幼虫の生態は明らかにされていないが、非常に有毒なムクロジ科のガラナ属の葉を食樹とすることが知られている。

▶分布　中央および南アメリカの熱帯域でよく見られる。

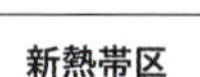

新熱帯区

鮮やかな色は捕食者に有毒であることを示す

前翅は尖っている

♂

活動時間帯：☼	生息地：🌴	開張：2−2.5cm

科：シジミタテハ科	学名：*Theope eudocia*	命名者：Westwood

カカオシジミモドキ Orange Theope Butterfly

雌雄の前翅は黒く縁取られている。裏面は薄いレモン色で、腹部は鮮橙色。矢のように素早く飛び、木の葉の裏にとまる。雄は雌よりも大きい。

▶幼虫期　幼虫は緑色で毛が生えている。カカオを食樹とする。

▶分布　中央および南アメリカの熱帯域とトリニダード。

新熱帯区

雄の翅の先端に紫色の斑紋がある

♂

活動時間帯：☼	生息地：🌴	開張：2.5−4cm

科：シジミタテハ科	学名：*Hamearis lucina*	命名者：Linnaeus

セイヨウシジミタテハ Duke of Burgundy

ヒョウモンに似た褐色と橙色の格子模様から、Duke of Burgundy Fritillary（ブルゴーニュ公ヒョウモン）と呼ばれていた。雌雄は似ているが、雌の翅は雄より丸みがある。

▶幼虫期　淡褐色で、背に暗色の縞がある。キバナノクリンザクラやサクラソウ属を食草とする。

▶分布　ヨーロッパに広く分布する。

旧北区

♀

翅の縁に並ぶ橙色の斑紋には、黒い斑点がある

活動時間帯：☼	生息地：🌳	開張：3−4cm

科：シジミタテハ科	学名：*Apodemia nais*	命名者：Edwards

ナイスヒョウモンシジミタテハ Nais Metalmark

翅の表面は主に淡赤褐色で、褐色の斑紋が独特なジグザグの帯をつくり、前後の翅を横切っている。雌は雄より大きくて色は薄く、前翅はやや丸みがある。雌雄の翅の裏面は灰白色で、前翅裏面の大半は橙色に染まる。後翅裏面の縁に橙色の帯があり、黒い斑点模様もある。夏に見られ、花や湿った地面にとまる。

翅の縁毛帯は格子模様
♂

▶幼虫期　幼虫は淡緑色で背に小さな剛毛の房があり、クロウメモドキ科のソリチャ属を食草とする。

▶分布　アメリカ合衆国のコロラドからニューメキシコ南部とメキシコ。

前翅の前縁に白斑がある

♂△

新北区

活動時間帯：☼	生息地：	開張：3–4cm

科：シジミタテハ科	学名：*Helicopis cupido*	命名者：Linnaeus

ミツオシジミタテハ Gold-drop Helicopis

雄の前翅は黄白色で褐色に縁取られ、基部は橙黄色。後翅は暗褐色で基部は橙黄色である。雌は色が薄く、後翅の縁に褐色の模様がある。裏面は表面に似ているが、後翅の内縁と外縁に金属光沢の斑点がいくつかある。

♀

▶幼虫期　幼虫がサトイモ科のタニアの野生種を食草とすることだけが知られている。

▶分布　ベネズエラからトリニダード、ブラジルに至る南アメリカの熱帯域。

前翅の縁は独特な暗色

雌雄とも後翅裏面に金属光沢を持つ目立つ模様がある

♂△

新熱帯区

活動時間帯：☼	生息地：	開張：3–4cm

科：シジミタテハ科	学名：*Calephelis muticum*	命名者：McAlpine

ヌマチノシジミタテハ Swamp Metalmark

赤褐色で、黒い線と斑点がある。銀青色または青緑色の金属光沢を持つ模様が並ぶ。翅の裏面は黄色から橙褐色だが、黒色とメタリックブルーで、表面に似た模様が描かれている。雌雄は似ている。

▶幼虫期　幼虫は淡緑色で毛がある。マーシュアザミを食草とする。

▶分布　ペンシルバニア西部からミネソタ南部にかけての沼地。

新北区

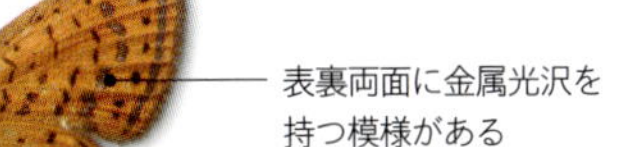

胸部・腹部と翅は色が同じ
表裏両面に金属光沢を持つ模様がある
♂
♂△

活動時間帯：☼	生息地：	開張：2–2.5cm

科：シジミタテハ科	学名：*Thisbe ucubis*	命名者：Hewitson

シロクサビモンシジミタテハ Hewitson's Uraneis

南アメリカに分布する3つの種からなる属の1種。本属の3種はいずれも昼行性のヒトリモドキガ科に擬態していると考えられている。雄は雌より小さく、翅の外縁はより直線的。翅の裏面は表面と似ている。変異に富み多数の型が存在する。

▶幼虫期　幼虫については知られておらず、食草も判明していない。

▶分布　コロンビアの熱帯雨林。

♂
翅の白斑は雄の方が小さい
細長い触角
白い三角紋
雌の翅は雄よりも丸みがある
淡色の縁毛帯
独特な光沢の黒色
♀

新熱帯区

活動時間帯：☼	生息地：	開張：3–4cm

シジミチョウ科 Lycaenidae

鮮やかな色の小型種6,000種以上が含まれる大きな科。世界全域に分布するが、熱帯および亜熱帯地域に集中している。雌雄の配色が異なる種が多く、翅の裏面の色彩が表面と異なるのが普通である。いくつかのグループに分類できる。ミドリシジミ亜科という大きなグループの種は、後翅に尾状突起と鮮やかな眼状紋がある。これらは偽の頭部となり、捕食者の攻撃をそらすことができる。

幼虫は「ナメクジのような」形状で、脅かされるか休むときは頭を引っ込める。甘露を分泌する種もあり、アリ類の様々な種を誘引する。

科：シジミチョウ科	学名：*Liphyra brassolis*	命名者：Westwood

アリノスシジミ Moth Butterfly

非常に大型で翅は橙色と黒色。外観と行動がガに似ていることから英名がつけられた。雄は雌より黒い部分が多い。

▶幼虫期 幼虫の体表は滑らかで、楕円形の体は非常に平たい。アリの巣に生息し、アリの幼虫を捕食する。羽化直後の翅と胴は、粘着性の高い鱗粉に覆われている。この鱗粉は、攻撃してくる可能性があるアリに付着する。

▶分布 インドから東南アジア、オーストラリア北部。

雄の翅は
黒い部分が大きい
♂
雄の後翅に
小さい突起がある

雌の前翅は
雄のものより
丸みが強い
♀
丈夫でガに似た胸部と腹部は、
本種が力強く飛ぶことを示している

インド・オーストラリア区

活動時間帯：◑ ☼	生息地：🌴	開張：6-9cm

科：シジミチョウ科	学名：*Liptena simplicia*	命名者：Möschler

アフリカツマグロコケシジミ Möschler's Liptena

アフリカ熱帯域に分布する50種以上からなる属の1種。翅はサテンホワイトで、前翅前縁は黒色で太く縁取られている。裏面は表面と似ているが、後翅裏面には黒い帯がある。雌雄は似ている。

翅の模様が
頭部まで続く
♂
後翅に独特な
黒い縁毛がある

▶幼虫期　幼虫は毛が生えており、地衣類と菌類を食べる。

▶分布　サハラ砂漠より南のアフリカに広く分布する。

熱帯アフリカ区

活動時間帯：☼	生息地：🌴	開張：2.5−3cm

科：シジミチョウ科	学名：*Spalgis epius*	命名者：Westwood

シロモンクロシジミ Apefly

前翅は三角形で尖り、白斑が1つある。雌の翅は雄のものより広く丸い。雌の後翅は淡褐色。

▶幼虫期　幼虫は淡色でずんぐりした平らな形状。蝋状の白い分泌物で覆われている。カイガラムシやコナカイガラムシを捕食する。猿の顔のような形状の蛹が英名の由来である。

▶分布　インド、スリランカからマレーシア、スラウェシ島。

インド・オーストラリア区

左右の前翅に白斑が1つずつある

♂

後翅の縁毛帯はやや波状

活動時間帯：☼	生息地：🌴	開張：2−3cm

科：シジミチョウ科	学名：*Lachnocnema bibulus*	命名者：Fabricius

アフリカケアシシジミ Woolly Legs

雄の翅は表面全体が黒褐色だが、雌には白色または青白色の大きな斑紋がある。雌雄とも裏面に褐色の模様があり、後翅に金属光沢の鱗粉がある。脚が毛深いことから英名がつけられた。

短くて丈夫な
触角
翅の端が
やや尖っている
♀

▶幼虫期　幼虫は毛深く、色は薄い黄褐色。アブラムシやカイガラムシを捕食する。

▶分布　サハラ砂漠より南のアフリカ熱帯域。

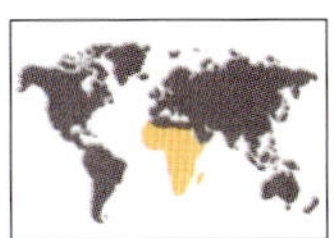

熱帯アフリカ区

活動時間帯：☼	生息地：🌴	開張：2−3cm

科：シジミチョウ科 | 学名：*Megalopalpus zymna* | 命名者：Westwood

アフリカアシナガシジミ Small Harvester

前翅の黒々とした模様で同定が容易。後翅の輪郭も独特である。翅の裏面には、前翅表面のような暗色の斑紋はないが、表面の斑紋が灰色に透けて見える。雌雄は似ている。

▶幼虫期　幼虫は肉食性で、植物につく様々な種類の幼虫、成虫を捕食する。

▶分布　サハラ砂漠より南のアフリカ西部の熱帯域。

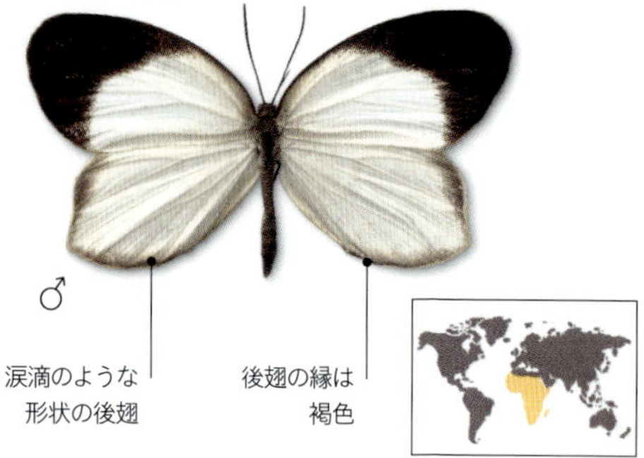
♂
涙滴のような
形状の後翅
後翅の縁は
褐色

熱帯アフリカ区

活動時間帯：☼ | 生息地：🌴 | 開張：3−4cm

科：シジミチョウ科 | 学名：*Miletus boisduvali* | 命名者：Moore

ボイスドゥワリカニアシシジミ Boisduval's Miletus

くすんだ色で、シロモンクロシジミ（163ページ）と同様、翅の輪郭と白斑の程度で雌雄を区別できる。触角は長く、腹部は細長い。

▶幼虫期　幼虫については知られていないが、アブラムシを捕食すると考えられている。

▶分布　ジャワからボルネオ、パプアニューギニアの低地の熱帯雨林に広く生息する。

インド・オーストラリア区

後翅の縁は褐色

♂

活動時間帯：☼ | 生息地：🌴 | 開張：3−4cm

科：シジミチョウ科 | 学名：*Feniseca tarquinius* | 命名者：Fabricius

アメリカアリマキシジミ Harvester

橙褐色から淡い橙黄色まで変異に富む。前翅の縁は黒褐色で、他にも模様がある。雌雄は似ている。

▶幼虫期　幼虫は緑がかった褐色で、アブラムシ科タマワタムシ亜科を捕食する。緩く紡いだ網で体を覆っているが、網に食べかすがついている。

▶分布　カナダからフロリダ、テキサスに至る北アメリカの、ハンノキ属が茂る湿地や湿り気の多い森林に生息する。

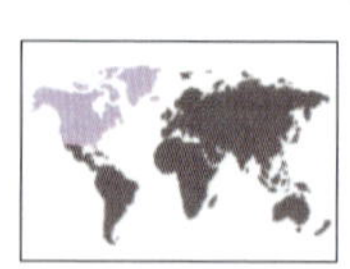

新北区

前翅の特徴的な黒い模様
♂

活動時間帯：☼ | 生息地：湿地・森林 | 開張：2.5−3cm

科：シジミチョウ科	学名：*Loxura atymnus*	命名者：Stoll

オナガアカシジミ Yamfly

橙赤色で、前翅の縁に黒色の太い帯がある。後翅は丈夫な尾状突起に向けて急激に先細りになっている。雌雄は似ているが、雌の後翅はやや暗色。裏面は橙黄色で、淡い黒色の模様がある。地面よりはるかに上を飛行する。

▶幼虫期　幼虫は緑色で、背に沿って畝状の突起がある。ヤムイモやシオデ属の若い茎を食草とする。幼虫にはアカアリが集まる。

▶分布　インド、スリランカからマレーシア、フィリピンの低地の森林や荒地に生息する。

尾状突起 ♂

♀

後翅の縁は暗褐色

尾状突起の基部の
特徴的なふくらみ

インド・オーストラリア区

活動時間帯：☼	生息地：	開張：3–4cm

科：シジミチョウ科	学名：*Cheritra freja*	命名者：Fabricius

モリノオナガシジミ Common Imperial

雌雄とも翅の表面は濃い黒褐色で、尾状突起は白色。雄の前後の翅は紫色を帯びることが多く、雌の後翅は白っぽい。裏面は白色で、前翅は橙褐色に染まっている。後翅に黒い縁取りと斑点がある。

▶幼虫期　幼虫はピンクから緑色まで変異に富む。背に褐色の模様と、尖った棘状の突起が6本ある。

▶分布　インド、スリランカからマレーシア、ボルネオに至る、様々な標高の森林地帯に生息する。

2本の尾状突起の
片方だけが小さい

尾状突起の基部に
黒い眼状紋が
2つある

♀ △

インド・オーストラリア区

活動時間帯：☼	生息地：	開張：4–4.5cm

科：シジミチョウ科	学名：*Jalmenus evagoras*	命名者：Donovan

ヒスイシジミ Common Imperial Blue

同属の9種すべてがオーストラリア固有。本種はその中で最も美しく、翅の表面にメタリックブルーの鱗粉があり、裏面は地色がバフで、黒色と橙褐色の線がある。表面にメタリックブルーではなく緑がかった白色の斑紋を持つ亜種もいる。

♀
湾曲した
細い尾状突起

▶幼虫期 幼虫は黒色と褐色で、背に暗色の棘が2列並ぶ。アカシアの葉や、カイガラムシ類が分泌する甘露を摂食する。群れで摂食し、アリが取り巻いている。終齢幼虫は糸を吐いて繭をつくり、その中で蛹になる。

▶分布 オーストラリア東部から南東部。

♂ △

橙色の眼状紋が左右の後翅に2つずつある

インド・オーストラリア区

活動時間帯：☼	生息地：🌳	開張：3–4cm

科：シジミチョウ科	学名：*Virachola isocrates*	命名者：Fabricius

ツヤモントラフシジミ Common Guava Blue

雄は濃い紫がかった青色。雌は淡褐色で、前翅の中央に橙色の斑点があり、尾状突起の基部に黒色と橙色が組み合わさった眼状紋が1つある。裏面は薄いバフで、暗褐色の波打つ帯と白い縦線がある。

▶幼虫期 幼虫は濃淡の褐色。体の中央に淡色で縞状の斑点がある。ザクロやグアバの果実を内部から食べ、その中で蛹化する。

▶分布 インドからスリランカ、ミャンマーに広く分布する。平地に多いが、標高2,000mのヒマラヤ山脈にも生息する。

角張った
前翅
♀
前翅の内縁は淡色
短く細い
尾状突起
♀ △

インド・オーストラリア区

活動時間帯：☼	生息地：🌿 ‿‿	開張：3–5cm

科：シジミチョウ科	学名：*Deudorix antalus*	命名者：Hopffer

アンタルスヒイロシジミ Brown Playboy

翅の表面は繊細な青褐色で、光の具合により、虹色を帯びた紫色の光沢が見える。ほとんど白色の固体もある。裏面は淡褐色で、暗褐色と白色の線がある。

▶幼虫期　幼虫については、タヌキマメ属とアカシアの果実を食べることだけが知られている。

▶分布　アフリカの低木帯やサバンナでよく見られる。また、マダガスカルとアラビア半島でも見られる。

熱帯アフリカ区

♀
突起部に大きくて
丸い黒色の斑点がある

活動時間帯：☼	生息地：	開張：2.5–3cm

科：シジミチョウ科	学名：*Satyrum w-album*	命名者：Knoch

カラスシジミ White-letter Hairstreak

学名も英名も後翅裏面のＷ字形の模様に由来する。雌雄とも翅の表面は黒褐色である。

▶幼虫期　幼虫は黄緑色。濃緑色の線と斜めに走る模様は、帯紅色に染まっていることがある。ニレ属を食樹とする。

▶分布　ヨーロッパからアジア温帯域、日本。

旧北区

前翅は無地

♂

橙色の眼状紋がかすかに見える

活動時間帯：☼	生息地：	開張：3–4cm

科：シジミチョウ科	学名：*Cigaritis natalensis*	命名者：Westwood

ナタレンシスキマダラツバメ Natal Barred Blue

翅の上面は青色を帯び、黒褐色の縞模様がある。対照的に裏面は乳白色で、赤褐色か黒色で縁取られた、メタリックシルバーの目を引く縞模様がある。雌は雄より大きく、色合いは若干くすんでいる。

▶幼虫期　幼虫については知られていないが、マメ科のムンデュレア属とササゲ属を食草とすることが知られている。

▶分布　南アフリカからモザンビーク、ジンバブエの低木帯。

熱帯アフリカ区

前翅先端に縞が入った
橙色の三角紋がある
♂
独特な２本の尾状突起

活動時間帯：☼	生息地：	開張：2.5–4cm

科：シジミチョウ科	学名：*Ogyris zosine*	命名者：Hewitson

ヒメミイロヤドリギシジミ Northern Purple Azure

雄は鈍いバイオレットブラウンから濃い紫がかった青色まで変異し、大きな黒褐色の雌はメタリックブルーの斑点を持つ。

▶幼虫期　幼虫は黄褐色で暗色の模様があり平たい。ヤドリギ類を食草とする。

▶分布　北～北東オーストラリアに分布する。

♂
後翅の縁は波状
雌の前翅に白斑がある
雌の翅にメタリックブルーか、緑がかった青色の斑紋がある
♀

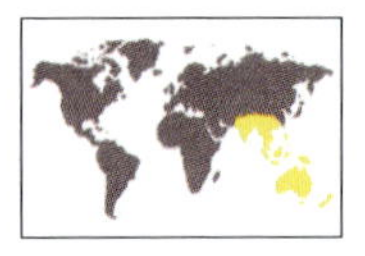
インド・オーストラリア区

活動時間帯：☼	生息地：🌳	開張：4.5−5.7cm

科：シジミチョウ科	学名：*Ogyris abrota*	命名者：Westwood

アブロータヤドリギシジミ Dark Purple Azure

雄の翅は紫がかった青色で黒い縁取りがあり、この美しい色が英名の由来である。雌は雄より大きく黒褐色で、前翅に丸く大きな黄色い斑紋がある。

▶幼虫期　幼虫は赤褐色かピンクがかった褐色で、背に暗褐色の線とピンクまたは褐色の模様がある。ユーカリに寄生するヤドリギ類を食草とする。

▶分布　オーストラリア南東部に広く分布する。

♂
目を引く
モーブ色

後翅の縁は
強い波状になっている
♀

インド・オーストラリア区

活動時間帯：☼	生息地：🌳	開張：4−4.5cm

科：シジミチョウ科	学名：*Hypochrysops ignita*	命名者：Leach

イグニタニシキシジミ Fiery Jewel

前後の翅の表面は、太い帯で縁取られている。前翅の中央は空色で、後翅の中央は菫色。裏面のファイアリーレッドと青色が英名の由来である。

▶幼虫期　帯灰色で、アカシア属やツバキ属など食草は多種にわたる。

▶分布　オーストラリアとパプアニューギニアに広く分布する。

♀

胴の腹側は銀白色
♀ △

縁毛帯は黒色と白色

インド・オーストラリア区

活動時間帯：☼	生息地：🌴	開張：2.5−3cm

科：シジミチョウ科	学名：*Capys alphaeus*	命名者：Cramer

ナンアベニオビシジミ Orange-banded Protea

前後の翅の表面に赤色の帯があり、前翅裏面には三角形の赤い斑紋がある。前後の翅の縁はわずかに波状である。

▶幼虫期　幼虫は淡灰色で、帯青色の斑点がある。ヤマモガシ科プロテア属の頭花の中で摂食しているのが見られる。

▶分布　南アフリカの丘陵地帯と山岳地帯に広く生息する。

熱帯アフリカ区

♂
翅の縁毛帯は
格子模様
小さく特徴的な
尾状突起

活動時間帯：☼	生息地：▲ 草地	開張：3−4cm

科：シジミチョウ科	学名：*Tajuria cippus*	命名者：Fabricius

ヤドリギツバメ Peacock Royal

雄の翅の色が英名の由来である。雌は色が薄く、翅の丸みが強い。裏面は灰色で黒い線があり、後翅裏面に橙色と黒色の眼状紋を持つ。

▶幼虫期　幼虫は褐色で帯紅色の模様がある。ヤドリギ類を食草とする。

▶分布　インド、スリランカから中国南部、マレーシア、ボルネオ。

インド・オーストラリア区

♂
雄の細長い
後翅
雌雄とも
尾状突起が
細長い

活動時間帯：☼	生息地：🌴	開張：3−4.5cm

科：シジミチョウ科	学名：*Inomataozephyrus syla*	命名者：Kollar

シラミドリシジミ Silver Hairstreak

雄は金属光沢を持つ金色がかった緑色で、縁に細い褐色の帯がある。雌の前翅は紫がかった青色で縁に太い黒帯がある。後翅は暗褐色で縁にかけて緑がかった青色の光沢を持つ。雌雄の翅の裏面は英名の由来となった銀色で、褐色の模様がある。尾状突起の基部に橙色と黒色の眼状紋がある。

▶幼虫期　幼虫については解明されていないが、コナラ属を食樹とすることが知られている。

▶分布　アフガニスタン、パキスタン、インドにまたがるヒマラヤ山脈の標高1,800mから3,500mの地域。

旧北区
インド・オーストラリア区

♂

小さく細長い
特徴的な尾状突起

雌の前翅を
横切る白斑

後翅の太く
黒い縁

♀

活動時間帯：☼	生息地：▲ 🌳	開張：4−4.5cm

科：シジミチョウ科	学名：*Bindahara phocides*	命名者：Fabricius

パラオオナガシジミ Plane Butterfly

雄は黒褐色で尾状突起は白色。雌は淡褐色か赤褐色で、尾状突起の基部に大きな黒い斑点がある。裏面は淡褐色で、暗色の帯と斑点がある。

▶幼虫期　幼虫は暗褐色で毛が生え、黄白色の模様がある。ツル植物（ニシキギ科のサラシア属など）の果実の内部を摂食する。

▶分布　インド、スリランカからマレーシア、パプアニューギニア、オーストラリア北部。

インド・オーストラリア区

♀

後翅の基部に
特徴的な突起がある

尾状突起は
繊細な銀白色

♂

後翅の縁に
メタリックブルーの
細い斑紋がある

活動時間帯：☼	生息地：🌴	開張：4−4.5cm

科：シジミチョウ科	学名：*Chrysoritis thysbe*	命名者：Linnaeus

オパールシジミ Common Opal

英名の由来となった青色を帯びたオパール色の斑紋は、雄の方が大きい。雌の翅は全体が橙色で、黒い模様がある。

▶幼虫期　幼虫は緑色で背に暗色の線がある。ハマビシ科ジゴフィルム属など乾燥した平原に生える植物を食草とする。

▶分布　乾燥した砂漠地帯で発生し、南アフリカの砂丘でよく見られる。

熱帯アフリカ区

雄の前翅は
三角形
♂
後翅の端が
尖っていて特徴的

活動時間帯：	生息地：	開張：2.5−3cm

科：シジミチョウ科	学名：*Hemiolaus caeculus*	命名者：Hopffer

アカスジフタオシジミ Azure Hairstreak

雄の翅は黒褐色で縁取られた鮮やかな青紫色。雌の翅は鮮やかさに欠け、縁は淡色で幅が広い。雌雄とも裏面は対照的に灰白色で、赤褐色の線がある。尾状突起は2本あり、それぞれの基部にターコイズブルーと黒色の眼状紋がある。

▶幼虫期　幼虫については知られていないが、オオバヤドリギ科を食草とすると考えられている。

▶分布　アフリカ熱帯域と南部の低木帯、サバンナ、森林に生息する。

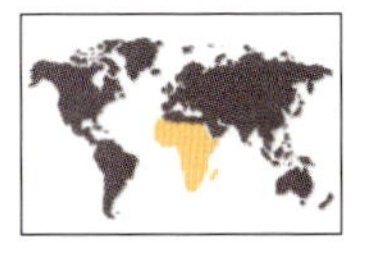

熱帯アフリカ区

♂

2本の
尾状突起

眼状紋と
尾状突起が
偽の頭部になる

活動時間帯：	生息地：	開張：3−4cm

科：シジミチョウ科	学名：*Rapala iarbus*	命名者：Fabricius

ヒイロトラフシジミ Common Red Flash

雄は赤銅色で雌は淡褐色。翅の裏面は淡いバフで白線があり、尾状突起の基部に黒色と橙色の眼状紋がある。

▶幼虫期　幼虫は赤色か黄褐色で、背に黒い模様と2本の帯がある。

▶分布　インド、スリランカからマレーシア、小スンダ列島の森林に広く生息する。

インド・オーストラリア区

雄の前翅は
三角形で短い

前翅の
黒く太い
縁取り

♂

非常に細い
尾状突起

活動時間帯：	生息地：	開張：3−4cm

科：シジミチョウ科 | 学名：*Mimacraea marshalli* | 命名者：Trimen

マーシャルホソチョウシジミ Marshall's False Monarch

カバマダラ（152ページ）に擬態している。雌雄の前後の翅は、表面は橙色で黒く縁取られ、裏面は一部のホソチョウ属に似ている。雌雄は似ている。

▶幼虫期　幼虫には毛が生えており、夜間に樹幹に生えている地衣類を摂食する。

▶分布　モザンビークからケニア、コンゴ民主共和国に至る東および中央アフリカの森林。

熱帯アフリカ区

明るい警戒色で、食べても味が悪いと鳥に知らせている

♂

活動時間帯：☼ | 生息地：🌴 | 開張：4.5−5.5cm

科：シジミチョウ科 | 学名：*Favonius quercus* | 命名者：Linnaeus

ムラサキミドリシジミ Purple Hairstreak

雄の翅の表面は濃紫色で、黒く縁取られている。雌は黒褐色で、鮮やかな紫色の斑紋がある。雌雄の翅の裏面は淡い灰褐色で白線がある。

▶幼虫期　幼虫は赤褐色で、暗褐色の模様がある。コナラ属の花芽や葉を摂食する。

▶分布　ヨーロッパから北アフリカ、アジア温帯域。

旧北区

雌の前翅は鮮やかな紫色に染まっている
♀
小さな尾状突起

活動時間帯：☼ | 生息地：🌳 | 開張：2.5−3cm

科：シジミチョウ科 | 学名：*Palaeochrysophanus hippothoe* | 命名者：Linnaeus

メスグロベニシジミ Purple-edged Copper

雄の翅は濃い赤銅色で黒い縁取りがあり、後翅に遊色効果を示す紫色の輝きがある。雌の翅は雄ほど鮮やかでなく、紫色の輝きに欠ける。雌の後翅は褐色で、縁に橙色の斑点が並ぶ。雌雄の翅の裏面は灰色で、後翅裏面に橙色の縞があり、前翅裏面の中央は橙色である。

▶幼虫期　幼虫は緑色でスイバ属やタデ属を食草とする。

▶分布　ヨーロッパの大部分からアジア温帯域、シベリアに至る地域の湿地帯。

旧北区

前翅に黒い斑点と暗色の翅脈がある
♂
橙色の帯がわずかに見える

活動時間帯：☼ | 生息地：湿地 | 開張：3−4cm

科：シジミチョウ科	学名：*Amblypodia anita*	命名者：Hewitson

アニタコノハシジミ Leaf Blue

雄の翅は鈍い紫がかった青色で、黒い縁取りがある。雌は表面全体が黒褐色か、メタリックブルーの斑紋がある。斑紋は前翅では大きく、後翅では小さい。裏面には褐色の模様があり、翅を閉じると枯れ葉そっくりになる。

▶幼虫期　幼虫期については不明だが、ヒロハオラクス（オラクス科）の若い芽を摂食することが知られている。

▶分布　インド、スリランカからマレーシア、ジャワ。

♂

後翅には丸みがあり、このグループの特徴になっている

♀

短く尖った尾状突起と、翅の内縁の突起

インド・オーストラリア区

活動時間帯：☼	生息地：🌴	開張：4.5−5cm

科：シジミチョウ科	学名：*Myrina silenus*	命名者：Hewitson

イチジクシジミ Figtree Blue

長い尾状突起を持つ美しい種。褐色とメタリックブルーの独特な模様がある。雌は雄と似ているが大きく、前翅の橙褐色の帯は太く、後翅の青い斑紋は小さい。雌雄の翅の裏面は橙褐色で、後翅に横線が1本入る。

▶幼虫期　幼虫は緑色で白斑がある。イチジクの葉を食樹とする。

▶分布　アフリカの熱帯および亜熱帯域に広く分布する。

♂

青い斑紋は雄の方が大きい

前翅は三角形

後翅の縁はやや波状になっている

特徴的な長い尾状突起

♀

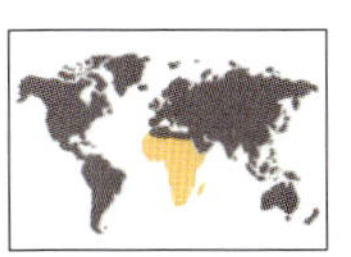

熱帯アフリカ区

活動時間帯：☼	生息地：🌾 🌴	開張：3−4cm

科：シジミチョウ科	学名：*Evenus coronata*	命名者：Hewitson

オオウラミドリシジミ Hewitson's Blue Hairstreak

雌は翅の黒い縁取りが非常に太く、尾状突起基部に大きな赤レンガ色の斑紋がある。裏面は濃緑色で、前後の翅を黒い線が貫く。また裏面には赤褐色で、橙色の輝きを帯びた太い帯がある。

▶幼虫期　幼虫についても食草についても知られていない。

▶分布　南アメリカ熱帯域からメキシコ。

翅の縁の細く黒い縁取りが本種の雄の特徴

♂

後翅の内縁は強くくぼんでいる

尾状突起基部に暗色の斑点がある

♀

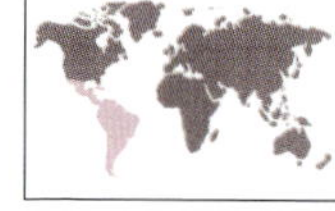

新熱帯区

活動時間帯：☼	生息地：🌴	開張：4.5–6cm

科：シジミチョウ科	学名：*Thecla betulae*	命名者：Linnaeus

チョウセンメスアカシジミ Brown Hairstreak

雄の前翅の橙色の斑紋は、雌に比べると非常に小さい。

▶幼虫期　幼虫は緑色で帯黄色の線があり、スピノサスモモを食樹とする。

▶分布　ヨーロッパからアジア温帯域。

旧北区

♀△

♀

尾状突起の橙色の斑紋は変異に富む

活動時間帯：☼	生息地：🌳	開張：3–4cm

科：シジミチョウ科	学名：*Atlides halesus*	命名者：Cramer

オオルリツバメ Great Purple Hairstreak

北アメリカに分布する独特な種。雌は雄より大きく、青色は鈍く、縁取りは太い。翅の裏面は紫みの灰色で、基部に赤い斑点がある。腹部の下側は明赤色。晩冬から秋の半ばに見られる。

▶幼虫期　幼虫は緑色で背に暗色の縞があり、体側に沿って帯黄色の縞がある。ヤドリギ類を食草とする。

▶分布　南北アメリカ。

雄の前翅の形状は特徴的

♂

雌雄の後翅に、金属光沢を持つ鱗粉が独特な斑紋をつくる

♀
1または2本の尾状突起がある

新北区、新熱帯区

活動時間帯：☼	生息地：🌳	開張：2.5−4cm

科：シジミチョウ科	学名：*Eumaeus atala*	命名者：Poey

アタラマルバネシジミ The Atala

風変わりな種。翅は青く尾状突起はない。雄の前翅は、縁と翅脈以外、緑みのメタリックブルーの鱗粉で覆われている。裏面は黒色で、金属光沢を持つ斑点が3列並び、後翅に赤い斑点が1つある。

▶幼虫期　幼虫は赤色で、体に沿って黄色の斑点が並ぶ。ソテツ類の1種ザミア・インテグリフォリアを食樹とする。

▶分布　フロリダ南部から大アンティル諸島にかけて分布する。

前翅の縁は独特な丸みを帯びている
♂
腹部は赤色で特徴的
メタリックブルーの斑紋が翅の外縁に並ぶ
♀

新熱帯区

活動時間帯：☼	生息地：🌴	開張：4−4.5cm

科：シジミチョウ科	学名：*Strymon melinus*	命名者：Hübner

ハイイロカラスシジミ Grey Hairstreak

雄は濃青灰色で、後翅には帯青黒色の模様が入った橙色の特徴的な斑紋がある。雌も同様だが、色が全体に褐色がかっている。

▶幼虫期　幼虫は緑色で、体側に白色かモーブ色の模様が斜めに走る。トウモロコシ属やワタ属など食草は多種にわたる。

▶分布　カナダ南部から中央アメリカ、南アメリカ北西部。

新北区、新熱帯区

♀
尾状突起基部に
黒色と橙色の模様がある

活動時間帯：☼	生息地：	開張：2.5–3cm

科：シジミチョウ科	学名：*Callophrys rubi*	命名者：Linnaeus

ミドリコツバメ Green Hairstreak

翅の表面は鈍い褐色。雄は、発香鱗がつくる楕円形の小さな斑紋が前翅にあるため見分けられる。雌雄とも裏面は美しいリーフグリーン。

▶幼虫期　幼虫は緑色で背に暗色の線があり、両側の体側に黄色と緑色の模様が斜めに走る。ハリエニシダ属やエニシダ属などのハーブや低木を食草とする。

▶分布　ヨーロッパから北アフリカ、アジア温帯域まで広く分布する。

旧北区

♂
後翅の縁は雌の方が
強い波状である

活動時間帯：☼	生息地：	開張：2.5–3cm

科：シジミチョウ科	学名：*Lycaena phlaeas*	命名者：Linnaeus

ベニシジミ Small Copper

小型で、北半球では最も一般的な種の1つ。前翅は明橙赤色で濃灰色に縁取られ黒い斑点がある。後翅は主に暗い褐色がかった灰色。

▶幼虫期　幼虫は緑色で、紫がかったピンク色の様々な模様がある。スイバ属を食草とする。

▶分布　ヨーロッパからアフリカ、アジア温帯域、日本。北アメリカでも見られる。

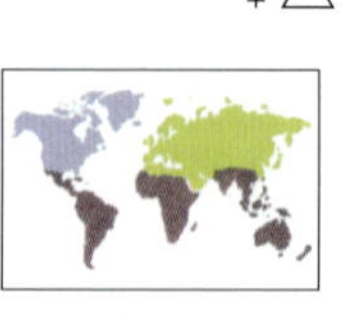

全北区

前翅の黒い模様は
変異に富む
♀△
不規則な
橙赤色の線

活動時間帯：☼	生息地：	開張：2.5–3cm

科：シジミチョウ科	学名：*Lycaena dispar*	命名者：Haworth

オオベニシジミ Large Copper

雄は鮮やかな橙赤色で、黒く細い縁取りがあり、前翅の中央に黒い斑点が1つある。雌は色が雄よりくすんでおり、翅の黒い縁取りは太く、前翅に黒い斑点が並ぶ。雌雄とも後翅裏面は淡い青灰色で美しく、黒い斑点と橙色の帯がある。

▶幼虫期　幼虫は明緑色で、盛り上がった小さな白斑に覆われている。タデ科のミゾダイオウと近縁種を食草とする。

▶分布　ヨーロッパからアジア温帯域。

♂
後翅の縁に
黒い斑点が並ぶ

淡色で縁取られた
黒い斑点が特徴的

雌の後翅は雄よりも
はるかにくすんでいる

♀

旧北区

活動時間帯：	生息地：	開張：3–4cm

科：シジミチョウ科	学名：*Arhopala amantes*	命名者：Hewitson

オオムラサキシジミ Large Oak Blue

雄は濃いメタリックブルーで、細く黒い帯で縁取られている。雌は光沢が強いメタリックブルーで、縁の帯は雄よりも太い。対照的に翅の裏面は雌雄とも灰褐色で、褐色の線といびつな斑点があり、翅を閉じたとき保護色になる。ナツメグやシナモンの木に多数が集まっていることが多い。

▶幼虫期　幼虫は淡褐色で平べったく、背の中央に長い緑色の帯があり、褐色や黒色の四角い模様が並ぶ。幼虫も蛹もアリに世話される。

▶分布　インド北部からスリランカ、マレーシア。ヒマラヤ山脈の標高1,500mまでの地域でもよく見られる。

♂
後翅の内縁に黒く太い
縁取りがある
小さな尾状突起

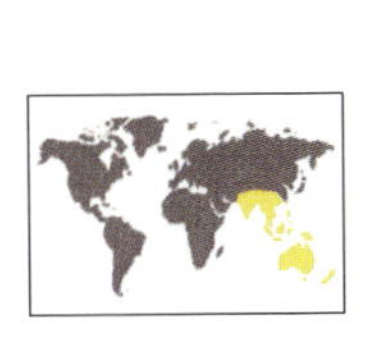

インド・オーストラリア区

活動時間帯：	生息地：	開張：4.5–5.5cm

科：シジミチョウ科	学名：*Parrhasius m-album*	命名者：Boisduval & Le Conte

フタオニセカラスシジミ White "M" Hairstreak

雄の翅の表面には虹色を帯びた青色の輝きが見られ、黒く縁取られている。雌は雄と似ているが、大きく、色は雄ほど鮮やかでない。雌雄の翅の裏面には細い白線が前後の翅にかけて走り、尾状突起近くでM字形になっている。後翅裏面には黒色と橙色の眼状紋がある。素早く飛行し、晩冬から秋の半ばまで見られる。

▶幼虫期　幼虫は淡黄色で、背に沿って暗色の帯があり、体側には帯が斜めに走る。コナラ属を食樹とする。通常、1年に1、2回発生する。

▶分布　アメリカ合衆国のアイオワ、コネチカットからメキシコまで分布する。グアテマラの山岳地帯でも見られる。

新北区、新熱帯区

♀

♀△

後翅裏面の黒色と橙色の眼状紋

活動時間帯：	生息地：	開張：2.5−3cm

科：シジミチョウ科	学名：*Jamides alecto*	命名者：Felder

シロウラナミシジミ Metallic Caerulean

東南アジアに分布する類似の複数種の1つ。翅は金属光沢を持つ淡青色で、白色の細い線がある。後翅の縁に並ぶ特徴的な斑紋で同定できる。雌は一般に雄よりも暗色で、前翅の縁取りが太い。裏面は褐色で、白色の波状の線があり、尾状突起近くに黒色と橙色の眼状紋がある。

▶幼虫期　幼虫は淡い黄橙色で、帯赤色の隆起と長く細い毛がある。ショウガ科のショウズク（カルダモン）の花や若い果実を摂食することが知られており、被害は深刻ではないが害虫扱いされることがある。

▶分布　インド、スリランカからミャンマー、マレーシアの森林や丘陵地帯に広く生息する。

尾状突起が1本ある
♂
尾状突起の基部に特徴的な黒い斑点がある

インド・オーストラリア区

♀

活動時間帯：	生息地：	開張：3−4.5cm

科：シジミチョウ科	学名：*Agriades orbitulus*	命名者：De Prunner

タカネルリシジミ Alpine Argus

雄は深青色で、黒く細い縁取りがある。雌は暗褐色。翅の裏面は淡褐色で、前翅に黒い斑点が、後翅に白い斑点がある。

▶幼虫期　幼虫は緑色で、レンゲの仲間を食草とする。

▶分布　ノルウェーやスウェーデンの高山草原。中央ヨーロッパや、アジア温帯域の山地にも生息する。

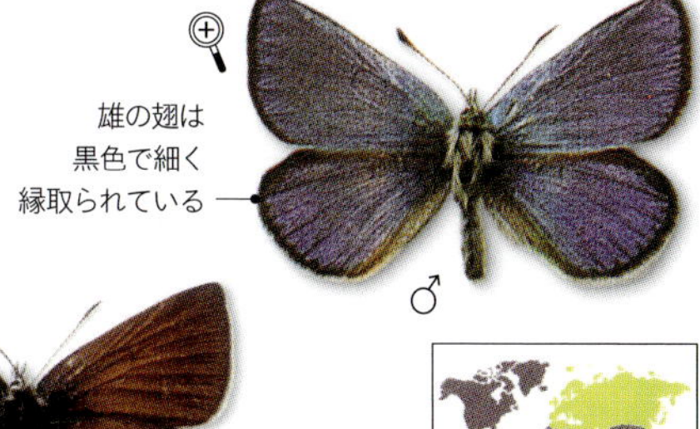
雄の翅は
黒色で細く
縁取られている
♂
♀
縁毛は白色

旧北区

活動時間帯：☼	生息地：▲	開張：2.5−3cm

科：シジミチョウ科	学名：*Cupido comyntas*	命名者：Godart

コミュンタスシジミ Eastern Tailed Blue

雄は紫がかった青色で、黒く細い縁取りがある。雌は濃青灰色で青く染まっている個体もいる。裏面は灰白色で、濃灰色の斑点が曲線状に並び、後翅には眼状紋がある。

▶幼虫期　幼虫は濃緑色で、体側に褐色と淡緑色の縞がある。シロツメクサを食草とする。

▶分布　カナダ南部から中央アメリカにかけての東部地域。

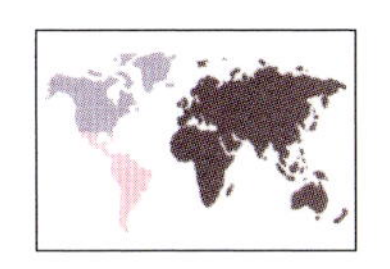
新北区、新熱帯区

♂

灰色と白色の縁毛帯

橙色と黒色の眼状紋が左右の後翅にそれぞれ2つある

活動時間帯：☼	生息地：	開張：2−2.5cm

科：シジミチョウ科	学名：*Glaucopsyche alexis*	命名者：Poda

アレクシスカバイロシジミ Green-underside Blue

雄とは異なり、雌は暗褐色で翅の基部近くが帯青色に染まることがある。翅裏面の基部が緑がかった青色なのが特徴である。

▶幼虫期　幼虫は緑色か褐色で、背に沿って暗色の線がある。体側に沿って黒色の縞がある。マメ科のゲンゲ属やエニシダ属を食草とすることが知られている。

▶分布　南および中央ヨーロッパとアジア温帯域。

旧北区

♂
雄の翅は褐色で
細く縁取られている

活動時間帯：☼	生息地：	開張：2.5−4cm

科：シジミチョウ科	学名：*Iolana iolas*	命名者：Ochsenheimer

イオラスシジミ Iolas Blue

雄は紫がかった青色で、遊色効果を示す輝きを持つ。雌は雄より大きく暗色。雌の翅の縁取りは灰褐色で太く、後翅の縁に黒い斑点が並ぶ。翅の裏面の色は薄いバフで、白い縁取りの黒い斑点がある。翅の基部が青色を帯びることがある。

▶幼虫期 幼虫は紫がかったピンク色で、ボウコウマメの鞘の中に入って摂食する。

▶分布 南および東ヨーロッパ、トルコ、イラン、北アフリカの標高2,000mまでの岩場や疎林地帯。

雄の翅の
縁取りは
暗色で細い
♂

後翅の縁の斑点は、
裏面からでもわずかに
透けて見える
♀

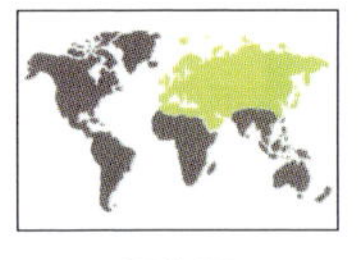

旧北区

活動時間帯：☼	生息地：	開張：3−4cm

科：シジミチョウ科	学名：*Polyommatus dolus*	命名者：Hübner

ドルスウスルリシジミ Furry Blue

雄は銀青色で、前翅に発香鱗の大きな褐色の斑紋がある。この斑紋は毛皮のような外観をしており、英名の由来になっている。翅脈と細い縁取りは黒褐色。雌の翅の表面は全体が暗褐色である。雄の翅の裏面は薄いバフで黒い斑点があり、後翅に白いすじが入ることがある。

▶幼虫期 幼虫は帯緑色で、成長とともに紫色を帯びる。イガマメ属やムラサキウマゴヤシを食草とする。

▶分布 スペイン北部、フランス南部、イタリア中央部の草原や丘の中腹。

♂
翅の地色が
ほぼ白色の
雄もいる
後翅の
特徴的な斑点
♂△

旧北区

活動時間帯：☼	生息地：	開張：2.5−4cm

科：シジミチョウ科	学名：*Danis danis*	命名者：Cramer

タスキシジミ Large Green-banded Blue

見事な姿の、熱帯性のシジミチョウ。オーストラリア固有の属に含まれる。雄の翅に黒く細い縁取りがあるのに対し、雌の縁取りは太く暗色で、前翅がターコイズブルーを帯びることもある。後翅裏面の縁に大きな黒い斑点が並ぶ。

▶幼虫期　幼虫には瘤が多く、橙色で体側に沿って黒い斑点が並ぶ。クロウメモドキ科の*Alphitonia excelsa*、マメモドキ科のコウトウマメモドキ属、ルレア属、マメ科のデリスを食草とする。

▶分布　オーストラリア北東部、パプアニューギニア、モルッカ諸島。

雄の翅の
黒く細い
縁取り
♂

前翅中央の白斑が
大きく発達した
近縁種もある
後翅の斑紋が
腹部に続いている
♀ △

インド・オーストラリア区

活動時間帯：☼	生息地：🌴	開張：4–4.5cm

科：シジミチョウ科	学名：*Lampides boeticus*	命名者：Linnaeus

ウラナミシジミ Long-tailed Blue

雄は青紫色で、黒褐色の細い縁取りがある。雌の前翅の縁は暗色。雌の後翅は暗褐色で基部は青色に染まっているが、青色の程度は個体により異なる。雌雄とも翅の裏面は淡褐色で、白い波状の線が並び、尾状突起の基部に黒色と橙色の眼状紋が2つある。

▶幼虫期　幼虫は淡緑色から黄緑色で、背に沿って暗色の縞がある。ソラマメ属やエンドウ属などマメ科植物を食草とする。農業害虫として扱われることもある。

▶分布　ヨーロッパからアフリカ、アジア、オーストラリア、太平洋の島々。

♂
英名とは異なり、
尾状突起は短い

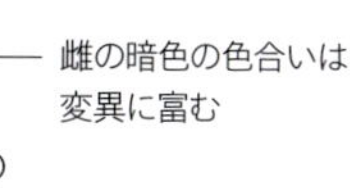
雌雄とも
尾状突起の基部に
大きな黒い斑点が
2つある
雌の暗色の色合いは
変異に富む
♀

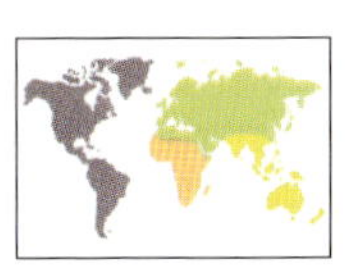

熱帯アフリカ区
旧北区
インド・オーストラリア区

活動時間帯：☼	生息地：	開張：2.5–4cm

科：シジミチョウ科	学名：*Candalides xanthospilos*	命名者：Hübner

キモンウラジロミナミシジミ Yellow-spot Blue

雄は黒色で、翅の中央部は紫がかった青色を帯びている。雌は雄と似ているが、この青い斑紋はない。雌雄の翅の裏面は青白色で、中心は白色。翅の外縁に沿って小さな黒い点が並ぶ。

前翅の橙黄色の斑紋が英名の由来である

♂

▶幼虫期　幼虫は緑色から青緑色で、濃緑色の斜めの模様が並び、体側に沿って黄色い線が走る。夜行性でジンチョウゲ科のピメレア属の葉を食草とする。

▶分布　オーストラリアの森林地帯。

前翅に薄い
白色の模様がある
後翅中央の斑点が
特徴的

♂△

インド・オーストラリア区

活動時間帯：☼	生息地：🌳	開張：2.5−3cm

科：シジミチョウ科	学名：*Celastrina argiolus*	命名者：Linnaeus

ルリシジミ Holly Blue

雄の翅の色は薄紫色で、黒く細い縁取りがある。雌の翅の縁取りは黒褐色で太い。雌雄の翅の裏面は青白色で、前翅には細長く黒い斑点が列をなし、後翅には小さな黒い斑点が模様を描いている。

▶幼虫期　幼虫は緑色で、体側に沿って黄緑色か白色の線が走る。背面に白色と紫がかったピンク色の模様がある。

▶分布　ヨーロッパ、北アフリカ、アジア温帯域、日本まで広く分布する。

♂

縁毛帯は黒色と白色

雌の後翅の縁に沿って
不鮮明な斑紋が並ぶ

♀

旧北区

活動時間帯：☼	生息地：🌳	開張：2−3cm

科：シジミチョウ科 | 学名：*Castalius rosimon* | 命名者：Fabricius

ナツメシジミ（ドウケシジミ）

Common Pierrot

地色は白色で目立つ大きな黒い斑点がある。雌は雄より大きく、太い縁取りがある。

▶幼虫期 幼虫は緑色で背に沿って黄色い線が2本あり、体側に沿って黄色い小さな斑点が並ぶ。ナツメを食樹とする。

▶分布 インド、スリランカからマレーシア、小スンダ列島。

インド・オーストラリア区

♂

小さな尾状突起

翅の基部はメタリックブルーの鱗粉で覆われている

活動時間帯：☼ | 生息地： | 開張：2.5–3cm

科：シジミチョウ科 | 学名：*Philotes sonorensis* | 命名者：Felder

アカモンジョウザンシジミ（ハルカゼシジミ）

Sonoran Blue

メタリックブルーと橙色で、北アメリカ産の他のチョウ類には似ていない。雌の方が橙色の斑紋が明瞭。翅の裏面は褐色がかった灰色で黒い斑点があり、前翅に橙色の模様がある。

▶幼虫期 幼虫は淡緑色と赤色で、ベンケイソウ科ダドレア属を食草とする。

▶分布 カリフォルニアからメキシコ北部。

新北区

♂

格子模様の独特な縁毛帯

活動時間帯：☼ | 生息地： | 開張：1.5–2cm

科：シジミチョウ科 | 学名：*Brephidium exilis* | 命名者：Boisduval

コビトシジミ Western Pygmy Blue

非常に小型。雌は雄より大きく、色は青みが弱い。雌雄の翅の裏面は淡褐色で、灰色の模様がある。後翅の縁に並ぶ黒い斑点は、中央がメタリックブルー。

▶幼虫期 幼虫は淡緑色で、ヒユ科のアッケシソウ属とハマアカザ属を食草とする。

▶分布 アメリカ合衆国西部から南アメリカ。

前翅の縁毛帯は黒色と白色

♀

♀△

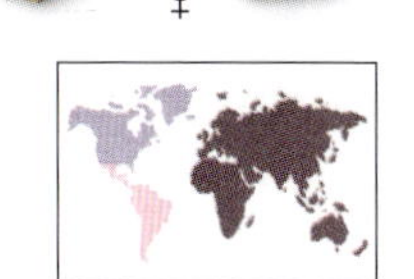

新北区、新熱帯区

活動時間帯：☼ | 生息地： | 開張：1–2cm

科：シジミチョウ科	学名：*Leptotes pirithous*	命名者：Linnaeus

ピリトウスカクモンシジミ Lang's Short-tailed Blue

雄は青紫色で雌は褐色。雌の前翅中央と後翅の基部は青色を帯びる。雌雄の翅の裏面は薄い灰褐色で、白い波線が見られる。

▶幼虫期　幼虫は緑色で、イソマツ科のルリマツリ属、ムラサキウマゴヤシなどのマメ科を食草とする。

▶分布　ヨーロッパ南部、アフリカ、アジア。

旧北区

♂
尾状突起の基部に黒い斑点がある
尾状突起は非常に小さい

活動時間帯：☼	生息地：	開張：2.5−3cm

科：シジミチョウ科	学名：*Freyeria trochylus*	命名者：Freyer

トロキュルスタイワンヒメシジミ Grass Jewel

世界最小のシジミチョウ科の1種。雌雄は似ているが、雄の翅は淡褐色。雌雄の後翅に2から4個の、橙色の半月紋に縁取られた黒い斑点がある。翅の裏面は銀灰色で、褐色と黒色の斑点がある。

▶幼虫期　幼虫はずんぐりしていて緑色の縞がある。ムラサキ科のヘリオトロープを食草とする。

▶分布　ヨーロッパではギリシャだけだが、アフリカとアジアの一部にも分布する。

旧北区、熱帯アフリカ区

♀

橙色で縁取られたメタリックブラックの斑点が特徴的

活動時間帯：☼	生息地：	開張：1−1.5cm

科：シジミチョウ科	学名：*Aricia agestis*	命名者：Denis & Schiffermüller

フチベニヒメシジミ Brown Argus

雌雄とも褐色で、翅の縁に橙赤色の半月紋が並ぶ。雌は雄より大きく、斑紋も大きい。翅の裏面は灰褐色で、黒色と橙色の斑点がある。

▶幼虫期　幼虫は緑色で、紫色の縞と濃緑色の斜線が入っている。ハンニチバナ属やフウロソウ属を食草とする。

▶分布　ヨーロッパのヒースやアジア温帯域。

旧北区

♂

淡色の縁毛帯

活動時間帯：☼	生息地：	開張：2−3cm

科：シジミチョウ科	学名：*Leptotes cassius*	命名者：Cramer

カッシウスカクモンシジミ Cassius Blue

雄は青紫色で、雌はほぼ白色。翅の裏面は白色で褐色の模様があり、後翅裏面に黒色と橙色の眼状紋が2つある。

▶幼虫期　幼虫は緑色で、赤褐色を帯びている。リママメの花などマメ科を食草とする。

▶分布　北アメリカ南部の温暖域から中央および南アメリカ。

新北区、新熱帯区

♀
翅の基部は青く染まっている
裏面の模様が半透明の翅を透かして見える

活動時間帯：☼	生息地：	開張：1.5–2cm

科：シジミチョウ科	学名：*Polyommatus icarus*	命名者：Rottemburg

イカルスヒメシジミ Common Blue

ヨーロッパで最もよく見られるチョウ。雄は明るい青紫色。雌は褐色で、翅の縁に橙色の斑点がある。翅の裏面は薄い灰褐色で黒い斑点があり、縁に橙色の斑点がある。

▶幼虫期　幼虫は緑色で、ミヤコグサ属を食草とする。

▶分布　ヨーロッパ、北アフリカ、アジア温帯域の草原。

旧北区

♂
胸部、腹部は毛状の白い鱗粉で覆われている

活動時間帯：☼	生息地：▲	開張：2.5–4cm

科：シジミチョウ科	学名：*Plebejus argus*	命名者：Linnaeus

ヒメシジミ Silver-studded Blue

雄の翅は濃い紫がかった青色で、白い縁取りがある。雌は褐色で、縁に橙色の斑点がある。翅の裏面は灰褐色で黒い斑点があり、縁に橙色の模様がある。

▶幼虫期　幼虫は緑色で背に暗褐色の縞が、両体側に白色の縞がある。マメ科のハリエニシダ属などヒースに生える植物を食草とする。

▶分布　ヨーロッパからアジア温帯域、日本のヒースや草原。

旧北区

♂
後翅の内縁に帯黒色で幅広の模様がある
後翅の白色の縁取り

活動時間帯：☼	生息地：	開張：2–3cm

科：シジミチョウ科	学名：*Lysandra bellargus*	命名者：Rottemburg

アドニスヒメシジミ Adonis Blue

雄は鮮やかなクリアーブルー。雌は暗褐色で青い鱗粉がちりばめられ、後翅の縁に橙色、黒色、青色の斑点がある。雌雄の翅の裏面は淡褐色で、黒い斑点と橙色の模様がある。

▶幼虫期　幼虫は緑色と黄色。マメ科のホースシューベッチを食草とする。

▶分布　ヨーロッパからトルコ、イランに広く分布する。

旧北区

♂

縁毛帯は黒色と白色

活動時間帯：	生息地：	開張：3−4cm

科：シジミチョウ科	学名：*Zizina otis*	命名者：Fabricius

ヒメシルビアシジミ Common Grass Blue

雄は濃い青味がかった紫色、雌は鈍い褐色で、翅の基部に向かってやや青みがかっている。雌雄とも翅の裏面は淡灰色で、褐色の模様がある。

▶幼虫期　幼虫は緑色で濃緑色の模様があり、両体側に沿って白線が走る。細かい毛で覆われている。ムラサキウマゴヤシなどマメ科を食草とする。

▶分布　アフリカからインド、日本、オーストラリア。

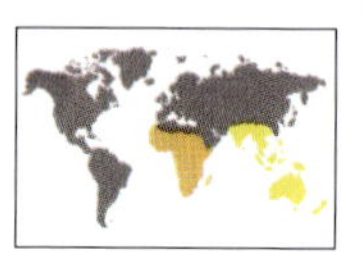

熱帯アフリカ区
インド・オーストラリア区

前翅の先端は銀色

♂

後翅の縁は暗褐色

活動時間帯：	生息地：	開張：3−4cm

科：シジミチョウ科	学名：*Zizeeria knysna*	命名者：Trimen

クニシュナハマヤマトシジミ African Grass Blue

雄は青紫色で、雌は鈍い褐色。翅の裏面は雌雄とも灰褐色で、黒い斑点がある。

▶幼虫期　幼虫は緑色で、短い毛に覆われている。ハマビシなどを食草とする。

▶分布　地中海地域からアフリカ、インド、オーストラリア。オーストラリアの亜種は別種だという意見もある。

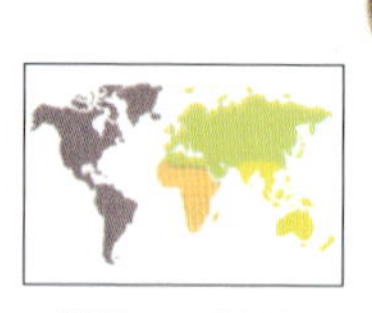

熱帯アフリカ区
旧北区
インド・オーストラリア区

前翅は三角形

♂

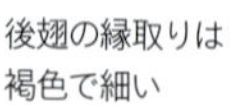

後翅の縁取りは褐色で細い

活動時間帯：	生息地：	開張：2−2.5cm

科：シジミチョウ科	学名：*Echinargus isola*	命名者：Reakirt

クロテンチビウラナミシジミ Reakirt's Blue

雄は青味がかったラベンダーで、灰褐色の縁取りがある。雌は雄と似た模様を持つが、くすんだ褐色で翅の基部は帯青色に染まっている。雌雄の翅の裏面は淡褐色で白い模様があり、前翅に白く縁取られた黒い斑点がある。

新北区、新熱帯区

♂
後翅の黒い斑点の
並び方が特徴的

▶幼虫期　幼虫期については不明だが、マメ科のプロソピス属（メスキート類）を食草とすることが知られている。

▶分布　アメリカ合衆国南部からコスタリカ。

活動時間帯：	生息地：	開張：2−3cm

科：シジミチョウ科	学名：*Agriades glandon*	命名者：Curtis

グランドンシジミ High Mountain Blue

雄は青灰色で雌は赤褐色。雌雄の翅の裏面は灰褐色で白い模様があり、黒い斑点が前翅にある。Eurasian Glandon blueの多数の亜種の1つだと見なす研究者もいる。

雄の翅の青みは個体によって差がある

♂

▶幼虫期　幼虫期については不明だが、サクラソウ科トチナイソウ属、ドデカテオン属、イワウメ科のディアペンシア属などの高山植物を食草とする。

▶分布　ラブラドル半島、アラスカからアメリカ合衆国アリゾナ、ニューメキシコの高山地帯。

前翅中央の
黒い斑点
♀

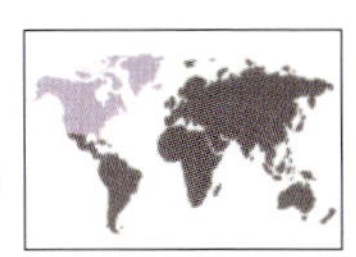
新北区

活動時間帯：	生息地：	開張：2−2.5cm

科：シジミチョウ科	学名：*Phengaris arion*	命名者：Linnaeus

アリオン（ゴウザン）ゴマシジミ Large Blue

雌雄とも明るい青色で、前翅に黒い模様がある。雌は雄より大きく、翅の縁が太い。翅の裏面は灰褐色で、黒い斑点がある。

▶幼虫期　幼虫は黄白色で、若齢のうちはシソ科のタイムを食草とし、成長するとアリの卵や幼虫を摂食する。

▶分布　ヨーロッパからシベリア、中国。

旧北区

前翅の斑紋は
洋梨形
♀

活動時間帯：	生息地：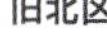	開張：3−4cm

ガ

カストニアガ科 Castniidae

主として中央および南アメリカの熱帯域に生息する、約100種のガからなる比較的小さな科。多くは中型から大型の頑丈な種で、昼行性のため蝶とよく間違えられる。通常、前翅はくすんだ色で休息時に保護色の効果を発揮するが、後翅が鮮やかな色彩になっていることがある。ガが脅威を感じて翅を動かすと鮮やかな色が突然現れるので、捕食者を驚かせて逃げるのに役立つのだろう。幼虫は生きている植物の主に根や茎に穴をあけ、その中に隠れて摂食する。

科：カストニアガ科	学名：*Telchin licus*	命名者：Fabricius

シロオビカストニア Giant Sugarcane-borer

蝶によく似ている。前翅は黒褐色で、黄白色の帯が斜めに入っているのが特徴的。前翅の斑紋には変異がある。後翅には白い帯があり、縁に沿って赤い四角形の斑紋が並ぶ。

新熱帯区

▶幼虫期　幼虫は白色で地虫とカミキリムシなどの幼虫に似ており、サトウキビの茎に穴をあける。20世紀初めにサトウキビの害虫であることが判明し、さらにバナナの栽培種の害虫にもなった。野外ではバナナの近縁種の根を摂食すると考えられている。

▶分布　中央および南アメリカの熱帯域、特にサトウキビとバナナの栽培地に広く生息する。

触角は先端が厚く、鉤爪状になっている
大きな翅で力強く飛ぶ
♀

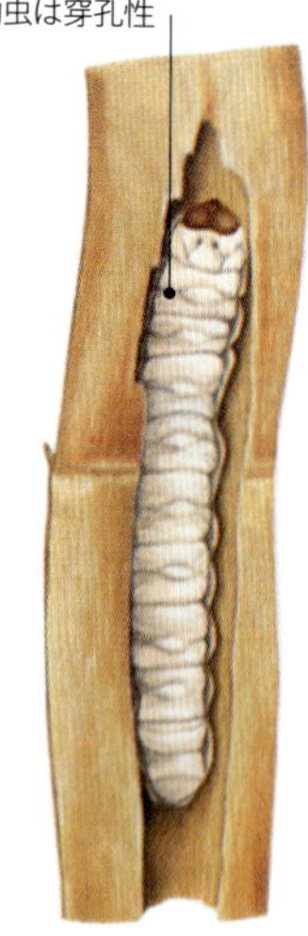
幼虫は穿孔性

幼虫

活動時間帯：☼	生息地：	開張：6–10cm

科：カストニアガ科	学名：*Divana diva*	命名者：Butler

アカオビカストニア Diva Moth

新熱帯区

中央および南アメリカの固有種。鮮やかな後翅で知られる。前翅には濃い黄褐色の模様と白斑があり、枯れ葉にそっくりである。後翅は目を引く鮮やかさで、金属光沢を持つ深い青紫色。後翅は黒色と橙赤色で縁取られている。

▶**幼虫期**　幼虫についても食草についても知られていない。

▶**分布**　中央および南アメリカの熱帯域に広く分布する。

翅の先端は
わずかに湾曲
している
特徴的な白斑
♀
前翅は
淡い橙色
後翅の
黒い縁毛帯
後翅の縁は
橙赤色
後翅基部は
メタリックブルー

活動時間帯：☼	生息地：🌴	開張：6-9.5cm

科：カストニアガ科	学名：*Synemon parthenoides*	命名者：Felder

キマダラカストニア Orange-spotted Castniid

カストニアガ科では唯一オーストラリア固有となっている属の1種。前翅には灰褐色と白色のくすんだ模様があり、後翅は黒褐色で、橙黄色の斑点がある。

▶**幼虫期**　幼虫はピンクがかった白色で、茂みになったスゲを摂食する。

▶**分布**　オーストラリアのビクトリア州からサウスオーストラリア州にかけて分布する。

インド・オーストラリア区

先端が尖った棍棒状の
触角が特徴
♂
後翅の縁毛帯は斑模様

活動時間帯：☼	生息地：	開張：3-4.5cm

スカシバガ科 Sesiidae

1,500種以上を含み、あらゆる昆虫の中で最も上手くスズメバチに擬態する種がいることで知られる。小型から中型で、翅の一部に鱗粉がない種が多い。この特徴からclearwing（透かし翅）という英名がつけられた。後脚に長い毛が密生していることが多い。外観だけでなく行動もスズメバチに似ており、飛行音がそっくりな種さえいる。ほとんどは昼行性で、頻繁に花を訪れる。幼虫は高木や低木の樹幹にトンネルを掘るため、害虫と見なされている。

科：スカシバガ科	学名：*Sesia apiformis*	命名者：Clerck

ハチダマシスカシバ Hornet Moth

腹部に黒色と黄色の縞模様を持ち、スズメバチに上手に擬態している。翅は黄褐色の縁取り以外、ほとんど鱗粉がない。頭部が黄色いことで容易に見分けられる。

▶幼虫期　幼虫は黄白色でカミキリムシの幼虫に似ており、ポプラやヤナギ属の、地表付近の樹幹や根に穴をあける。

▶分布　ヨーロッパからアジア温帯域。偶然持ち込まれた北アメリカでも見られる。

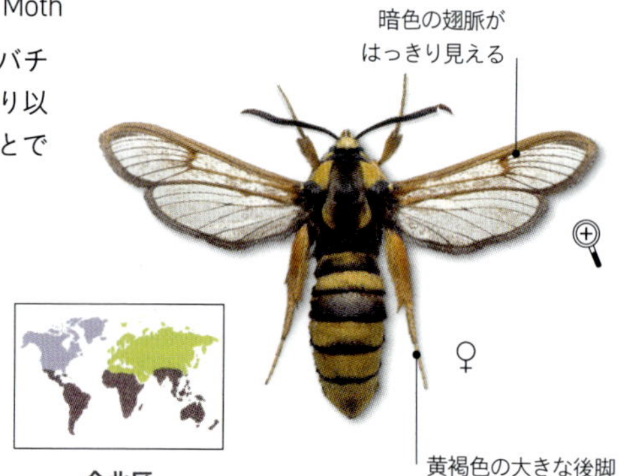
暗色の翅脈がはっきり見える
♀
黄褐色の大きな後脚
全北区

活動時間帯：☼	生息地：	開張：3−4.5cm

科：スカシバガ科	学名：*Pseudosesia oberthuri*	命名者：Le Cerf

ミナミキンイロスカシバ Golden Clearwing

オーストラリアに生息するわずか14種のスカシバガ科の1種。小型で美しい。黒く縁取られた金色の前翅、腹部の金色の帯、尾部の毛の束で同定は容易である。このグループの他の種と同様、明るい日光の下で素早く飛行する。雄は雌と異なり、前翅の橙色の鱗粉を持たない。

▶幼虫期　本種の生態はほとんど知られておらず、幼虫についても不明である。

▶分布　オーストラリアのノーザンテリトリー。

頭部と触角は山吹色
透明な後翅に黄色い帯がある
♀
インド・オーストラリア区

活動時間帯：☼	生息地：	開張：2.5−3cm

イラガ科 Limacodidae

イラガ科は約1,800種からなり世界中に分布するが、熱帯域で最もよく見られる。小型から中型で、口吻は退化し、翅はやや丸みを帯びる。明緑色や黄色の種もいるが、たいていは地味な色とシンプルな模様を持つ。科名のLimacodidae（ナメクジのような）は幼虫に由来する。幼虫の外観と行動はナメクジのようだが、鮮やかな色で有毒であることを示している種が多い。幼虫の刺毛はひどい痛みを引き起こすことがあり、nettle caterpillars（イラクサムシ）とも呼ばれる。穀類の栽培種を摂食する種が多いため、よく害虫扱いされる。

科：イラガ科	学名：*Acharia stimulea*	命名者：Clemens

シロテンイラガ Saddle-back Moth

前翅は濃赤褐色で、暗い紫みの灰色と黒色の模様がある。後翅は薄い灰褐色。雌雄は似ているが雌の方が大きい。

▶幼虫期　幼虫は紫褐色で、体の中央に白く縁取られた馬につける鞍のような明緑色の斑紋がある。この斑紋が英名の由来である。斑紋の中心部には、やはり白く縁取られた楕円形で暗褐色の斑紋がある。頭部と尾部に、毒を持った目立つ突起が1対ずつある。食草は多種にわたることが知られている。

▶分布　アメリカ合衆国の東部および南部に広く分布する。

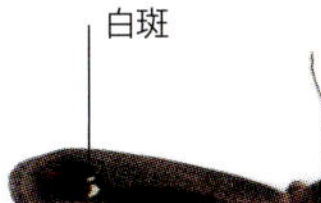

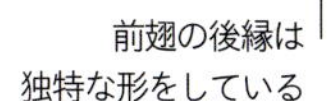
前翅の特徴的な
白斑
♀
前翅の後縁は
独特な形をしている

新北区

活動時間帯：☾	生息地：🌳 ⺌⺌	開張：2.5−4cm

科：イラガ科	学名：*Apoda limacodes*	命名者：Hufnagel

フタスジチャイロイラガ The Festoon

雄は濃い黄褐色で、後翅のみ暗褐色。雌はほぼ黄色で、褐色の模様がある。夜行性だが昼間にコナラ属の樹冠付近を飛ぶ。

▶幼虫期　幼虫は特徴ある扁平な形で淡緑色。背に沿って黄色い畝が2本あり、畝沿いにピンクがかった赤色の斑点がある。コナラ属の葉を食樹とする。

▶分布　南および中央ヨーロッパに広く分布する。イギリス南部にも分布する。

雌雄とも、前翅に
暗色の特徴的な線が
2本走っている
♂
頑丈で毛深い腹部

旧北区

活動時間帯：☾ ☼	生息地：🌳	開張：2.5−3cm

マダラガ科 Zygaenidae

マダラガ科には小型から中型の特徴的な約1,000種が属し、世界中に分布している。大半は昼行性で、有毒であることを示す鮮やかな色のものが多い。ヨーロッパに生息するZygaena属のような赤い種はバーネットと呼ばれ、Adscita属のような緑色の種はフォレスターと呼ばれる。たいていのマダラガ科は口吻が発達し、触角は先端ほど太くなる。

科：マダラガ科	学名：*Zygaena ephialtes*	命名者：Linnaeus

シロベニモンマダラ Variable Burnet Moth

色彩多型が見られ、亜種も多く存在する。前翅には白色、赤色、黄色の様々な斑点がある。

▶幼虫期　幼虫は黄色または緑がかった黄色で、背に沿って黒い斑点と線がある。コロニラ・ウァリアを食草とする。

▶分布　中央および南ヨーロッパ。トルコでも記録されている。

旧北区

♂
腹部の特徴的な帯
前翅は青黒色
前翅の白斑
♂
腹部の色は前翅の斑紋と同じ

活動時間帯：☼	生息地：ﾑ ﾑ	開張：3–4cm

科：マダラガ科	学名：*Arniocera erythropyga*	命名者：Wallengren

アカスジシタベニマダラ Fire Grid Burnet Moth

前翅の地色は金属光沢を持つ青緑色で、英名の由来となった黒く縁取られた赤い帯がある。後翅はピンクがかった赤色で、縁に太く黒い帯がある。雄の頭部は黒い毛で覆われている。

▶幼虫期　アフリカ産のマダラガと幼虫については、ほとんど知られていない。

▶分布　ジンバブエ、マラウイからモザンビーク、南アフリカ。

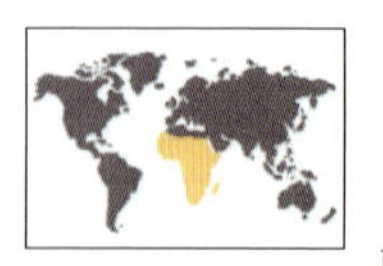

熱帯アフリカ区

雌の頭部は赤い毛で覆われている
♀
前翅と比較すると地味な後翅
腹部は明赤色

活動時間帯：☼	生息地：ﾑ ﾑ	開張：2.5–3cm

科：マダラガ科	学名：*Zygaena occitanica*	命名者：de Villers

シタアカベニモンマダラ Provence Burnet Moth

小型で、前翅の先端の細長く白い斑紋が特徴になっている。腹部の先端に赤く太い帯がある。

▶幼虫期　幼虫は薄緑色で、黄色い斑点がある。体側には黒い斑点がある。マメ科を食草とする。

▶分布　フランス南部とスペイン。類似種がヨーロッパ南部と東部に分布する。

頭部の後ろが襟状に白くなっているのが特徴
♀
赤い後翅の縁は黒色

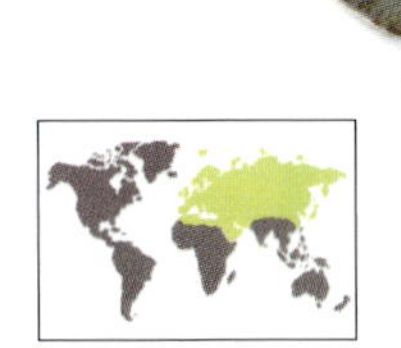

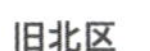

旧北区

活動時間帯：☼	生息地：ɯ ɯ	開張：3–4cm

科：マダラガ科	学名：*Zygaena filipendulae*	命名者：Linnaeus

ムツモンベニマダラ Six-spot Burnet

英名のとおり、暗緑色の左右の前翅それぞれに、大きな赤い斑点が6つずつある。

▶幼虫期　幼虫は黄緑色で、黄色と黒色の斑点がある。ミヤコグサなどのマメ科を食草とする。

▶分布　ヨーロッパ全域に広く分布し、よく見られる。

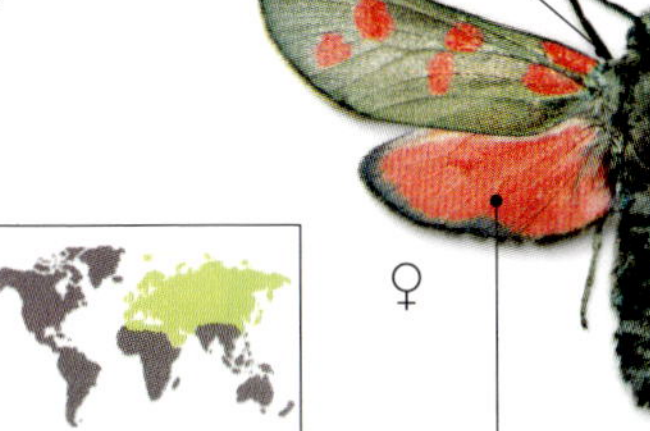
頭部と腹部は黒色
♀
鮮やかな警戒色で
有毒であることを示す

旧北区

活動時間帯：☼	生息地：ɯ ɯ	開張：2.5–4cm

科：マダラガ科	学名：*Adscita statices*	命名者：Linnaeus

ミドリホソクロバ The Forester

メタリックグリーンの翅を持つグループの1種。翅と触角の構造に微妙な差異があり、類似種と区別できる。

▶幼虫期　幼虫は淡黄色または緑がかった白色で、体側はピンクがかった褐色。褐色のイボ状突起に毛が密生する。スイバを食草とする。

▶分布　ヨーロッパ。アジア温帯域にも分布域を広げている。

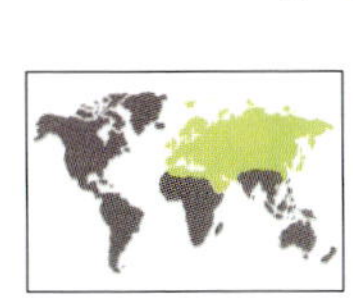

旧北区

雄の触角は羽毛状

♂

黒っぽいの後翅はこのすべてのフォレスターの特徴

活動時間帯：☼	生息地：ɯ ɯ	開張：2.5–3cm

科：マダラガ科	学名：*Harrisina americana*	命名者：Guerin-Méneville

アメリカブドウホソクロバ Eastern Grapeleaf Skeletonizer

細長く黒い翅と腹部が特徴である。頭部の後ろが、襟状に赤色か橙色になっているのも特徴的。

▶幼虫期　幼虫は黄白色で、黒い斑点がある。斑点は刺毛で覆われている。ブドウやアメリカヅタを食草とする。

▶分布　アメリカ合衆国東部に広く分布する。

新北区

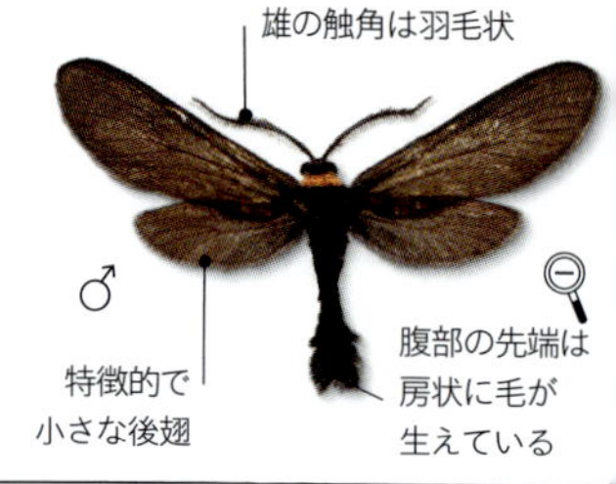
雄の触角は羽毛状
♂
特徴的で
小さな後翅
腹部の先端は
房状に毛が
生えている

活動時間帯：☼	生息地：	開張：2−3cm

科：マダラガ科	学名：*Campylotes desgodinsi*	命名者：Oberthür

キマダラベニチラシ Fiery Campylotes

約15種からなる属の1種。いずれの種も黒色と赤色の鮮やかな模様で、味が悪く、有毒な場合もあると警告している。

▶幼虫期　幼虫についても食草についても知られていない。

▶分布　インド北部から中国南部、ボルネオ。

インド・オーストラリア区

ほぼ四角形の
長い前翅
やや羽毛状の
細長い触角
♂

活動時間帯：☼	生息地：	開張：5.5−7cm

リボンマダラガ科 Himantopteridae

約60種からなる小さな科。long-tailed burnet moths（尾の長いバーネット）とも呼ばれる。長い尾状突起を持つ後翅が特徴である。前翅は半透明の種が多く、鱗粉ではなく細かい毛で覆われている。

科：リボンマダラガ科	学名：*Himantopterus dohertyi*	命名者：Linnaeus

オナガホソクロバ Doherty's Longtail

前翅は黒く、後翅には三角形の旗のような奇妙な黒い突出部がある。休息中に脅威を感じると、地面に落ちて死んだふりをしてやり過ごそうとする。

▶幼虫期　幼虫はシロアリの巣で暮らしていると考えられている。

▶分布　インドとマレーシアの全域。

インド・オーストラリア区

羽毛状の触角
♂
後翅の基部は
橙色で細い
腹部の
先端は橙色

活動時間帯：☼	生息地：	開張：2−2.5cm

ボクトウガ科 Cossidae

約700種からなる科で世界中に分布し、中型から非常に大型の種までいる。通常は灰色、褐色、白色などのくすんだ色で、濃淡のある縞や斑点がある。幼虫は枝や樹幹に穴をあけ、主に木材を摂食している。そのためcarpenterworm（大工虫）という英名もある。
栄養価が低いものを摂食するため、成虫になるのに数年かかる種もいる。

科：ボクトウガ科	学名：*Xyleutes strix*	命名者：Linnaeus

ミナミボクトウ Asian Carpenter Moth

大型で頑丈。頭部は非常に小さく、眼は突出している。翅に灰褐色の細かい模様があり、効果的な保護色になっている。淡い色の部分は、地衣類が生えているように見える。雌の長い産卵管は1cmまでのびるため、針と間違われることがある。

▶幼虫期　生態はほとんど知られていないが、近縁種の*Xyleutes persona*の幼虫は白色で、シロゴチョウの木に穴をあける。

▶分布　インド北部からマレーシア、パプアニューギニア。

幼虫は頑丈な体を持ち、木を摂食する

幼虫

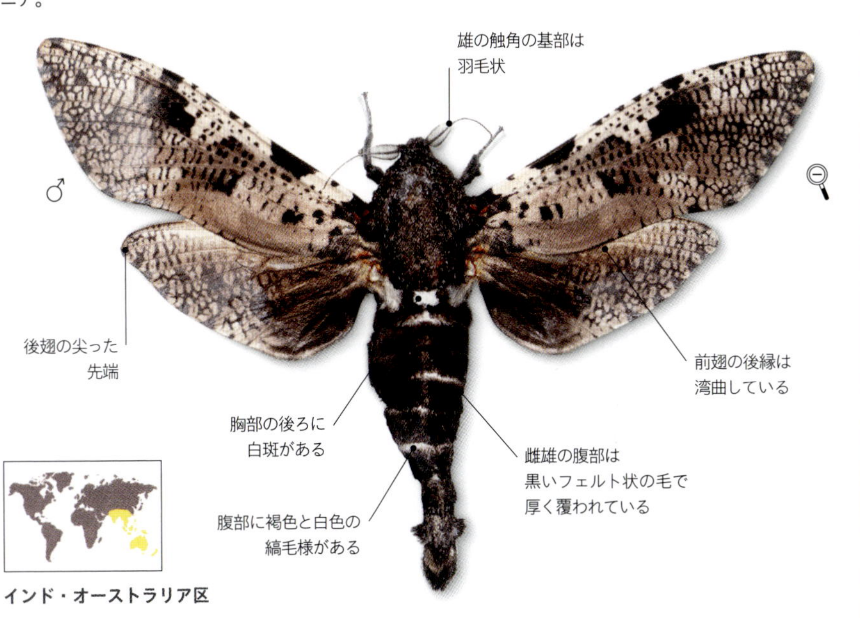
雄の触角の基部は
羽毛状
♂
後翅の尖った
先端
前翅の後縁は
湾曲している
胸部の後ろに
白斑がある
雌雄の腹部は
黒いフェルト状の毛で
厚く覆われている
腹部に褐色と白色の
縞毛様がある
インド・オーストラリア区

活動時間帯：☾	生息地：🌴	開張：9−22cm

科：ボクトウガ科 | **学名：***Cossus cossus* | **命名者：**Linnaeus

オオボクトウ Goat Moth

体は頑丈で、淡灰色の前翅に細い暗褐色の線が網状に広がる。後翅は濃灰色で、模様は前翅より不明瞭。

▶幼虫期　幼虫は黄白色で、背は赤紫色を帯びる。広葉樹に穴をあける。

▶分布　ヨーロッパから北アフリカ、アジア西部。

旧北区

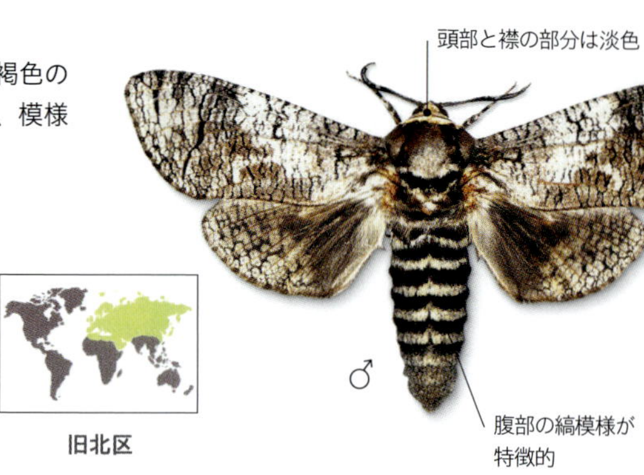
頭部と襟の部分は淡色
♂
腹部の縞模様が特徴的

活動時間帯：☾ | **生息地：**🌳 | **開張：**7–9.5cm

科：ボクトウガ科 | **学名：***Prionoxystus robiniae* | **命名者：**Peck

ホクベイホソバボクトウ Carpenterworm Moth

雄の前翅は細長くて尖り、わずかに透ける淡灰色。暗色の斑模様がある。三角形の後翅は黄色で、黒く縁取られている。

▶幼虫期　幼虫はコナラ属やニレ類などの広葉樹に穴をあける。成虫になるまでに最長4年かかる。

▶分布　アメリカ合衆国、カナダ南部に広く分布する。

新北区

雄の触角は厚く羽毛状

♂

雄の腹部は暗褐色で先細り

活動時間帯：☾ | **生息地：**🌳 | **開張：**4.5–8cm

科：ボクトウガ科 | **学名：***Zeuzera pyrina* | **命名者：**Linnaeus

ヒョウマダラボクトウ Leopard Moth

wood leopard（森のヒョウ）とも呼ばれる。目を引くような白色で、前翅に黒い明瞭な斑点がある。雌は雄より大きく、長い産卵管は針と勘違いされやすい。

▶幼虫期　幼虫は黄白色で、広葉樹の枝や樹幹に穴をあける。成虫になるまで2、3年かかる。

▶分布　ヨーロッパから北アフリカ、アジア温帯域、北アメリカ。

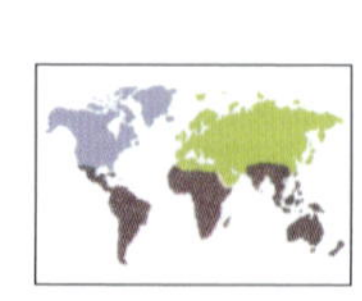

全北区

白い胸部に大きな黒い斑点が6つある

雌の触角は細い

♀

後翅はやや透けている

活動時間帯：☾ | **生息地：**🌳 | **開張：**4.5–7.5cm

科：ボクトウガ科	学名：*Xyleutes eucalypti*	命名者：Herrich-Schäffer

オーストラリアアカシアボクトウ Acacia Carpenter Moth

オーストラリアに生息するボクトウガの中でも特に魅力的。前翅は灰色で、黒色と暗褐色の細かい網目模様がある。後翅は赤褐色で、暗褐色の細かい模様がある。腹部に白い帯がある。

▶**幼虫期**　幼虫は白色で頑丈。頭部後方の背に、褐色で大きな盾状構造がある。アカシア類を摂食する。

▶**分布**　オーストラリアのニューサウスウェールズとクイーンズランド。

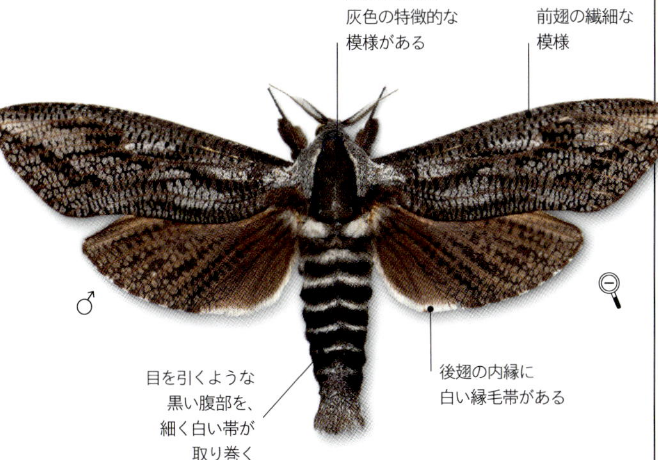
胸部に黒色と
灰色の特徴的な
模様がある
前翅の繊細な
模様
♂
目を引くような
黒い腹部を、
細く白い帯が
取り巻く
後翅の内縁に
白い縁毛帯がある

インド・オーストラリア区

活動時間帯：☾	生息地：🌳	開張：13–20cm

科：ボクトウガ科	学名：*Eudoxyla cinereus*	命名者：Tepper

オーストラリアオオボクトウ Boisduval's Carpenter Moth

ボクトウガ科では最大級の1種。前翅は全体が灰色で、短い暗色のすじが数本走る。後翅は灰黒色。胸部は灰色で、背に特徴的な黒色と灰色の楕円形の斑紋がある。腹部に灰白色で輪状の細い縞がある。

▶**幼虫期**　幼虫はアカシアの樹幹に穴をあける。成虫になるまでに最長3年かかる。

▶**分布**　クイーンズランドからニューサウスウェールズ南部。

雌の繊細な触角
前翅の輪郭が
特徴的
♀
雌の腹部は
大きく重い

インド・オーストラリア区

活動時間帯：☾	生息地：🌳	開張：14.5–25cm

コウモリガ科 Hepialidae

約600種が含まれる。他の大型のガには見られない、原始的な特徴を複数持っている。多くのガに見られる前翅と後翅の連結器官を持たず、代わりに前翅の突出部が後翅に重なり、飛行中、前後の翅が一緒に動くようになっている。もう1つの特徴はより原始的で、前後の翅は形状だけでなく翅脈の配置まで似ていることが多い。大きさは小型から非常に大型まで変異に富む。世界中に分布するが、最大級の種が複数生息するオーストラリアでは、本科の個体数も多くなっている。一般に、夕暮れに最も活動的になる。

科：コウモリガ科	学名：*Zelotypia stacyi*	命名者：Scott

ムカシオオコウモリ Bent-wing Ghost Moth

インド・オーストラリア区

大型で美しい種。前翅に褐色と白色の複雑な模様があり、その中央に独特な眼状紋がある。後翅は橙色で単調だが、先端に褐色の模様がある。雌雄は似ている。夏に見られる。

▶幼虫期　黄褐色で、頭部のすぐ後ろに赤褐色の頑丈な板状構造がある。背に沿って黄白色で楕円形の斑紋が並ぶ。ユーカリの1種シドニーブルーガム（*Eucalyptus Saligna*）や近縁種の樹幹と枝に穴をあける。製紙に用いるパルプの原料となる若木に被害を与え、害虫になることがある。

▶分布　オーストラリア東部のクイーンズランドからニューサウスウェールズ。

前翅先端の形状が
英名の由来である
前脚はパイプクリーナーの
ような独特な外観
♂
前後の翅の形状は
よく似ている
細長い橙色の腹部
後翅と腹部は
同じ色
細長い後翅の先端に
小さな褐色の斑点がある

活動時間帯：☾	生息地：	開張：19−25cm

科：コウモリガ科	学名：*Aenetus eximius*	命名者：Scott

ゴウシュウアオコウモリ Common Aenetus

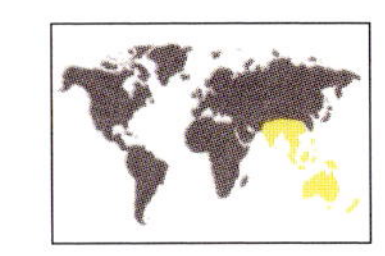
インド・オーストラリア区

本属のうち25種がオーストラリアに生息し、splendid ghost moths（壮麗なお化けガ）と呼ばれている。その大きさだけでなく、雌雄の違いも特筆すべきものである。雄の前翅は淡い青緑色で、後翅は白色で後縁が緑みを帯びる。雌は雄よりかなり大きく、前翅は苔色で斑模様があり、褐色に縁取られた白い模様が斜めに列をなす。後翅はピンクがかった赤色で、この色は腹部まで続いている。腹部の先端は鮮やかな緑色。

▶**幼虫期**　幼虫はフトモモ科の*Waterhousea*属、ユーカリ属、クスノキ科の*Doryphora*属、カンコノキ属、ナンキョクブナ属、ハウチワノキ属を食樹とする。枝や樹幹に穴をあけ、主根までトンネルをつくる。成虫になるまで最長5年かかる。

▶**分布**　オーストラリアのクイーンズランド、ビクトリア、タスマニア。

雄の前翅は雌より短く、先端の尖り方は鋭い
♂
雄の腹部は白色で、先端が淡緑色

前翅の縁に褐色の斑点がある
前脚は鮮やかな色
♀
後翅の縁は黄色
後翅はくすんだ橙赤色
腹部と後翅はともに橙色
腹部の先端は緑色

活動時間帯：☾	生息地：🌴 🌳	開張：8−12.5cm

科：コウモリガ科	学名：*Leto venus*	命名者：Cramer

ビーナスコウモリ Venus Moth

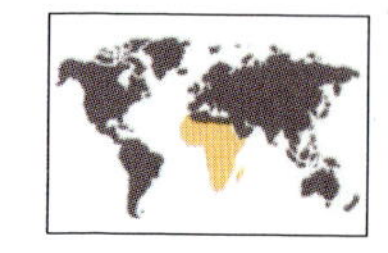

熱帯アフリカ区

通称名が示すように、コウモリガ科の中で最も美しい。前翅は濃厚な橙褐色で、鮮やかな銀色の斑紋がある。後翅は全体がサーモンピンクで、翅脈はわずかに濃い。雄の翅の裏面には、長い橙色の毛が見られる。

▶幼虫期　幼虫期についてはほとんど知られていない。マメ科の高木の樹幹に穴をあけ、木部と樹皮の間を摂食していると思われる。

▶分布　南アフリカのみに生息する。

前翅の縁に沿い、特徴的な銀色の三角紋が並ぶ
♂
尖った独特な後翅
橙褐色の腹部

活動時間帯：☾	生息地：	開張：10–16cm

科：コウモリガ科	学名：*Hepialus fusconebulosa*	命名者：De Geer

キタコウモリ Map-winged Swift

前翅に褐色と白色の複雑な模様があり、英名の由来になっている。模様は非常に変異に富み、全体が褐色で模様がほとんど見えない個体もいる。後翅は濃い褐色がかった灰色で、縁毛は淡色。雌雄は似ているが、雌は雄より大きく、色は淡色で模様は不明瞭である。

▶幼虫期　幼虫は黄白色で、薄い黄褐色の斑点がある。イノモトソウ属のシダ植物の根で2年間過ごす。

▶分布　イギリスを含むヨーロッパ、アジア温帯域。

旧北区

短い触角
♂
胸部は褐色で毛が密生する
後翅の縁毛帯はかすかに格子模様になっている

活動時間帯：☾	生息地：	開張：3–5cm

科：コウモリガ科	学名：*Hepialus humuli*	命名者：Linnaeus

オスジロコウモリ Ghost Moth

雄は銀白色で、夕暮れに草の上を飛んでいると幽霊に見えることから英名がつけられた。雄の翅に褐色の模様がある北方型も存在する。雌は一般に雄より大きく、前翅は淡黄色でピンクかピンクがかった褐色の模様がある。

▶幼虫期 幼虫は黄白色で、小さな暗褐色の斑点がある。イネ科の根を食草とするため、害虫になることがある。地面に穴を掘る習性があるためか、英語でotter（カワウソ）とも呼ばれる。

▶分布 イギリスを含むヨーロッパからアジア。

前後の翅の形状は似ている
前翅は魅力的な白色
♂
雌の前翅には独特なピンクがかった褐色の模様がある
♀
後翅はピンクがかった灰色
毛が密生した腹部

旧北区

活動時間帯：☾	生息地：	開張：4.5−6cm

科：コウモリガ科	学名：*Sthenopis argenteomaculatus*	命名者：Harris

ホクベイギンモンコウモリ Silver-spotted Ghost Moth

前翅は灰褐色で、褐色がかった白線が複雑な模様を描いている。翅の基部に銀色の斑点があり、その外側に独特な銀色の三角形がある。雌雄は似ているが、後翅は雄が灰色で雌が淡黄色である。雄はハンノキ属の林近くで群飛して雌を招く。

▶幼虫期 幼虫は、一部が水に浸かったハンノキ属の根に穴をあける。成虫になるまでに2年間かかる。

▶分布 カナダ南部からアメリカ合衆国のミネソタとバージニアにかけて分布する。

前翅の先端はやや鉤爪状に曲がる
橙色の模様が銀色の三角形を取り囲む
♂
後翅の先端に淡色の模様がある
後翅は前翅より色が淡い
後翅の縁はやや淡色

新北区

活動時間帯：◑	生息地：	開張：6−10cm

カギバガ科 Drepanidae

世界中に約800種が分布するが、中央および南アメリカでは種類が極めて少ない。本科は他のガとは異なる特別な聴覚器官を備える。第1腹節の2つの気室の間に涙滴型の開口部があり、太鼓のように二重の鼓膜が張られている。鼓膜の間に4つの弦状感覚子が埋め込まれている。この「耳」は30から65Hzの周波数をよく捉えるが、コウモリを回避するためだと考えられている。前翅先端が強く湾曲している種が多く、hook-tips（鉤爪のような先端）という名称の由来となった。成虫は口吻がないか発達が悪いため摂食できない。一般にガの幼虫は胸部にある通常の脚以外に、腹部に腹脚という脚状の器官を持っている。腹節ごとに1対ある。本科の幼虫は腹脚のうち最も後方の1対（尾脚）を持たず、代わりに腹部が尾部に向けて先細りになっているという特徴がある。

通常、本科の幼虫は広葉樹や低木の葉を食樹とする。蛹は、帯青色の独特な蝋状物質で覆われていることがある。

科：カギバガ科	学名：*Drepana arcuata*	命名者：Walker

トガリオビカギバ Arched Hook-tip

前翅の先端が鉤状に強く湾曲しているため、北アメリカに生息する本科の他種と容易に区別できる。休息するときに翅をたたむと、鉤爪状の翅の先端からのびる太い線が横一直線に並び、主脈が目立つ枯れ葉のような外観になる。地色は薄い黄白色から橙黄色で、赤褐色の斑紋は個体により明瞭さが異なる。後翅は前翅に似ているが色は薄い。雌雄は似ている。盛夏から初秋にかけて見られる。

▶幼虫期　幼虫はハンノキ属やカバノキ属を食樹とする。糸を吐いて葉を丸めて隠れ場所をつくり、その中で蛹になる。緑色と褐色で、黄色い模様がある。

▶分布　カナダからサウスカロライナ。

雄の触角は
羽毛状
前翅の暗色の帯は、
鉤爪状になった
翅の先端まで続く
♂
暗褐色の縁取りが、
後翅でも曲線を
描いている

新北区

活動時間帯：☾	生息地：🌳	開張：2.5−5cm

科：カギバガ科	学名：*Oreta jaspidea*	命名者：Warren

チャイロフトカギバ Warren's Hook-tip

*Oreta*属は約50種からなり、主に東および東南アジアに分布する。雄はガに特有の、前後の翅の連結器官を持たない。翅の表面に光沢があり、帯黄色から濃い紫褐色まで色は変異に富む。

▶幼虫期　幼虫期についてはほとんど知られていないが、類似種の幼虫は褐色で、尾部の末端が長くのび、頭部の後ろで突起が丸まっている。全体として、枯れ葉が丸まっているように見える。

▶分布　オーストラリアのクイーンズランド北東部でよく見られる。パプアニューギニアでも見られる。

インド・オーストラリア区

前翅基部で銀白色の
鱗粉が斑紋をつくる
♂
後翅内縁は
毛が密生している

活動時間帯：☾	生息地：🌴	開張：2.5–4.5cm

科：カギバガ科	学名：*Habrosyne scripta*	命名者：Gosse

スクリプタアヤトガリバ Lettered Habrosyne

褐色の美しい種。前翅にある細く白い模様が英名の由来である。生きている個体は前翅の白い帯がピンク色を帯びるが、標本ではピンク色が消えてしまう。

▶幼虫期　幼虫は暗褐色で黒い模様がある。カバノキ属やブラックベリーを食樹とする。

▶分布　カナダ全域とアーカンソー、ミズーリの南部。

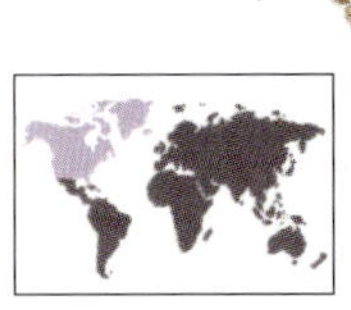
新北区

複雑なループ模様が
特徴
♂
翅の模様は
腹部に続く

活動時間帯：☾	生息地：🌳	開張：3–4cm

科：カギバガ科	学名：*Thyatira batis*	命名者：Linnaeus

モントガリバ Peach Blossom

前翅の、ピンクがかった白色で縁取られた黄褐色の美しい斑点が英名の由来。前翅の地色はチョコレートブラウンで、後翅は光沢のある淡い灰褐色。

▶幼虫期　幼虫は赤褐色で淡色の三角紋がある。前方に尖った小さな突起が背に沿って並ぶ。ブラックベリーを食樹とする。

▶分布　ヨーロッパからアジア温帯域、日本。

旧北区

前翅の独特な斑紋
♀
腹部は
「毛皮」のような
特徴的外観である

活動時間帯：☾	生息地：🌳	開張：3–4cm

ツバメガ科 Uraniidae

約700種が属するかなり小さな科だが、ニシキオオツバメガ（次ページ）のような驚くほど鮮やかな種が含まれる。アメリカ、アフリカ、インド・オーストラリア区の熱帯域に分布する。夜行性の種に比べ昼行性の種は色彩がより鮮やかで美しい。鱗粉が遊色効果を示す種が多く、尾状突起が非常に発達しているため、よく蝶と間違われる。夜行性の種はもろい印象があり、翅は白色か淡色で暗色の縞が走る。本科はシャクガ科に似ているが、翅脈の配置が異なる。

科：ツバメガ科	学名：*Alcides metaurus*	命名者：Linnaeus

フトオビルリツバメ Zodiac Moth

本属は昼行性の約20種からなるが、オーストラリアに生息するのは本種だけである。翅は黒色で銅緑色を帯び、遊色効果を持つ紫がかったピンク色の帯がある。後翅の縁は明瞭な波状になっており、淡い青緑色の短く特徴的な尾状突起がある。裏面は淡色だが、遊色効果のある青緑色の輝きを持ち、黒い帯がある。通常、昼間に花を訪れ、夕方は林冠付近を飛び回る。

▶幼虫期　幼虫は黒色で白い帯がある。頭部より後ろの背に明赤色の部分がある。大型ツル性植物でトウダイグサ科の*Omphalea queenslandiae*やEndospermum属を食草とする。

▶分布　パプアニューギニア、オーストラリア北東部。

前翅前縁の縞模様

細長い触角

前翅の縁は黒と白の格子模様

♀

後翅の縁毛帯は銀色

翅と腹部はどちらも遊色効果を示す

インド・オーストラリア区

活動時間帯：☼	生息地：🌴	開張：8－10cm

科：ツバメガ科	学名：*Chrysiridia rhipheus*	命名者：Drury

ニシキオオツバメガ Madagascan Sunset Moth

ガの中で最も壮麗で美しい種とされることが多い。ビクトリア朝時代に人気があり、宝飾品に使われた。後翅に短い尾状突起が多数ある。

▶幼虫期　幼虫は黄色と黒色で、先端が棍棒状の長い毛がある。有毒なトウダイグサ科の *Omphalea* 属の葉を摂食し、自分を食べても不味いことを鮮やかな色彩で鳥や動物に示している。

▶分布　マダガスカルに固有。

尖った前翅は
アゲハチョウ類に
似ている
♀
後翅の斑紋で
類似種と区別できる

熱帯アフリカ区

活動時間帯：☼	生息地：🌴	開張：8–10cm

科：ツバメガ科	学名：*Urania sloanus*	命名者：Cramer

スロアヌスアオツバメガ Sloane's Urania

カリブ海沿岸に生息する昼行性のガの中で特に優美な1種。後翅の多色の鱗粉は遊色効果を示す。裏面は淡色で、青みのメタリックグリーンに細い黒帯が入る。ニシキオオツバメガ（上）の南アメリカでの代置種。

▶幼虫期　幼虫には黒、青、白色の模様があり、有毒であることを示唆している。独特な棍棒状の毛があり、トウダイグサ科の *Omphalea* 属の葉を摂食する。

▶分布　ジャマイカ固有で、絶滅したと考えられている。

銅緑色の帯は腹部に近づくとピンクがかった橙色になる

♀

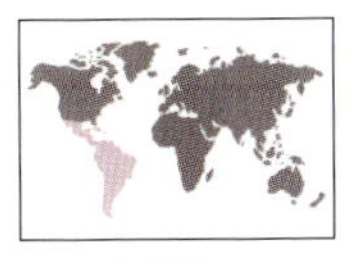

新熱帯区

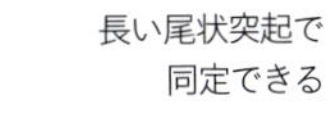
長い尾状突起で
同定できる

縞模様が腹部にまで続く

活動時間帯：☼	生息地：🌴	開張：5–7cm

シャクガ科 Geometridae

ガの中では2番目に大きな科で、約2万3,000種が含まれる。本科の典型的な種は大きな丸い翅と細長い腹部を持ち、弱く不安定な羽ばたきをする。しかしこれだけ大きな科になると例外も多い。多数の種で、雌の翅が痕跡にまで退化し飛行能力を失っている。大半がくすんだ色の種で保護色を持つものも多いが、熱帯域には非常に鮮やかな色のグループが生息する。幼虫は「シャクトリムシ」であり、そのことが本科の名称の由来になっている。シャクトリムシは独特な歩き方をし、アメリカ合衆国ではinchworm（インチを測る虫）とも呼ばれる。

科：シャクガ科	学名：*Archiearis infans*	命名者：Möschler

アメリカカバシャク The Infant

長く粗い縁毛を持つため毛深い印象を与える、特徴的な小型種。前翅は黒褐色で白い鱗粉がちりばめられているが、後翅は橙色であり同定しやすい。雌雄は似ている。初春から晩春にかけての、暖かい午後に見られる。

▶幼虫期　幼虫は緑色から赤褐色で、体に沿って黄白色の細い線がある。カバノキ属の葉を食樹とする。

▶分布　カナダからアメリカ合衆国北部のカバノキ属の林に生息する。

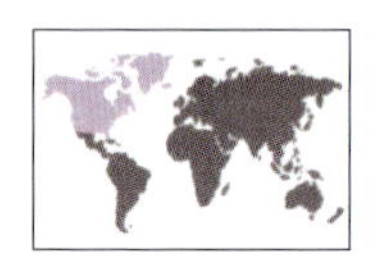

新北区

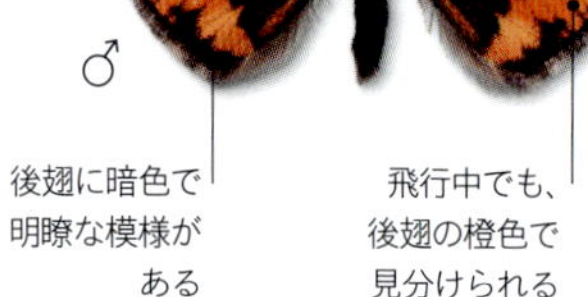
毛深い頭部と
腹部が特徴的
♂
後翅に暗色で
明瞭な模様が
ある
飛行中でも、
後翅の橙色で
見分けられる

活動時間帯：☼	生息地：🌳	開張：3−4cm

科：シャクガ科	学名：*Alsophila pometaria*	命名者：Harris

アメリカシロオビフユシャク Fall Cankerworm Moth

雄は淡い灰褐色。左右の翅それぞれに、鋸歯状で前後の翅を貫く灰白色の線がある。雌はまったく飛べず、翅は痕跡が認められるのみ。初冬に見られる。

▶幼虫期　幼虫は褐色と白色、または緑色と白色の縞模様。リンゴなどの果樹と、カエデやコナラ属など広葉樹の害虫である。

▶分布　アメリカ合衆国北部とカナダ南部。ヨーロッパに類似種のMarch moth（*Alsophila aescularia*、和名はない）が生息する。

新北区

♂
鱗粉が少ないため
翅脈がはっきり見える

活動時間帯：☾	生息地：🌳	開張：2.5−3cm

科：シャクガ科	学名：*Oenochroma vinaria*	命名者：Guenée

ハケアトガリシャク Hakea Moth

灰色から赤紫色やロブスターピンクまで色は変異に富む。雌雄は似ているが、一般に雌の方が大きい。1年を通して見られる。

▶幼虫期 幼虫は緑色から赤褐色または赤紫色で、背の中央に1対の小さな瘤がある。グレビレア属やハケア属を食樹とし、昼間は枝上で体をのばして休む。

▶分布 タスマニアを含むオーストラリア東部と南部に広く分布する。

幼虫の典型的な
休息姿勢
幼虫

前翅の先端は
鉤爪状
いずれの色彩型に
も暗色の帯がある
♂
♂△
前翅裏面に特徴的な
暗紫色の斑点がある

インド・オーストラリア区

活動時間帯：☾	生息地：	開張：4.5−5.5cm

科：シャクガ科	学名：*Chlorocoma dichloraria*	命名者：Guenée

シロスジアオシャク Guenée's Emerald

オーストラリア南部に生息する本属の約20種（青緑色の種が多い）の中で最大。雌は、前後の翅をつなぐ連結器官を持たないという特徴がある。翅の裏面は表面と似ているが色は淡い。雌雄は似ているものの、雄の触角は羽毛状。

▶幼虫期 幼虫はアカシアの葉を食樹とする。

▶分布 タスマニアを含むオーストラリア東部と南部に広く分布する。

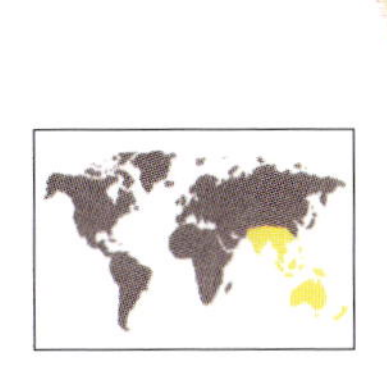
インド・オーストラリア区

独特なジグザグの白線
♂
目を引く赤い縁毛

活動時間帯：☾	生息地：	開張：2.5−3cm

科：シャクガ科	学名：*Aporandria specularia*	命名者：Guenée

ミナミオオチャモンアオシャク Large Green Aporandria

大型で緑色。後翅に褐色の模様がある。裏面は淡色で、緑色の輝きはわずかに遊色効果を示す。雌雄は似ているが、雄の触角は明確な羽毛状。

▶幼虫期　幼虫は細身で緑がかった黄色。脚は紅褐色。マンゴーを食樹とする。

▶分布　インド、スリランカからマレーシア、スマトラ、フィリピン、スラウェシ島まで広く分布する。

インド・オーストラリア区

白色の頭部と触角
♂
後翅は角張っている

活動時間帯：☾	生息地：🌴	開張：4.5−6cm

科：シャクガ科	学名：*Geometra papilionaria*	命名者：Linnaeus

オオシロオビアオシャク Large Emerald

青緑色の大型種。翅に目立たない白い破線の模様がある。雌雄は似ているが、雄の触角は櫛歯状である。

▶幼虫期　幼虫は黄緑色でカバノキ属、ヨーロッパブナ、ハンノキ属、ハシバミ属を食樹とする。

▶分布　ヨーロッパに広く分布し、アジア温帯域や日本に分布域を広げている。

旧北区

♂
後翅の縁は
特徴的な波状
幅広で丸みの
ある後翅

活動時間帯：☾	生息地：	開張：4.5−6cm

科：シャクガ科	学名：*Omphax plantaria*	命名者：Guenée

アフリカヘリアカアオシャク Smooth Emerald

アフリカに分布する大きなグループの1種。グループに属する種は明緑色か青緑色が多い。本種の翅は縁以外が緑色で、翅の縁に赤紫色とクリーム色の線がある。また腹部に沿って赤紫色の線がある。雌雄は似ている。

▶幼虫期　アカネ科のヴァングエリア属を食樹とすること以外、幼虫期についてはほとんど知られていない。

▶分布　ジンバブエからモザンビーク、南アフリカに至るアフリカ南部。

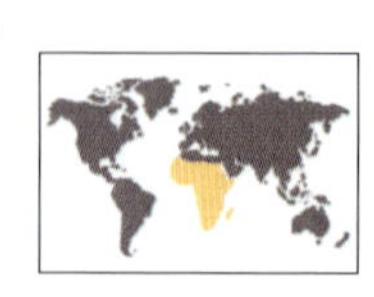
熱帯アフリカ区

短く頑丈な触角
翅の縁は
明るい色
♂

活動時間帯：☾	生息地：🌴	開張：3−4cm

科：シャクガ科	学名：*Crypsiphona ocultaria*	命名者：Donovan

ウラモンアカシャク Red-lined Geometer

翅の表面は灰色と白色だが、裏面は目を引く色彩である。後翅は白地に赤色と黒色の明瞭な帯が走り、縁は波状になっている。表面の灰色の模様は腹部に続いている。雌雄は似ている。1年の大半で見られ、特にオーストラリア南部の乾燥した硬葉樹林でよく見られる。

▶幼虫期　幼虫は青緑色で、体側に沿って黄白色の線がある。ユーカリの葉を摂食しているとき、この色と模様が効果的な保護色になる。

▶分布　クイーンズランドからビクトリア、タスマニアに至るオーストラリア東部と南部。

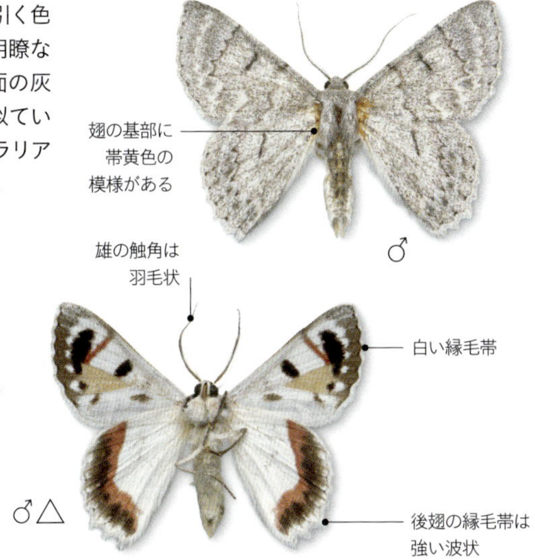
翅の基部に帯黄色の模様がある
♂
雄の触角は羽毛状
白い縁毛帯
♂△
後翅の縁毛帯は強い波状

インド・オーストラリア区

活動時間帯：☾	生息地：🌴	開張：4−5cm

科：シャクガ科	学名：*Dysphania cuprina*	命名者：Felder

ベニトラシャク Coppery Dysphania

熱帯に生息し主として昼行性で、色鮮やかな翅を持つ大きなグループの1種。一般に鳥が食べても味が悪いとされ、橙色、黒色、白色からなる警戒色の目立つ模様を持つ。似たような模様の蝶と一緒に飛ぶことが多い。翅の裏面は表面と似ているが、橙色がより明るい。雌雄は似ている。

▶幼虫期　本種の生態はほとんど知られていないが、近縁種の幼虫は一般に黄色で、黒色か青黒色の特徴的な模様がある。ヒルギ科のカラリア属の葉を摂食する種もいる。

▶分布　インド、パキスタンからインドネシア、フィリピン、パプアニューギニアまで広く分布する。

翅の明色は、有毒であることを示唆する
♀
特徴的な角張った後翅

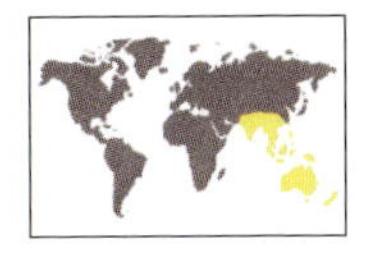

インド・オーストラリア区

活動時間帯：☾ ☼	生息地：🌴	開張：7−7.5cm

科：シャクガ科	学名：*Rhodometra sacraria*	命名者：Linnaeus

ベニスジナミシャク The Vestal

前翅は淡黄色から濃い麦わら色まで変異に富み、ピンクがかった赤色から褐色の帯が斜めに走る。蛹が極端な温度にさらされると成虫が明赤色になる。

▶幼虫期　幼虫は細長く、淡褐色か緑色。タデ属やキク科のアンセミス属などを摂食する。

▶分布　ヨーロッパ全域に分布し渡りをする。北アフリカからインド北部にも分布する。

旧北区

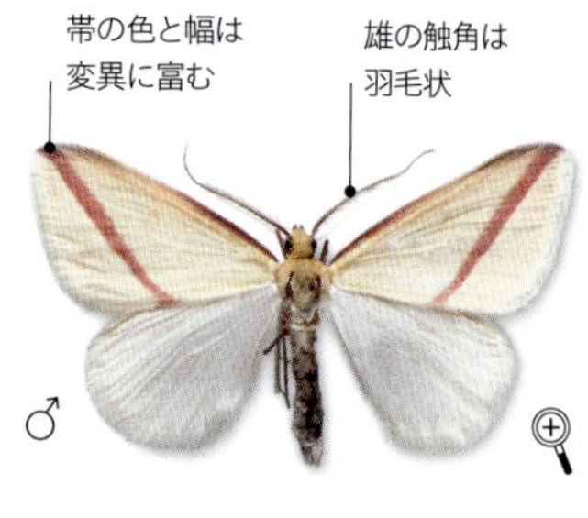
帯の色と幅は
変異に富む
雄の触角は
羽毛状
♂

活動時間帯：	生息地：	開張：2.5–3cm

科：シャクガ科	学名：*Erateina staudingeri*	命名者：Snellen

シジミエダシャク Staudinger's Longtail

熱帯アメリカに生息する大きなグループに属する。このグループは、後翅が丸いものから極端に細長いものまで様々で、本種はことに特徴的な種の1つ。黒色と橙色の模様は、本種が有毒であることを示唆する。翅の裏面は濃い赤褐色から橙色で、レモン色の帯と線が見られる。

▶幼虫期　幼虫期についてはほとんど知られていない。

▶分布　ベネズエラの熱帯林。

新熱帯区

♀
後翅の縁は
クリーム色と
黒色
腹部はクリーム色と
褐色の縞模様

活動時間帯：	生息地：	開張：3–4cm

科：シャクガ科	学名：*Operophtera brumata*	命名者：Linnaeus

オウシュウフユナミシャク Winter Moth

雄は灰褐色の翅を正常に発達させるが、雌の翅は短い突起にまで退化する。

▶幼虫期　幼虫は緑色で、通常は背に沿って暗色の線がある。リンゴやセイヨウナシなどの果樹を含む広葉樹の葉を食樹とする。ギョリュウモドキも摂食する。

▶分布　ヨーロッパ全域でよく見られる。カナダにも生息する。

♂
光沢のある後翅の縁に、
暗色の斑点がある
全北区

活動時間帯：	生息地：	開張：2.5–3cm

科：シャクガ科	学名：*Rheumaptera hastata*	命名者：Linnaeus

オオシロオビクロナミシャク Argent and Sable

黒色と白色の目を引く模様があり、紋章学の言葉を使った英名がつけられている。雌雄は似ている。北アメリカではspear-marked blackとも呼ばれる。

▶幼虫期　幼虫はオリーブ色から褐色で、背に沿って暗色の線がある。ヨーロッパではカバノキ属やセイヨウヤチヤナギを食樹とするが、北アメリカでは様々な高木や低木を食樹とする。

▶分布　ヨーロッパからアジア温帯域、北アメリカ。日本では北海道。

全北区

翅の縁は
格子模様
♀
黒色と白色の模様は
腹部まで続く

活動時間帯：☼	生息地：	開張：2.5−4cm

科：シャクガ科	学名：*Venusia cambrica*	命名者：Curtis

ミヤマナミシャク Welsh Wave

淡色で、前翅に灰褐色の特徴的な模様がある。後翅は一様にクリーム色。雌雄は似ている。

▶幼虫期　幼虫は黄緑色で、赤褐色で変異に富む斑紋がある。北アメリカではヨーロッパナナカマド、ハンノキ属、リンゴなどを食樹とする。

▶分布　ヨーロッパに広く分布し、アジア温帯域、日本、カナダ、アメリカ合衆国北部にも分布する。

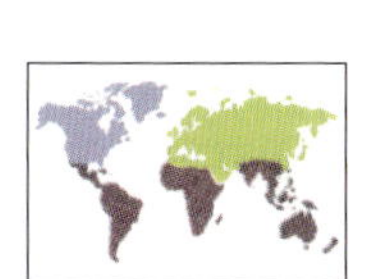

全北区

中央部に特徴的な
暗色の帯
♂
後翅は淡色
翅の縁に
小さな暗色の
三日月紋がある

活動時間帯：☾	生息地：	開張：2.5−3cm

科：シャクガ科	学名：*Xanthorhoe fluctuata*	命名者：Linnaeus

クロモンミヤマナミシャク Garden Carpet

よく見られる種。淡色型とほぼ黒色の黒色型まで変異に富む。通常、前翅の中央前寄りにある四角形の黒い斑紋で同定できる。春の中頃から秋の中頃まで見られる。

▶幼虫期　幼虫は灰色、褐色、緑色でキャベツ類を食草とし、休むときは丸まる。

▶分布　ヨーロッパ全域から北アフリカ、日本。ヨーロッパでは庭園や生垣でよく見られる。

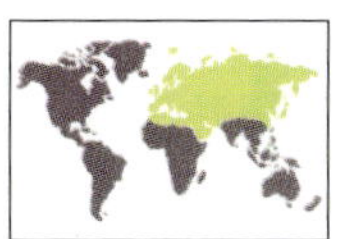

旧北区

翅の基部と
頭部は暗色
♀
黒色型では翅の縁にある
淡色の斑点はより明瞭

活動時間帯：☾	生息地：	開張：2.5−3cm

科：シャクガ科	学名：*Abraxas grossulariata*	命名者：Linnaeus

スグリシロエダシャク Magpie Moth

白地に黄色と黒色の細い帯が入ったものから、黒地で翅の基部が白色のものまで、模様は非常に変異に富む。右の写真は代表例。

▶幼虫期　幼虫は黄白色で黒い斑点があり、体側に沿って橙赤色の線が走る。様々な低木を食樹とするため、セイヨウスグリの害虫になることがある。

▶分布　ヨーロッパに広く分布し、アジア温帯域や日本にまで分布域を広げている。

旧北区

明色の模様は、本種が鳥にとって不味いことを示す
♂
腹部の色彩パターンはどの色彩型も同じ

活動時間帯：	生息地：	開張：4–5cm

科：シャクガ科	学名：*Angerona prunaria*	命名者：Linnaeus

スモモエダシャク Orange Moth

地色が淡黄色で褐色の細かい斑点があるものから、暗褐色で橙色の模様があるものまで複数の色彩型がある。雌は雄に似ているが、触角は羽毛状ではない。

▶幼虫期　幼虫は黄褐色で、尾部近くの背に円錐形の突起が1対ある。スピノサスモモやサンザシ属など食樹は多種にわたる。

▶分布　ヨーロッパから西アジア温帯域。

旧北区

雄の触角は羽毛状
♂
翅の縁毛帯は褐色と黄色の格子模様

活動時間帯：	生息地：	開張：4–5.5cm

科：シャクガ科	学名：*Biston betularia*	命名者：Linnaeus

オオシモフリエダシャク Peppered Moth

白地に黒い鱗粉が散布されて（peppered）いることから英名がつけられた。樹幹が煤で汚れている工業地帯では、黒色型が発生している。

▶幼虫期　幼虫は小枝に似ており緑色か褐色。コナラ属など広葉樹や低木を食樹とする。

▶分布　ヨーロッパに広く分布し、アジア温帯域から日本にも分布する。

地衣類で覆われた樹幹上で効果的な保護色になる
♂
旧北区

活動時間帯：	生息地：	開張：4.5–6cm

科：シャクガ科 | 学名：*Hypomecis roboraria* | 命名者：Denis & Schiffermüller

ハミスジエダシャク Great Oak Beauty

大型で魅力的な種。変異に富むが、ここに図示した標本よりも暗い色の色彩型が多い。

▶幼虫期　幼虫の地色は帯褐色。背に灰褐色の膨らみがあり、小枝に似ている。コナラ属の葉を摂食する。

▶分布　ヨーロッパからアジア温帯域、日本。

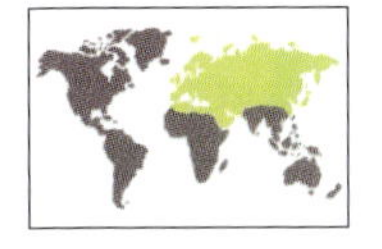

旧北区

羽毛状の触角
♂

活動時間帯：☾ | 生息地： | 開張：6–7cm

科：シャクガ科 | 学名：*Callioratis millari* | 命名者：Hampson

トラフエダシャク Millar's Tiger

橙色、灰色、黒色の似た模様を持つ属の1種。鳥にとって不味いガ（ヒトリモドキガ科）に似ているが、本種自身が有毒な可能性もある。翅の裏面は表面に似ている。

▶幼虫期　幼虫期および食草については知られていない。

▶分布　南アフリカ。

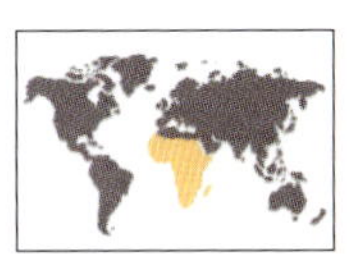

熱帯アフリカ区

黒い帯に銀灰色の鱗粉がのっている

♂

翅の縁に黒色と橙色の格子模様がある

活動時間帯：☼ | 生息地： | 開張：5.5–6cm

科：シャクガ科 | 学名：*Ennomos subsignaria* | 命名者：Hübner

アメリカトガリキリバエダシャク Elm Spanworm Moth

純白な種。前翅の外縁が独特な角張り方をしているため、他の白い蝶と容易に区別できる。成虫にはsnow-white linden（雪のように白いリンデン）という別名もある。

▶幼虫期　幼虫はリンゴやニレ類など広葉樹や低木の葉を摂食し、害虫扱いされることがある。

▶分布　カナダとアメリカ合衆国に広く分布する。

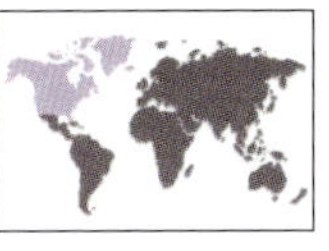

新北区

雄の頑丈な触角
前翅は三角形
♂

活動時間帯：☾ | 生息地： | 開張：3–4cm

科：シャクガ科	学名：*Epimecis hortaria*	命名者：Fabricius

ユリノキエダシャク Tulip-tree Beauty

大型で美しい種。明瞭な帯を持つものから、ほぼ黒一色まで変異に富む。雌は雄より大きく、触角は糸状。春から秋に見られる。

▶幼虫期　幼虫はポプラ、ユリノキ、パパイヤの葉を摂食する。

▶分布　カナダ南部からフロリダまで広く分布する。

新北区

雄の触角は羽毛状
♂
後翅の縁は
強い波状

活動時間帯：☾	生息地：🌳	開張：4.5–5.5cm

科：シャクガ科	学名：*Erannis defoliaria*	命名者：Clerck

オウシュウフユエダシャク Mottled Umber

よく見られる種。雄は淡い麦わら色で褐色の帯があるものから、ほぼ黒一色まで変異に富む。雌は翅を持たず、工業地帯では環境に適応した黒色型が発生する。

▶幼虫期　幼虫は褐色で、体側に沿って黄色と赤褐色の斑紋がある。コナラ属やカバノキ属などの広葉樹や低木を食樹とし、害虫扱いされることがある。

▶分布　ヨーロッパに広く分布している。

旧北区

前翅は三角形
♂
後翅に暗色の斑点がある

活動時間帯：☾	生息地：🌳	開張：（雄）3–4.5cm

科：シャクガ科	学名：*Lycia hirtaria*	命名者：Clerck

ムクゲエダシャク Brindled Beauty

褐色と白色の模様が毛皮のように見えるが、樹幹にとまると効果的な保護色になる。煤煙が舞う工業地帯では黒色型が発生している。春に見られる。

▶幼虫期　幼虫は褐色から緑みがかった灰色で、黒色の斑模様と黄色の斑点がある。ほとんどの広葉樹の葉を食樹とする。

▶分布　ヨーロッパ全域からユーラシア大陸北部、日本に広く分布する

♂

雌の前翅前縁はわずかにアーチ状になっている

雌の翅は雄よりも鱗粉が少ない

♀

旧北区

活動時間帯：☾	生息地：🌳	開張：4–5cm

科：シャクガ科	学名：*Milionia isodoxa*	命名者：Prout

ベニオビエダシャク Hoop Pine Moth

約85種からなる属の1種。本属は他のシャクガ類とは異なり、どの種も明るい金属色の翅を持つ。本種の雌雄は似ているが、雌は花から吸蜜し、雄は地面に落ちている動物の腐った死骸や腐った植物から吸汁する傾向がある。

細長い触角
♂
翅の基部がメタリックブルーなのが特徴

▶幼虫期　幼虫は黄白色で褐色の帯がある。ナンヨウスギを摂食するため、プランテーションに大被害を与える。

▶分布　パプアニューギニアの高地。

インド・オーストラリア区

活動時間帯：☾	生息地：（ヤシ）	開張：4−5cm

科：シャクガ科	学名：*Ourapteryx sambucaria*	命名者：Linnaeus

タイリクツバメエダシャク Swallow-tailed Moth

印象的な淡黄色の種。昼間に飛翔し蝶と間違えられる。通称名のとおり、小さな尾状突起がある。雌雄は似ている。

前翅に濃黄色の線が2本ある

♀

▶幼虫期　幼虫は細長く、褐色。体側に沿って淡色の縞がある。サンザシ属、リグストルム・ウルガレ、キヅタ属の葉など食樹は多種にわたる。

▶分布　ヨーロッパに広く分布し、アジア温帯域に分布域を広げている。

旧北区

尾状突起の基部に特徴的な赤褐色の斑点がある

活動時間帯：☼	生息地：（樹木）（草地）	開張：4.5−6cm

科：シャクガ科	学名：*Plagodis dolabraria*	命名者：Linnaeus

ナカキエダシャク Scorched Wing

翅の形が珍しく、暗褐色の線と斑点があることもあいまって、焼け焦げたような外観である。本種がよく生息している森林地帯では効果的なカムフラージュになっている。雌雄は似ている。晩春から初夏にかけて見られる。

暗色の細い線が独特な模様を描く
♂
前後の翅の縁はくぼんでいる

▶幼虫期　幼虫は小枝に似ている。褐色でコナラ属、ヤナギ属、カバノキ属を食樹とする。

▶分布　ヨーロッパに広く分布し、アジア温帯域と日本に分布域を広げている。

旧北区

活動時間帯：☾	生息地：（樹木）	開張：3−4cm

科：シャクガ科	学名：*Prochoerodes lineola*	命名者：Goeze

タテスジカエデエダシャク Large Maple Spanworm Moth

淡い黄褐色で、暗褐色の線がある大型種。小さな尾状突起で他種と区別できる。雌雄は似ている。

▶幼虫期　幼虫の食草はカエデ、リンゴ、イネ科など多種にわたる。

▶分布　カナダからアメリカ合衆国東部まで広く分布する。

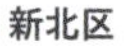

新北区

前翅の縁は
角張っている
前翅の先端は
尖っている
♂

活動時間帯：☾	生息地：🌾 🌳 草原	開張：3−5cm

科：シャクガ科	学名：*Selenia tetralunaria*	命名者：Hufnagel

ムラサキエダシャク Purple Thorn

翅の縁が強い波状になっているグループに属する。翅の帯と模様が特徴的だが、季節によって変異がある。春型は白い模様が多くなる。

▶幼虫期　幼虫は褐色で小枝に似ている。カバノキ属、ハンノキ属、コナラ属などの落葉樹の葉を食樹とする。

▶分布　ヨーロッパからアジア温帯域、日本。

旧北区

雌の触角は糸状
♀
後翅の暗色の斑点が特徴

活動時間帯：☾	生息地：🌳	開張：4−5cm

科：シャクガ科	学名：*Macaria bisignata*	命名者：Walker

ズアカエダシャク Red-headed Inchworm Moth

小型種。翅はピンクがかった白色で汚れがあり、褐色の鱗粉がちりばめられている。前翅にはチョコレートブラウンの特徴的な斑紋がある。頭部は鮮やかな赤褐色。雌雄は似ている。晩春から晩夏に見られる。

▶幼虫期　幼虫は緑色でストローブゴヨウマツなどマツ類を食樹とする。

▶分布　カナダとアメリカ合衆国北部に広く分布する。

新北区

前翅に特徴的な形の暗色の模様がある

♂

後翅の縁は妙に角張っている

活動時間帯：☾	生息地：🌳	開張：2−3cm

科：シャクガ科	学名：*Thalaina clara*	命名者：Walker

ギンバネエダシャク Clara Satin Moth

オーストラリア固有で、大半がサテンホワイトの翅を持つ約10種のグループの1種。明るい橙褐色のジグザグの線が、前翅に特徴的な模様を描く。

▶幼虫期　幼虫は緑色で、黄白色の細い線で描かれた模様がある。アカシア・デクレンスを食草とする。

▶分布　オーストラリア東部および南東部とタスマニア北部。

インド・オーストラリア区

♀
暗褐色で縁取りされた
ジグザグの線が特徴的
後翅の暗色の斑点

活動時間帯：	生息地：	開張：4–4.5cm

科：シャクガ科	学名：*Thinopteryx crocoptera*	命名者：Kollar

キマダラツバメエダシャク Orange Swallow-tailed Moth

橙黄色で、前翅の前縁に灰褐色の斑点がある。雌雄は似ている。

▶幼虫期　幼虫は赤褐色で淡色の線があり、頭部は淡褐色。

▶分布　インド、スリランカから中国、日本、マレーシア、ジャワ。

旧北区
インド・オーストラリア区

暗褐色の線が
特徴的な模様を描く
短い尾状
突起の
基部に
暗色の
斑点がある
♂

活動時間帯：	生息地：	開張：5.5–6cm

科：シャクガ科	学名：*Xanthisthisa niveifrons*	命名者：Prout

カンムリエダシャク White-headed Thorn

雄は淡黄色から橙褐色で、暗褐色の細かい斑点がある。雌は雄に似ているが、前翅の先端が強く鉤爪状に湾曲し、翅に赤褐色か灰色の斑点が多数散在する。

▶幼虫期　幼虫期についてはマツ属とイトスギ属を食樹とすることだけが知られている。

▶分布　アンゴラ、ザンビア、マラウイからモザンビーク、南アフリカ北東部。

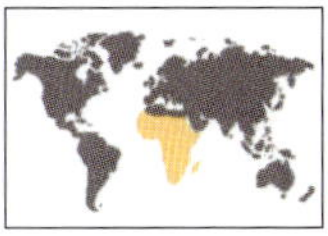

熱帯アフリカ区

前翅の先端は
鉤爪状
特徴的な頭部の
白色が英名の由来
♂

活動時間帯：	生息地：	開張：3–4.5cm

カレハガ科 Lasiocampidae

中型から大型の種が、全世界に約2,000種分布する。くすんだ色の種が多く、様々な濃さの褐色の帯を持つものが多い。ほとんどのガに見られる前後の翅の連結器官を持たないことと、口吻が退化し機能していないという2つの大きな特徴がある。幼虫は特に毛深く、体側に沿って長い毛のひだが並ぶこともある。そのためlappet moth（垂れひだのあるガ）という英名もついている。

頑丈な繭の中で蛹化する。繭が卵形であることから、多数の種の英名にeggarという言葉が含まれる。

科：カレハガ科	学名：*Gastropacha quercifolia*	命名者：Linnaeus

カレハガ Lappet Moth

頑丈な種。赤褐色で紫褐色の輝きがある。雌雄は似ている。休息するとき翅を奇妙なたたみ方で体の上に載せ、枯れ葉の塊のように見せる。

▶幼虫期　幼虫は灰色で、褐色の長い毛で覆われた肉質のひだがある。スピノサスモモやサンザシ属などを食樹とする。

▶分布　ヨーロッパからアジア温帯域、中国、日本。

旧北区

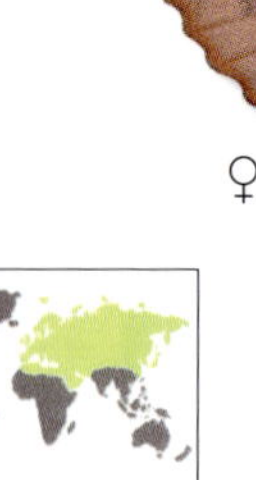
翅の縁は特徴的な波状
♀
後翅は前翅より
小さく丸みがある

活動時間帯：☾	生息地：🌳	開張：4−7.5cm

科：カレハガ科	学名：*Dendrolimus pini*	命名者：Linnaeus

ヨーロッパマツカレハ Pine-tree Lappet

灰白色からほぼ灰色または褐色まで、色は非常に変異に富む。前翅の帯が特徴的。

▶幼虫期　幼虫は毛深く、褐色か灰褐色。背に沿って鱗粉のような白い毛が帯状に生えている。マツ属、トウヒ属、モミ属などの針葉樹を食樹とする。

▶分布　イギリスを除くヨーロッパから北アフリカ、中央アジア。

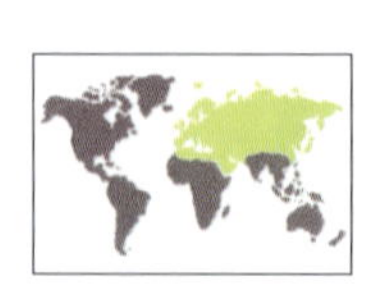

旧北区

雌雄の前翅に
白斑がある
♂
体表が毛皮のような短い腹部

活動時間帯：☾	生息地：🌳	開張：5−8cm

科：カレハガ科	学名：*Eucraera gemmata*	命名者：Distant

アフリカキマダラカレハ Budded Lappet

頑丈な種。淡い黄褐色からオリーブブラウンで、前後の翅に白い帯が3本ある。

前翅の黒い斑点
♀
橙色の腹部

▶**幼虫期**　幼虫は褐色で、黄色と赤色の線と斑点がある。暗褐色の長い毛に覆われている。ウルシ科のラネア属、ブラキステギア属、ジュルベルナルディア属の葉を摂食する。

▶**分布**　アンゴラからモザンビークまで。

熱帯アフリカ区

活動時間帯：☾	生息地：	開張：3−5cm

科：カレハガ科	学名：*Paraguda nasata*	命名者：Lewin

オーストラリアアカシアカレハ Wattle Snout Moth

黄色から赤褐色まで変異に富み、暗色の特徴的な線と斑点が模様を描く。雌は雄より大きく、翅は細長い。雄は羽毛状の触角を持つ。

翅の縁に沿って
暗褐色の斑点が帯状に並ぶ

雌雄とも
後翅は無地

♀

▶**幼虫期**　幼虫は毛が密生し、緑みがかった灰色。アカシアとビャクダン科のエクソカルポス属を食樹とする。

▶**分布**　オーストラリア東部と南部。

インド・オーストラリア区

活動時間帯：☾	生息地：	開張：2.5−5cm

科：カレハガ科	学名：*Bombycopsis indecora*	命名者：Walker

インデコラカレハ Indecorous Eggar

非常に変異に富む。前翅は緑がかった褐色から赤褐色で、先端は暗色。後翅はクリーム色から褐色である。

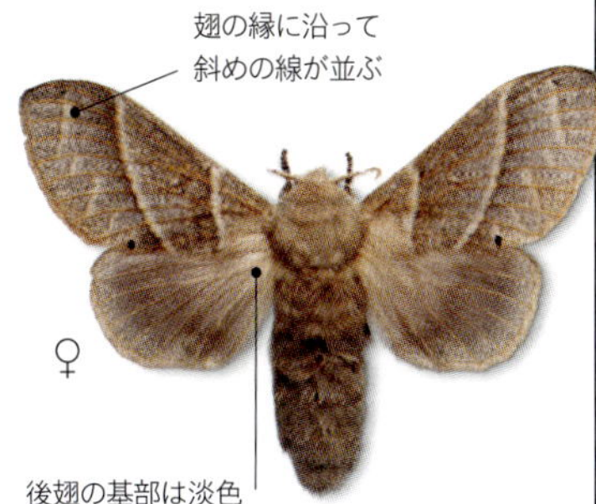
翅の縁に沿って
斜めの線が並ぶ
♀
後翅の基部は淡色

▶**幼虫期**　幼虫は赤褐色。体側に沿って毛が房状に生え、特に頭部付近に多い。マメ科のエリオセマ属とヤマモガシ科のプロテア属を食草とする。

▶**分布**　西アフリカの赤道地帯からザンビア、南アフリカ北東部。

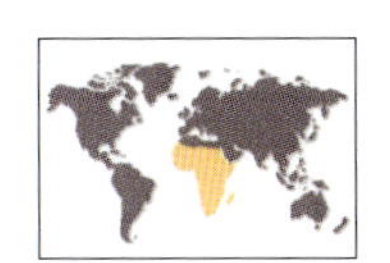

熱帯アフリカ区

活動時間帯：☾	生息地：	開張：2.5−6cm

科：カレハガ科	学名：*Gonometa postica*	命名者：Walker

アフリカハガタカレハ Dark Chopper

雄の後翅がchopper（肉きり包丁）のような形であることが英名の由来。雌は雄よりはるかに大きく、翅の形も違う。

▶幼虫期　幼虫は毛が密生し、地色は黒色。体側に沿って橙色、黄色、白色の毛の房がある。毛に触れると刺激を受ける。マメ科のアカシア、ブラキステギア属、エレファントリザ属の葉など食草は多種にわたる。

▶分布　ジンバブエからモザンビーク、南アフリカ北東部、ボツワナ、ナミビア。

ぼやけた灰褐色の帯が前翅を横切る
♀
雌の翅の基部はクリーム色
淡色で毛のような鱗粉が腹部を覆う

熱帯アフリカ区

活動時間帯：☾	生息地：ᨓᨓ	開張：4−9cm

科：カレハガ科	学名：*Grammodora nigrolineata*	命名者：Aurivillius

アフリカクロスジカレハ Black-lined Eggar

前翅はクリーム色で、翅脈に沿って4本の橙赤色のすじと黒褐色の二重線が走る。雄の後翅は淡いクリーム色。雌は雄より大きく、後翅は灰褐色でクリーム色に縁取られている。

▶幼虫期　幼虫は毛が密生し、淡い黄褐色。褐色と橙色の小さな斑点と、斜めに走る白いすじがある。マメ科のセンナ属とネムノキ属の葉を食樹とする。

▶分布　タンザニア、ザンビア、ジンバブエ、マラウイから南アフリカ北東部。

♂

雌の触角は短い

♀

雌の翅の縁毛帯は濃いクリーム色

雌雄とも前翅に赤いすじがある

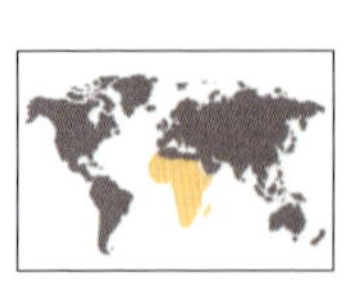

熱帯アフリカ区

活動時間帯：☾	生息地：ᨓᨓ	開張：4−6cm

科：カレハガ科	学名：*Lasiocampa quercus*	命名者：Linnaeus

ケルクスカレハ Oak Eggar

雄は雌よりはるかに小さく、翅の基部は濃いチョコレートブラウンで、淡褐色の縁と対照的である。雌の翅の色彩は雄より単調で、中央に淡色の帯がある。春と夏に見られ、雄は昼間に飛ぶ。

▶**幼虫期**　幼虫は毛が密生し、濃褐色の地色に黒い輪状の模様がある。キイチゴ、コナラ属、ツツジ科のギョリュウモドキ属など食樹は多種にわたる。

▶**分布**　ヨーロッパから北アフリカ。

雄の触角は
羽毛状
♂
雄の後翅の縁は淡色

雌雄とも、暗色で
縁取られた白斑が
前翅にある
♀
雌は雄より
淡色だが、
雌には暗色型も
存在する。
旧北区

活動時間帯：☼ ☾	生息地：🌳 ⩛⩛	開張：5–7.5cm

科：カレハガ科	学名：*Malacosoma americanum*	命名者：Fabricius

アメリカオビカレハ Eastern Tent Caterpillar Moth

地色はチョコレートブラウンだが濃淡に個体差がある。白い鱗粉が薄く散在する。前翅に白色か黄白色の斜めの帯がある。後翅は無地でチョコレートブラウン。

▶**幼虫期**　幼虫は毛が密生し灰黒色。青色と赤褐色の模様がある。糸を吐いて天幕状の巣をつくり、幼虫が群生し摂食することから英名がつけられた。

▶**分布**　アメリカ合衆国とカナダ南部に広く分布する。

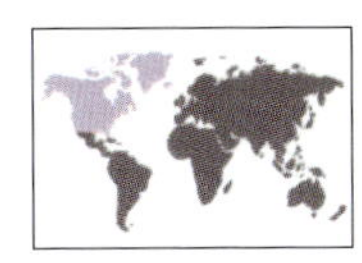
新北区

前翅中央に、
淡色で縁取られた
特徴的な帯がある
♂
縁毛帯は
不規則な格子模様

活動時間帯：☾	生息地：🌳	開張：4–5cm

科：カレハガ科	学名：*Trabala viridana*	命名者：Joicey & Talbot

ミナミキイロカレハ Moss-green Lappet

類似種の大きなグループ（大半は東南アジアに生息）の1種。雌は雄よりかなり大きく、前翅は強く曲がった三角形で、基部に明瞭な淡褐色の大きな斑紋がある。美しい緑色だが、博物館の標本にはひどく退色したものが多い。

▶幼虫期　ライフサイクルはほとんどわかっていない。近縁種の幼虫は毛深く、頭部の直後に前向きの剛毛の束が2つある。サガリバナ属、フトモモ科のエウゲニア属、キイチゴ、サラソウジュを食樹とする。

▶分布　マレーシアからスマトラ、ジャワ、ボルネオ。

雄の触角は羽毛状

♂

前後の翅に
褐色の線がある
後翅の縁が
波状で特徴的
♀

インド・オーストラリア区

活動時間帯：☾	生息地：🌴	開張：4−6cm

科：カレハガ科	学名：*Pinara fervens*	命名者：Walker

ゴウシュウオオチャイロカレハ Gum Snout Moth

頑丈な種。前翅は褐色がかった灰色で、暗褐色の線と斑点がある。後翅は黄褐色で無地。雌雄は似ているが、雌は雄より大きい。夏に見られる。

▶幼虫期　幼虫は毛が密生し、灰色。尾部近くの背に瘤状の突起が1つある。脅かされると体を弓状に曲げ、頭部の後ろの2つの黒い斑点を見せつける。夜間にユーカリの葉を摂食し、昼間は樹幹の上で保護色に守られて休む。

▶分布　タスマニアを含むオーストラリア南部。

前翅に
褐色の斑点が
1つある
前翅の独特な帯
♀
このグループの特徴である
大きく毛深い腹部

インド・オーストラリア区

活動時間帯：☾	生息地：🌳	開張：4.5−7.5cm

科：カレハガ科	学名：*Porela vetusta*	命名者：Walker

ユーカリカレハ Eucalyptus Lappet

体表が毛皮のように見える。前翅は灰褐色で、チョコレートブラウンと白色の模様がある。縁毛帯は暗褐色と白色の格子模様。雄は尾部に房状の毛がある。

▶幼虫期　幼虫は毛が密生し、ユーカリやフトモモ科の*Leptospermum flavescens*の葉を摂食する。

▶分布　南クイーンズランドからビクトリア、南オーストラリア。

インド・オーストラリア区

長く白い毛のような鱗粉が頭部と胸部にある

♀

縁毛帯は格子模様

活動時間帯：☾	生息地：🌳	開張：2.5–4.5cm

科：カレハガ科	学名：*Tolype velleda*	命名者：Stol

アメリカハイイロカレハ Large Tolype

灰色と白色の独特な模様を持つ美しい種。腹部は特に毛が密生している。雄は雌より小さく、触角は羽毛状。秋に見られる。

▶幼虫期　幼虫の食樹は、カバノキ属やコナラ属など多種にわたる。

▶分布　カナダ南部からアメリカ合衆国まで広く分布する。

新北区

白色の胸部に特徴的な黒い帯

前翅に淡色の帯

♀

腹部は褐色とクリーム色の縞模様

活動時間帯：☾	生息地：🌳	開張：3–5.5cm

科：カレハガ科	学名：*Cleopatrina bilinea*	命名者：Walker

アフリカフタスジカレハ Twin-line Lappet

雌の前翅に特徴ある二重線が見られる。雄は雌よりはるかに小さく、前翅の縁に不規則な線がある。後翅は無地である。

▶幼虫期　幼虫はバンレイシ属やマメ科のハカマカズラ属を食樹とする。

▶分布　東および西アフリカの赤道域からザンビア、マラウイ、ジンバブエ。

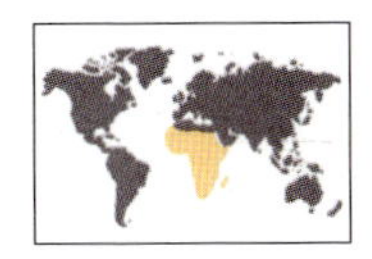

熱帯アフリカ区

淡色で縁取られた暗褐色の線が特徴

♂

後翅は前翅より色が淡い

活動時間帯：☾	生息地：草原	開張：5–10cm

オビガ科 Eupterotidae

中型から大型の300種強からなる小さな科。ヤママユガ科（232ページ）に近い。アフリカとインド・オーストラリア区の熱帯域で見られる。大半は非常にくすんだ色をしており、褐色または灰色の部分が多い。毛深い外観のため、「monkey（サル）」とも呼ばれる。幼虫は長い毛に覆われているが、有毒で触れると発疹を起こすことが多い。

幼虫が群生する種が多く、糸を吐いて共同巣をつくる。ユーカリなど特定の樹木の害虫とされる種もあり、深刻な被害をもたらしている。

科：オビガ科	**学名：***Eupterote pallida*	**命名者：**Walker

パリダオオオビガ Pallid Monkey Moth

大型種。褐色がかった白色で、暗褐色の繊細な模様と線がある。雌は雄より大きく、濃い色で模様が描かれ、前翅中央に半透明の白斑がある。

インド・オーストラリア区

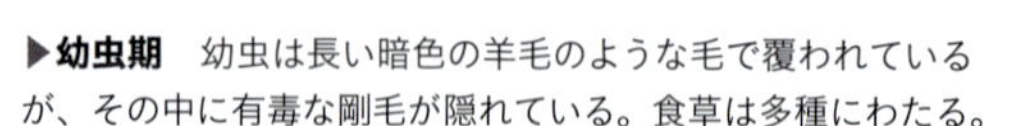

▶幼虫期　幼虫は長い暗色の羊毛のような毛で覆われているが、その中に有毒な剛毛が隠れている。食草は多種にわたる。

▶分布　インドからマレーシア、スマトラ、ボルネオに広く分布する。

前翅の先端は
湾曲している
前翅に淡色の
斑点が1つある
前後の翅を
暗褐色の線が
斜めに貫く
♀
翅の基部は淡色で
絹糸のような毛で
覆われている

活動時間帯：☾	**生息地：**🌴	**開張：**10.8–11cm

科：オビガ科 | 学名：*Janomima mariana* | 命名者：White

アフリカアトグロオビガ Inquisitive Monkey

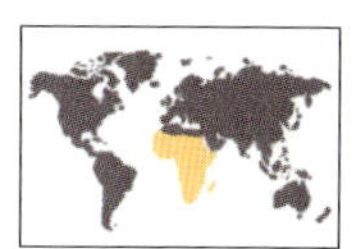

熱帯アフリカ区

大型で魅力的な種。毛皮のような独特な外観である。地色は淡黄褐色から黄褐色で、暗褐色の線で描かれた模様が前後の翅にある。翅の裏面の基部に、黒い斑紋が見られる。

▶幼虫期　幼虫は大型で、後ろ向きに長くのびた黒色と白色の刺毛に覆われている。マメ科のハカマカズラ属を食樹とする。

▶分布　ジンバブエからザンビア、コンゴ民主共和国。

前翅の複雑に
湾曲した線が特徴的
胸部まで毛皮状の
外観が続く
♀
後翅の基部に
大きな黒い斑紋がある

活動時間帯：☾ | 生息地：草原 | 開張：7.5–5.5cm

科：オビガ科 | 学名：*Panacela lewinae* | 命名者：Lewin

オーストラリアヒメオビガ Lewin's Bag-shelter Moth

雄の前翅は暗色。赤褐色の帯があり、先端が鉤爪状である。雌の翅は帯赤色から紫褐色である。

▶幼虫期　幼虫は毛が密生し、夜間にユーカリ、フトモモ科のロフィステモン属、アンゴフォラ属、シンカルピア属を摂食する。糸を吐いて小枝の間に袋をつくり、その中で暮らす。

▶分布　オーストラリアのクイーンズランド南部からニューサウスウェールズ南部。

インド・オーストラリア区

前翅の先端は
鉤爪状
前翅の
暗褐色の帯
♂
後翅内縁の縁毛帯は
格子模様

活動時間帯：☾ | 生息地：森林 | 開張：2.5–4cm

ミナミオビガ科 Anthelidae

オーストラリアとパプアニューギニアの固有種からなり、100種に満たない小さな科である。オビガ科とカレハガ科（224と218ページ）に近い。褐色、黄色、赤色の線と帯からなる特徴的な模様を持つ種が多い。口吻が著しく退化しているため、成虫は摂食できない。幼虫が房状の毛に覆われている種が多く、刺毛の場合がある。ユーカリやアカシアの仲間を食樹とする。

科：ミナミオビガ科	学名：*Chelepteryx collesi*	命名者：Gray

オオミナミオビガ Giant Anthelid or Batwing Moth

インド・オーストラリア区

雌は大型でコウモリに似ており、開張が16cmに達する。雌雄とも前翅は黒褐色で縞模様があり、大量の白色と黄褐色の鱗粉が覆っている。後翅は暗色で、内側に白色の直線、外側に橙黄色の波状の線がある。脅かされると雄は後脚で立ち、翅の白い裏面と暗色の前脚を露わにしてクモのように見せる。

▶幼虫期　幼虫は灰白色で、背側に黒い横縞と房状になった剛い刺毛が並ぶ。ユーカリを食樹とする。

▶分布　オーストラリアのクイーンズランド南部からニューサウスウェールズ、ビクトリア。

鮮やかな
黒色の縞が並ぶ

幼虫

♂
後翅の縁は
波状
後翅の
先端は
珍しく
尖っている

活動時間帯：☾	生息地：🌳	開張：12–16cm

科：ミナミオビガ科	学名：*Anthela ocellata*	命名者：Walker

メダマミナミオビガ Eyespot Anthelid

褐色がかった白色。前翅に暗褐色の帯と黒い眼状紋があるが、雄よりも雌の方が発達している。後翅は淡色で外側に暗色の斑点が並び、内側に大きめの黒い斑紋がある。雌は雄より大きく、触角は糸状。成虫は夏に見られる。脅かされると不活発になり、すぐに擬死行動をとる。

▶幼虫期　幼虫期については解明されていないが、各種のイネ科を食草とすることが知られている。終齢幼虫は2層構造の繭をつくって蛹化するが、幼虫の毛は繭に取り込まれる。

▶分布　タスマニアを含むオーストラリア東部および南部に広く分布する。

雄の触角は特徴的な羽毛状

♂

前翅に勾玉形の
模様が2つある
♀
雌雄とも前翅に
淡色の曲線がある
後翅は前翅より
色が薄い
雌の大きく
重い腹部

インド・オーストラリア区

活動時間帯：☾	生息地：草地	開張：4.5−5cm

科：ミナミオビガ科	学名：*Nataxa flavescens*	命名者：Walker

ウスキミナミオビガ Yellow-headed Anthelid

雄は紅褐色で、前後の翅に淡黄色の帯がある。雌は雄より大きく灰褐色で、中央に黒い斑点がある大きな白斑を前翅に持つ。雄とは対照的に雌は腹部が長くて重く、端部付近に帯白色の帯がある。

インド・オーストラリア区

▶幼虫期　幼虫は淡色で毛が密生している。頭部の後ろの背に暗色の斑紋が2つあり、尾部近くに小さな黒い瘤がある。アカシアの葉を摂食することが知られている。

▶分布　オーストラリアのクイーンズランド南部からビクトリア、タスマニア。

特徴的な
黄色い頭部
♀
前後の
翅を貫く
屈曲した帯
腹部の端部に
白い帯がある

活動時間帯：☾	生息地：森林	開張：3−4cm

カイコガ科 Bombycidae

約185種からなる比較的小さな科で、ほとんどの種は東洋のみに分布する。ガの中で最も有名なカイコも本科に属する。腹部は丸みを帯びて毛が密生している。前翅の先端が鉤爪状になっている種が多い。口吻が発達していないため、成虫になると摂食できない。通常、幼虫は前部が膨らみ、尾部に肉質の角が1本ある。幼虫の体表が滑らかに見える種が多いが、実際は無数の細かい毛で覆われている。イラクサ科を食草とする場合が多い。絹糸状の糸を吐いて繭をつくり、その中で蛹化する。

科：カイコガ科	学名：*Bombyx mori*	命名者：Linnaeus

カイコ Silkmoth

何千年間も人間に飼育されてきた。翅は通常は白色だが、褐色の個体が多く生まれる系統もある。魅力的な白い翅を持つが飛べない。

▶幼虫期　幼虫は通常は白色。変異に富む褐色の模様があり、背に帯紅色の眼状紋を持つ。養蚕業では、マグワを入れた桑給台（くわくれだい）で摂食させる。

▶分布　野生型は残っていないが、起源は中国だと考えられている。中国では紀元前2640年頃に養蚕業が始まっていた。

旧北区

前翅の先端が鉤爪状になっている

明瞭な翅脈

♀

活動時間帯：	生息地：	開張：4–6cm

科：カイコガ科	学名：*Ocinara ficicola*	命名者：Westwood & Ormerod

アフリカクワコ Small Silkmoth

雄は非常に変異に富む。前翅は灰色から褐色がかった灰色で、暗色の細かい線と斑点がある。休息するときは前翅を腹部と直角に横にのばし、その下に後翅を入れる。雌は淡褐色。

▶幼虫期　幼虫は腹側が褐色で背側が白色。背に2対の赤い斑点があり、尾部に肉質の角が1本ある。イチジク属など食草は多種にわたる。

▶分布　ジンバブエから南アフリカ北東部。

熱帯アフリカ区

前翅の先端は丸みを帯びる
♂
後翅内側の縁毛帯に沿って暗褐色の帯

活動時間帯：	生息地：	開張：2–3cm

科：カイコガ科	学名：*Triuncina religiosae*	命名者：Helfer

ウスバクワコ Indian Silkmoth

飼育されているカイコと極めて近縁。前翅先端は独特な屈曲をしており、濃いチョコレートブラウンの模様がある。前後の翅に淡色で特徴的な曲線が描かれている。絹の生産のため飼育されている。

▶幼虫期　幼虫には黄色、褐色、黒色の斑模様と縞模様がある。クワ属を食樹とすることが知られている。

▶分布　インド北部からマレーシア。

インド・オーストラリア区

前翅の内側に直線がある

♀

後翅内側の縁毛帯に、明瞭な褐色の帯がある

活動時間帯：☾	生息地：🌾🌴	開張：4－5cm

科：カイコガ科	学名：*Penicillifera apicalis*	命名者：Walker

シロカサン Muslin Bombyx

雄の翅は白色で半透明。灰色と黒色の模様がある。前翅前縁に黒い斑点が並び、翅の中央に明瞭な黒い斑点がある。雌は白色。

▶幼虫期　幼虫は褐色で背に沿って瘤が並び、尾部に角が1本ある。イチジク属を食樹とする。

▶分布　ヒマラヤ山脈からミャンマー、マレーシア、フィリピン。

インド・オーストラリア区

雌雄とも前翅に黒い斑点があるが、雌は斑点の色が薄い

♂

後翅内縁に独特な黒い模様

活動時間帯：☾	生息地：🌴	開張：2.5－5cm

科：カイコガ科	学名：*Gunda ochracea*	命名者：Walker

チャイロオオカサン Ochraceous Bombyx

やや地味な色のカイコガ科の中で、最も鮮やかな色の魅力的な種。地色は様々な色合いの赤褐色で、前翅の中央部が灰色がかっている。雌は雄より大きく、前翅は山吹色から黄褐色。後翅は前翅より色が明るい。

▶幼虫期　幼虫期についてはほとんど知られていない。

▶分布　インド北部からマレーシア、スマトラ、フィリピン。

インド・オーストラリア区

前翅に白斑が2つある

♂

特徴的な尾状突起

活動時間帯：☾	生息地：🌴	開張：4－6cm

イボタガ科 Brahmaeidae

約65種からなる非常に小さな科。アフリカ、アジア、ヨーロッパに分布する。中型から大型で外観はヤママユガ科（232ページ）に似ているが、独特な模様を持つため識別は容易である。発達した眼状紋があり、英名にowl moth（フクロウガ）という言葉を含む種もある。ただしこの言葉は、通常はヤガ科（290ページ）の種に対して使われる。近縁種の多くとは異なり、成虫は口吻を発達させているため摂食が可能である。若齢の幼虫は長い突起を持つが、終齢になると失われる。

科：イボタガ科	学名：*Brahmaea wallichii*	命名者：Gray

タイリクイボタガ Owl Moth

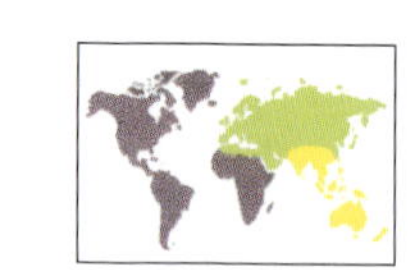

旧北区
インド・オーストラリア区

本科の中では最大級で、最も美しい種の1つ。前翅の基部に大きな眼状紋が発達しており、黒褐色の線が独特な模様を描く。頑丈な腹部は黒褐色で、橙褐色の特徴的な模様がある。雄は雌よりも小さい。夕方に活動するが、昼間でも翅を広げたまま樹幹や地面の上で休息していることが多い。脅かされると、飛び去るのではなく体を前後に揺らす。

▶幼虫期　飼育環境の幼虫はモクセイ科のイボタノキ属、ハシドイ属、レンプクソウ科のニワトコ属を摂食する。

▶分布　インド北部からネパール、ミャンマー、中国。

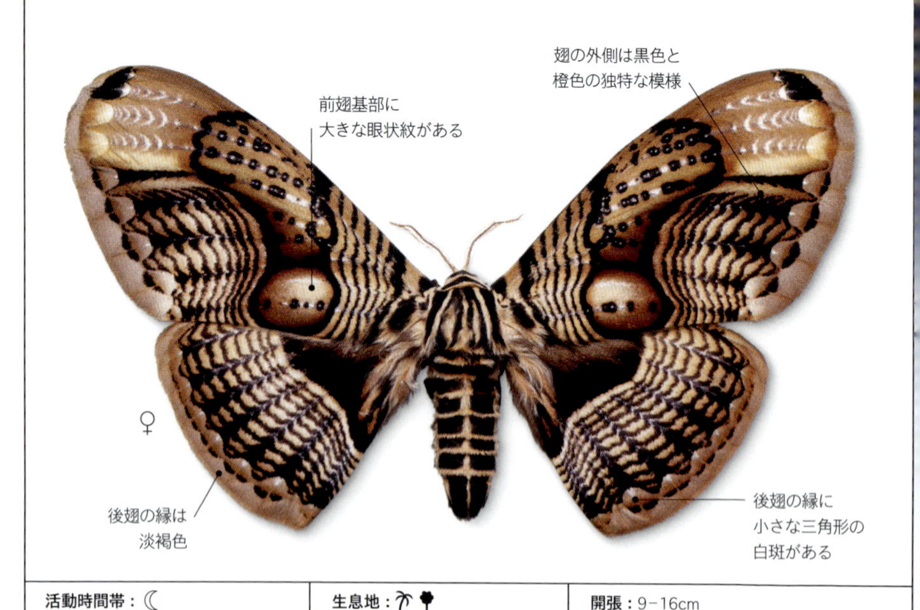
翅の外側は黒色と
橙色の独特な模様
前翅基部に
大きな眼状紋がある
♀
後翅の縁は
淡褐色
後翅の縁に
小さな三角形の
白斑がある

活動時間帯：☾	生息地：🌴 🌳	開張：9–16cm

科：イボタガ科	学名：*Brahmaea europaea*	命名者：Hartig

ヨーロッパイボタガ Hartig's Brahmaea

本種が発見されて、すでに半世紀が過ぎた。

▶幼虫期　幼虫は光沢のある黒色。黄色い模様がある前部の体節を除き、背と体側に白い線と斑点がある。セイヨウトネリコの葉を摂食する。

▶分布　イタリアのルカニア地方にある火山湖畔の森林。現在は法律で保護されている。

旧北区

前翅の先端に独特な暗色の斑紋
♂
半透明な鱗粉を通して翅脈が見える

活動時間帯：☾	生息地：🌳	開張：5−7cm

科：イボタガ科	学名：*Dactyloceras swanzii*	命名者：Butler

アフリカイボタガ Butler's Brahmin

本属は、細長く湾曲した前翅で他のイボタガ科と区別できる。前翅の眼状紋はあまり発達しておらず、涙滴のような形の暗褐色の斑紋になっている。前後の翅の縁に、黒色と橙褐色の線がある。

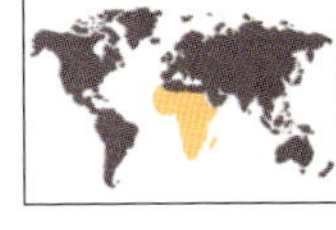

熱帯アフリカ区

▶幼虫期　成虫が大型で魅力的なのにもかかわらず、幼虫期の生態はほとんど知られていない。幼虫は各体節に、円錐形で毛が密生した棘を1対持つとされている。またモクセイ科の葉を食樹とすると考えられている。

▶分布　アフリカの熱帯林。

前翅の縁は湾曲している
特徴的な短い触角
翅の縁に沿って褐色の三日月紋が並ぶ
前後の翅を淡褐色の線が貫く
♂

活動時間帯：☾	生息地：🌴	開張：12−16cm

ヤママユガ科 Saturniidae

2,300を超える種を擁し、世界中に分布している。世界最大級の種や最も壮麗な種も多数含まれる。その大きさと美しい色から、emperor moth（皇帝蛾）とも呼ばれる。前後の翅に、発達した眼状紋か透明な斑紋を持つ種が多い。また長い尾状突起を持つ種も多数にのぼる。なお、雌雄の翅の模様がまったく異なる場合がある。成虫は口吻が退化するかまったく無くなっているため、摂食できない。終齢幼虫は蛹を保護するための大きな繭をつくるが、この繭から天蚕糸をとることがある。

科：ヤママユガ科	学名：*Citheronia regalis*	命名者：Fabricius

キモントラフヤママユ Regal Moth

前翅は灰色で、琥珀色の翅脈と淡黄色で楕円形の斑点がある。後翅は橙褐色。雌雄は似ているが、雌の方が雄より大きい。royal walnut mothという別名もある。

新北区

▶幼虫期　印象的な姿の幼虫は緑色で、分岐した大きな角が頭部の後ろに複数生えている。クルミ属やペカン属など食樹は多種にわたり、「ヒッコリーに棲む角のある悪魔」として知られている。

▶分布　アメリカ合衆国南東部。

淡色で楕円形の斑紋

橙色の特徴的な翅脈

胸部に鞍形の斑紋

♀

後翅の方が翅脈は暗色

腹部に淡黄色の縞模様

後翅の淡黄色の斑紋は輪郭がぼやけている

活動時間帯：☾	生息地：（アイコン）	開張：9.5–16cm

科：ヤママユガ科	学名：*Eacles imperialis*	命名者：Drury

アメリカテイオウヤママユ The Imperial Moth

大型で翅の地色が黄色なため同定しやすい。翅の斑紋や帯は変異に富み、色は帯紅色から紫褐色である。

▶幼虫期　幼虫は毛が密生し、地色は緑色か褐色。黄色か赤褐色で肉質の短い突起と、糸のような細い毛がある。食樹は多種にわたる。

▶分布　アメリカ合衆国とカナダ南部。複数の亜種が存在する。

小さな褐色の眼状紋
♂
波状で帯褐色の帯が後翅を横切る

新北区

活動時間帯：☾	生息地：	開張：8–17.5cm

科：ヤママユガ科	学名：*Callosamia promethea*	命名者：Drury

プロメテアヤママユ Promethea Moth

雄は翅の縁が淡色だが、他はほぼ黒褐色。雌は明るい赤褐色から暗褐色で、前後の翅の中央部に淡色の線と斑紋がある。

▶幼虫期　幼虫は緑色で、頭部の後ろの背に赤色でペグ（杭）状の突起が4本ある。尾部近くにも黄色い突起が1本ある。エゴノキ科のベンゾインや様々な果樹など、食樹は多種にわたる。

▶分布　カナダ南部からアメリカ合衆国南東部。

白色のジグザグ模様
♀
雌雄とも翅の縁に模様がある

新北区

活動時間帯：☾	生息地：	開張：7.5–9.5cm

科：ヤママユガ科	学名：*Automeris io*	命名者：Fabricius

イオメダマヤママユ Io Moth

雄の前翅は黄色だが、雌の前翅は帯赤色から紫褐色。雌は雄より大きい。雌雄とも模様は変異に富み、模様ごとに様々な名前がつけられている。

▶幼虫期　幼虫は淡緑色。枝分かれした突起が背に沿って並び、赤色と白色の線が体側に沿って走る。カバノキ属、トウモロコシ属、クローバーなど食草が多種にわたることが知られている。

▶分布　カナダ南部からアメリカ合衆国、メキシコ南部まで。

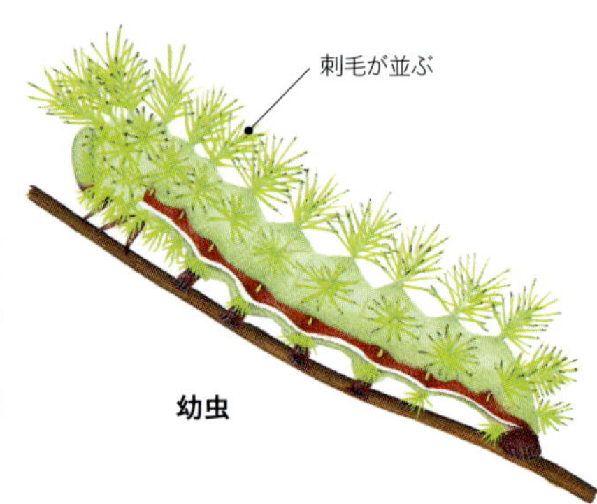
刺毛が並ぶ

幼虫

雄の触角は羽毛状
後翅の印象的な眼状紋から、bulls' eye moth（雄牛の目のガ）という英名もつけられた
♂
♀
雌雄とも後翅の縁に帯がある

新北区

活動時間帯：☾	生息地：	開張：5–8.25cm

科：ヤママユガ科	学名：*Attacus atlas*	命名者：Linnaeus

ヨナグニサン Atlas Moth

開張はナンベイオオヤガ（287ページ）の方が大きいが、翅の大きさでは本種が世界最大である。特徴的な形の翅は、様々な濃さの褐色の模様で彩られている。雌雄は似ている。

▶幼虫期　幼虫は薄い黄緑色。長い肉質の棘は、白いワックス状の粉で厚く覆われている。最大10cmまで成長する。食草は多種にわたるが、飼育環境下ではヤナギ属、ヤマナラシ属、イボタノキ属を摂食する。

▶分布　インド、スリランカから中国、マレーシア、インドネシア、日本（八重山諸島）が北限。

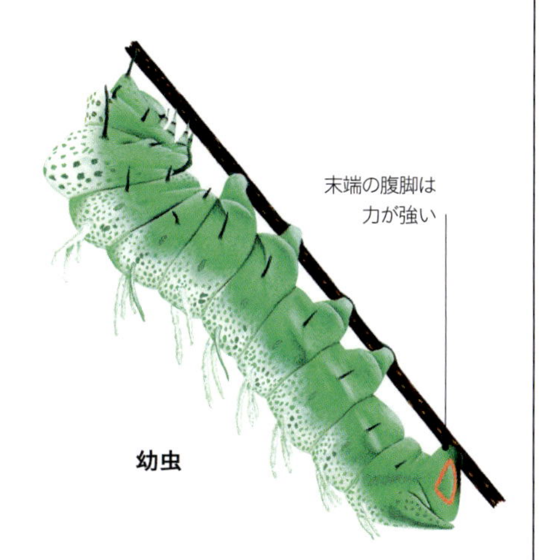
末端の腹脚は
力が強い

幼虫

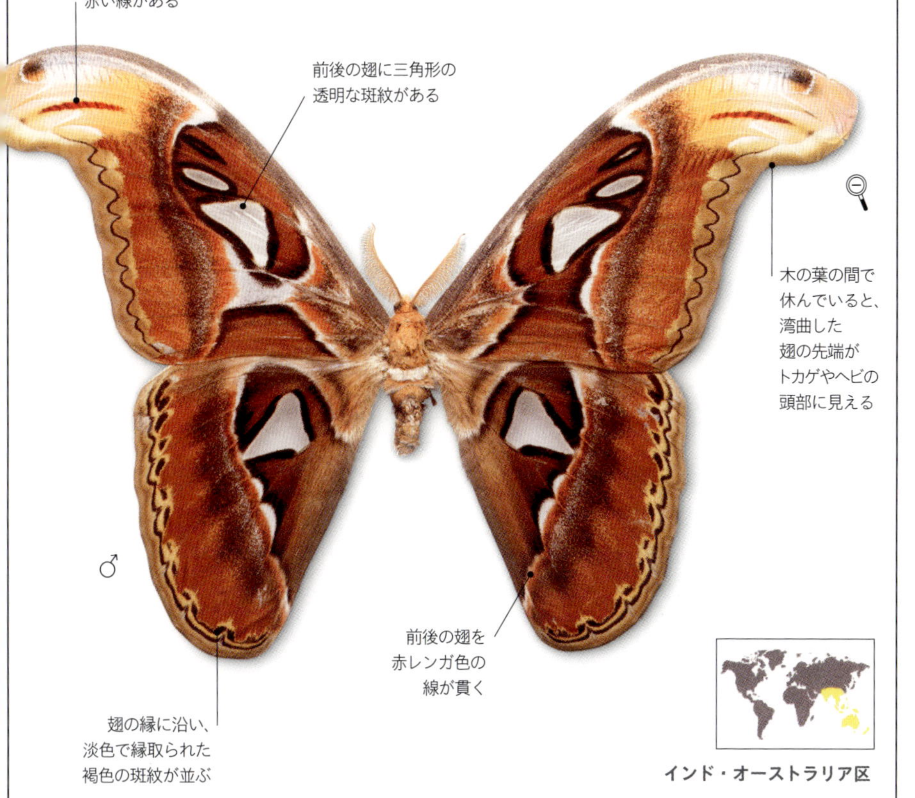
前翅の湾曲した先端に
赤い線がある
前後の翅に三角形の
透明な斑紋がある
木の葉の間で
休んでいると、
湾曲した
翅の先端が
トカゲやヘビの
頭部に見える
♂
前後の翅を
赤レンガ色の
線が貫く
翅の縁に沿い、
淡色で縁取られた
褐色の斑紋が並ぶ

インド・オーストラリア区

活動時間帯：☼	生息地：	開張：15.9－30cm

科：ヤママユガ科	学名：*Actias luna*	命名者：Linnaeus

アメリカオオミズアオ American Moon Moth

長い尾状突起を持つ美しい種。生息地や季節によって翅の色に変異が見られ、緑色から薄い青緑色まである。雌雄は似ているが、雄の触角は羽毛状である。

▶幼虫期　幼虫は丸々としており緑色。隆起した部分が、濃いピンクがかった赤色の斑点になっている。カバノキ属やハンノキ属など、様々な広葉樹の葉を食樹とする。

▶分布　アメリカ合衆国からメキシコまで広く分布する。カナダ南部にも生息するが個体数は少ない。

前翅前縁にある
眼状紋
前翅の縁にある
暗色の帯が
腹部にまで続く
♀
前後の翅は帯赤色で
縁取られている
ふっくらした腹部は
毛皮のような外観
尾状突起の内縁は
淡黄色

新北区

活動時間帯：☾	生息地：🌳	開張：7.5–10.8cm

科：ヤママユガ科	学名：*Aglia tau*	命名者：Linnaeus

タイリクエゾヨツメ Tau Emperor

雄の翅の地色はタン。雄は雌よりも小さく色が濃い。雄は午前中、雌は夜間に活動的になる。チョウのように翅を背側で閉じて休息する。

▶幼虫期　幼虫の背に瘤が並び、朽葉色の棘がある。広葉樹を食樹とする。

▶分布　ヨーロッパ、アジア温帯域。

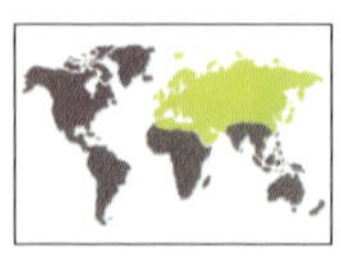

旧北区

模様がギリシャ文字の「タウ（τ）」に
似ていることから学名と英名がつけられた
♂

活動時間帯：☼♀ ☾♂	生息地：🌳	開張：5.5–9cm

科：ヤママユガ科	学名：*Actias selene*	命名者：Hübner

ネッタイオナガミズアオ Indian Moon Moth

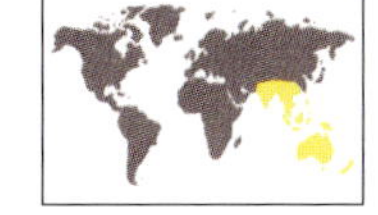
インド・オーストラリア区

ガの愛好家に人気がある。美しい淡い青緑色で、長い尾状突起は黄色とピンクに染まっている。雌雄は似ているが、雄の触角は羽毛状である。多数の亜種が確認されている。

▶幼虫期　幼虫は丸々としており明るい黄緑色。濃黄色か橙色の瘤状突起を持つ。様々な広葉樹の葉を食樹とする。

▶分布　インド、スリランカから中国南部、マレーシア、インドネシア。

前翅の前縁は紫褐色

雄の触角は羽毛状

♂

*Actias*属に特有な眼状紋

毛皮のような外観の白い腹部

後翅の縁の帯黄色は尾状突起まで続く

尾状突起にピンク色の三日月紋がある

活動時間帯：	生息地：	開張：8–12cm

科：ヤママユガ科	学名：*Argema mimosae*	命名者：Boisduval

アフリカオナガミズアオ African Moon Moth

ネッタイオナガミズアオ（237ページ）によく似ているが同属ではない。博物館の標本では、美しい色が褪せてしまっている場合が多い。雌は尾状突起が大きく湾曲しているため見分けられる。

▶幼虫期　幼虫は緑色で、背に緑色か黄色の瘤が並ぶ。瘤には黒色と黄色の短い剛毛がある。ウルシ科のマルーラの葉を食樹とするが、飼育環境下ではクルミ属も摂食する。

▶分布　ケニア、コンゴ民主共和国から南アフリカ亜熱帯域。

幼虫
背に沿って明瞭な
肉質の突起が並ぶ

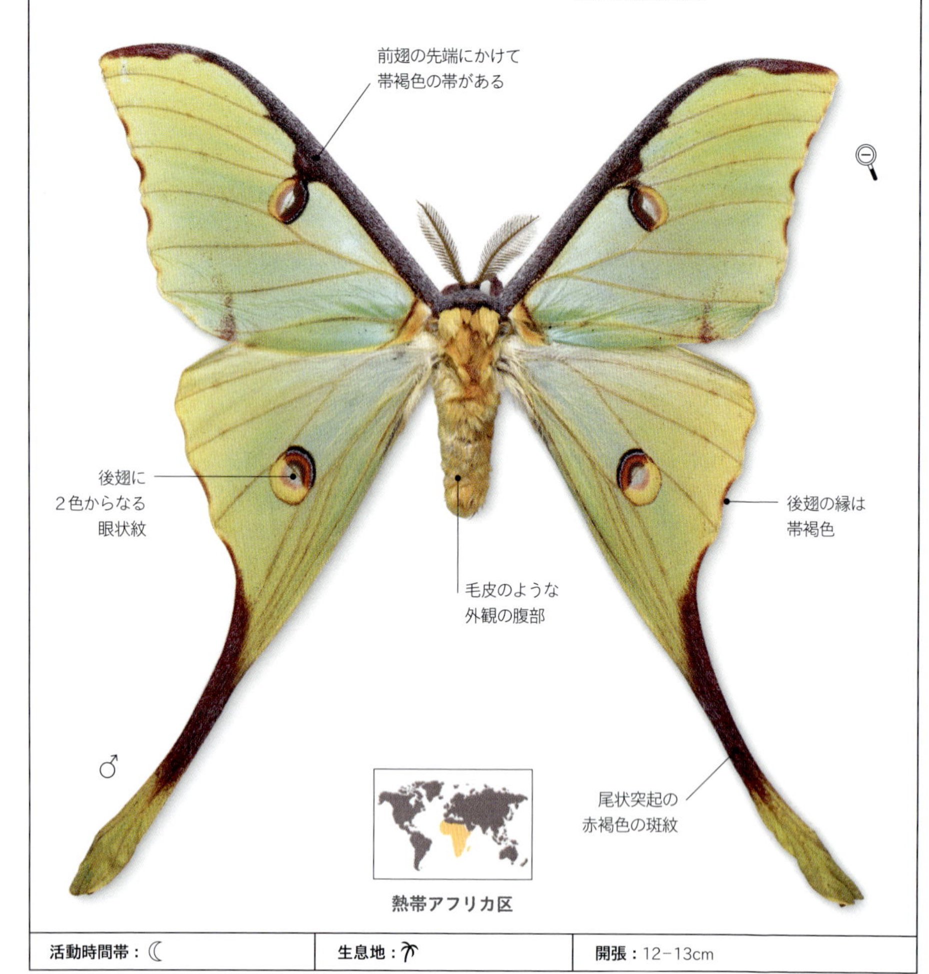
前翅の先端にかけて
帯褐色の帯がある
後翅に
2色からなる
眼状紋
後翅の縁は
帯褐色
毛皮のような
外観の腹部
尾状突起の
赤褐色の斑紋
♂
熱帯アフリカ区

活動時間帯：☾	生息地：🌴	開張：12–13cm

科：ヤママユガ科	学名：*Antheraea polyphemus*	命名者：Cramer

ポリフェムスヤママユ Indian Moon Moth

翅の地色は黄色から赤褐色まで変異に富むが、独特な帯と眼状紋で同定は容易である。雌雄は似ている。年に1回か2回発生し、成虫は夏に見られる。

▶幼虫期 幼虫は丸々としている。明るい黄緑色で、背に沿って赤い瘤状突起が並ぶ。様々な広葉樹、特にリンゴの葉を摂食する。

▶分布 アメリカ合衆国とカナダ南部に広く分布しよく見られる。

幼虫は緑色で、木の葉の中に溶け込む

赤い斑点から毛が生えている

幼虫

前翅の基部近くに、赤い縁取りを持つ線がある
前翅の先端に暗色の斑点が2つある
羽毛状の触角は雄の特徴
♂
後翅に大きな灰色の眼状紋があり、その中にレモン形の斑点が見られる
新北区

活動時間帯：☾	生息地：🌳	開張：10－13cm

科：ヤママユガ科	学名：*Eupackardia calleta*	命名者：Westwood

カレタシロスジヤママユ Calleta Silkmoth

黒褐色の翅に白い帯が走り、それぞれの翅の中央に白いV字形の模様がある。雌は雄より大きく、翅は丸みがある。

▶幼虫期 幼虫は緑色で、青色と黒色の尖った瘤が並んでいる。瘤の基部は赤色。ゴマノハグサ科のレウコフィルム属、フォークイエリア科のフォークイエリア属、マメ科のプロソピス属を食草とし、飼育環境下ではトネリコ属やイボタノキ属の葉を摂食する。

▶分布 アメリカ合衆国南部からメキシコ中央部。

雄の前翅の先端は
強く屈曲している
♂
前翅の先端は
白みがかっている
雌の触角は雄よりも
羽毛状の程度が低い
翅の先端の
眼状紋
♀
前翅から続く
白い帯

新北区

活動時間帯：☾	生息地：	開張：8.5–11cm

科：ヤママユガ科	学名：*Hyalophora cecropia*	命名者：Linnaeus

セクロピアサン Robin Moth

赤色の腹部と、翅の白い帯から英名がつけられた同定しやすい種。暗褐色の翅に白色とピンクがかった赤色の帯がある。雌雄は似ているが、雄の腹部は小さい。

▶幼虫期　幼虫は緑色で、背に沿って明黄色の棍棒状の突起がある。体側にも青い突起が並ぶ。様々な広葉樹の葉を食樹とする。

▶分布　カナダ南部からアメリカ合衆国、メキシコの森林、耕作地、庭園に広く分布する。

前翅の先端近くに
暗色の眼状紋がある
前翅先端に
銀色の斑紋
♂

前翅先端に小さな
帯赤色の模様がある
雌雄とも
頭部の後ろが
襟状に白く
なっている
後翅中央に
淡色の三日月紋が
ある
♀
腹部に赤褐色と
淡褐色の縞模様

新北区

活動時間帯：☾ ☼	生息地：	開張：11−15cm

科：ヤママユガ科	学名：*Coscinocera hercules*	命名者：Miskin

ヘラクレスサン Hercules Moth

大きさを反映した英名。雄は長い尾状突起を持つ。雌は淡色でイザベラミズアオ（243ページ）のように後翅が広く、尾状突起の代わりに丸いふくらみが2つある。

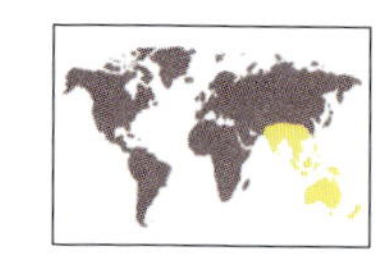

インド・オーストラリア区

▶幼虫期　幼虫は薄い青緑色で、背に黄色い棘がある。体長は最大17cmになる。トウダイグサ科のクイーンズランドポプラ、センダン科のシマセンダン属、ウコギ科のトチバニンジン属などの葉を食樹とする。

▶分布　パプアニューギニアからオーストラリア北部。

前翅先端は
霧状に白くなっている
各翅の中央に
半透明な三角形の
斑紋がある
前翅は強く
曲がっている
前翅の縁は
わずかに波状
♂
前後の翅を
銀色の線が貫く
尾状突起の先端に
銀色のジグザグ模様
尾状突起は先細りで
足のような形に
なっている

活動時間帯：☾	生息地：🌴	開張：16.5–25cm

科：ヤママユガ科	学名：*Graellsia isabellae*	命名者：Graëlls

イザベラミズアオ Spanish Moon Moth

ヨーロッパに分布するガの中で最も美しいとされる。赤褐色の翅脈は明瞭で、暗褐色で縁取られている。各翅の眼状紋は中心部が白色で、その周りは半分が黄色で残り半分は紫がかった青色。さらに赤褐色の横棒が入る。雄の尾状突起は長く湾曲しているが、雌のものは短く幅が広い。

▶**幼虫期**　幼虫の地色は黄緑色。細かい白斑と、栗色がかった褐色と白色の帯がある。長く細い褐色の毛で覆われている。マツ類、特にヨーロッパアカマツとヨーロッパクロマツを食樹とする。

▶**分布**　スペイン中央部の山地とピレネー山脈の森林。

雄の前翅は
雌よりも尖っている
♂

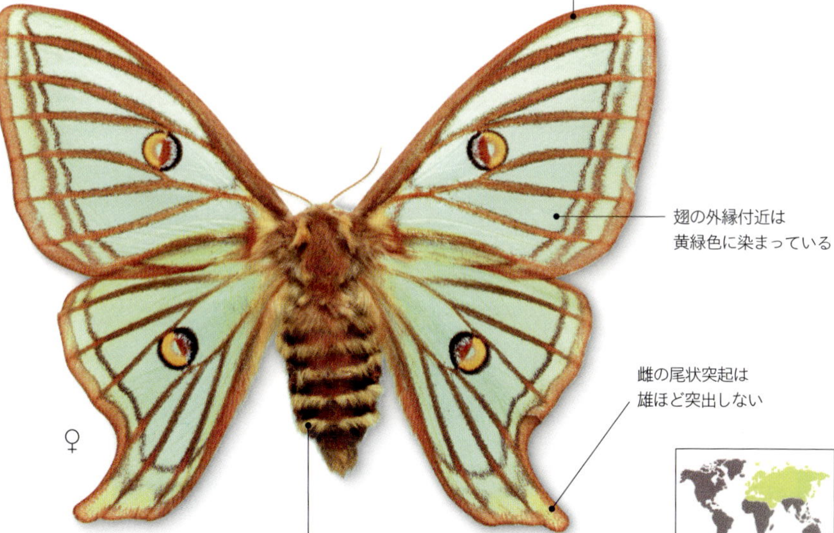
前翅前縁は淡褐色
翅の外縁付近は
黄緑色に染まっている
雌の尾状突起は
雄ほど突出しない
♀
腹部は黄色と褐色の縞模様で、
雌の方が大きい

旧北区

活動時間帯：☾	生息地：▲ 🌳	開張：6–10cm

科：ヤママユガ科	学名：*Loepa katinka*	命名者：Westwood

タイリクハグルマヤママユ Golden Emperor

黄色い魅力的な種。前翅前縁に沿って暗褐色のすじがあり、各翅の中央には赤褐色に縁取られた眼状紋がある。また赤褐色の細い波状の線も各翅に見られる。雌雄は似ている。

▶幼虫期　幼虫の地色は暗褐色。明褐色と黒色のマーブル模様と、メタリックブルーのイボ状突起がある。体側に沿って三角形の黄色い斑紋が並ぶ。ブドウ属とツタ属を摂食する。

▶分布　北インドから中国南部まで広く分布する。

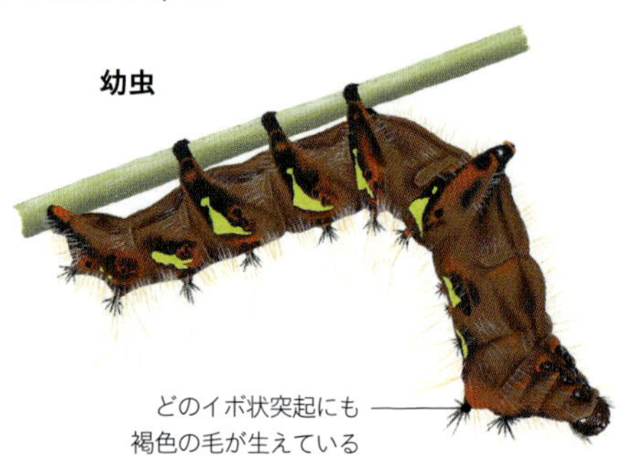
幼虫
どのイボ状突起にも
褐色の毛が生えている

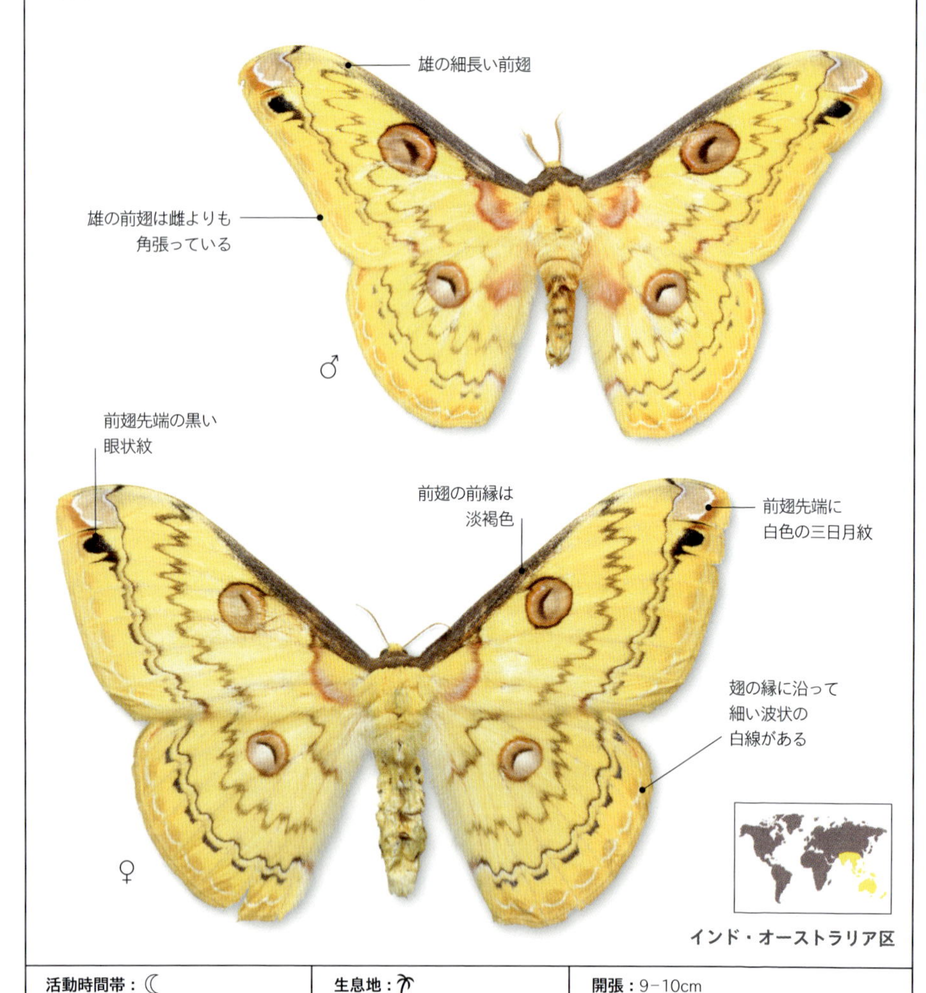
雄の細長い前翅
雄の前翅は雌よりも
角張っている
♂
前翅先端の黒い
眼状紋
前翅の前縁は
淡褐色
前翅先端に
白色の三日月紋
翅の縁に沿って
細い波状の
白線がある
♀
インド・オーストラリア区

活動時間帯：☾	生息地：🌴	開張：9−10cm

科：ヤママユガ科	学名：*Bunaea alcinoe*	命名者：Stoll

アカメヤママユ Common Emperor

赤褐色から濃い紫褐色まで変異に富む。前後の翅に目立つ淡色の帯がある。

▶幼虫期　幼虫はくすんだ黒色で、頭部の後ろに長くて黒い棘がある。その後方には、黄白色の突起が体に沿って並ぶ。アサ科のエノキ属、シクシン科のモモタマナ属など食樹は多種にわたる。

▶分布　サハラ砂漠より南のアフリカとマダガスカルに広く分布する。

前翅の半透明の斑紋
後翅の印象的な眼状紋の中心は透明
♂

熱帯アフリカ区

活動時間帯：☾	生息地：🌴	開張：10−16cm

科：ヤママユガ科	学名：*Opodiphthera eucalypti*	命名者：Scott

ユーカリヤママユ Emperor Gum Moth

前翅の前縁に黒い斑点をちりばめた白色の縁取りを持つ美しい種。後翅の眼状紋は大きく、黒色で明瞭に縁取られている。雌雄とも、青白く灰色がかった淡黄色型が存在する。

▶幼虫期　幼虫の地色は緑色。橙色と赤色の突起があり、突起の先端は青い。体側に沿って黄白色の帯が走る。明るい体色だが、食樹にしているユーカリの若い葉の中に入ると効果的な保護色になる。コショウボクやシダレカンバの葉など食樹は多種にわたる。

▶分布　オーストラリアのノーザンテリトリーからクイーンズランド、ビクトリアに加えニュージーランドに分布する。

前翅に小さな三角形の白斑がある

♂

インド・オーストラリア区

活動時間帯：☾	生息地：🌴 🌳	開張：8−13cm

科：ヤママユガ科	学名：*Nudaurelia cytherea*	命名者：Fabricius

アフリカマツノキヤママユ Pine Emperor

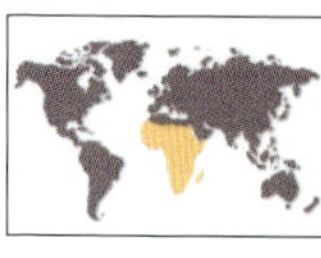
熱帯アフリカ区

赤褐色、黄褐色、紫褐色に染まり、同色の帯も走っている。前翅の眼状紋は黒色と橙色で縁取られ、中央の楕円形は半透明。後翅の眼状紋にも黒色と橙色の縁があるが幅が広く、中心の丸い透明な部分は小さい。

▶**幼虫期**　幼虫の地色は黒色で、緑色、黄色、銀色の小さな斑点がちりばめられ非常に美しい。背に、紅褐色の目を引く太い帯が並ぶ。マツ属の害虫として悪名高いが、イトスギ属、アカシア、リンゴ、グアバなど様々な野生種と栽培種の葉も接食する。

▶**分布**　南アフリカに広く分布しよく見られる。

見間違えようがない
斑点模様

幼虫

翅の基部に毛のような
長い鱗粉がある
♂
眼状紋には独特な
紫みの灰色の縁取りがある

活動時間帯：	生息地：	開張：9–13cm

科：ヤママユガ科	学名：*Rothschildia orizaba*	命名者：Westwood

オリザーバロスチャイルドヤママユ Orizaba Silkmoth

主に南アメリカに分布する属の1種で美しい。本属は前後の翅に、半透明で窓のような大きな斑紋を持つのが特徴。本種の翅の地色は赤褐色で、線と模様が白色と黒色に加え、様々な濃さの褐色で描かれている。雌の翅は丸みがある。

▶幼虫期　幼虫は背側が黄緑色で腹側が青緑色。食草は判明していないが、イボタノキ属を与えて飼育に成功している。

▶分布　中央アメリカと南アメリカ熱帯域。アメリカ合衆国のテキサスにも分布する。

静止姿勢の幼虫
幼虫

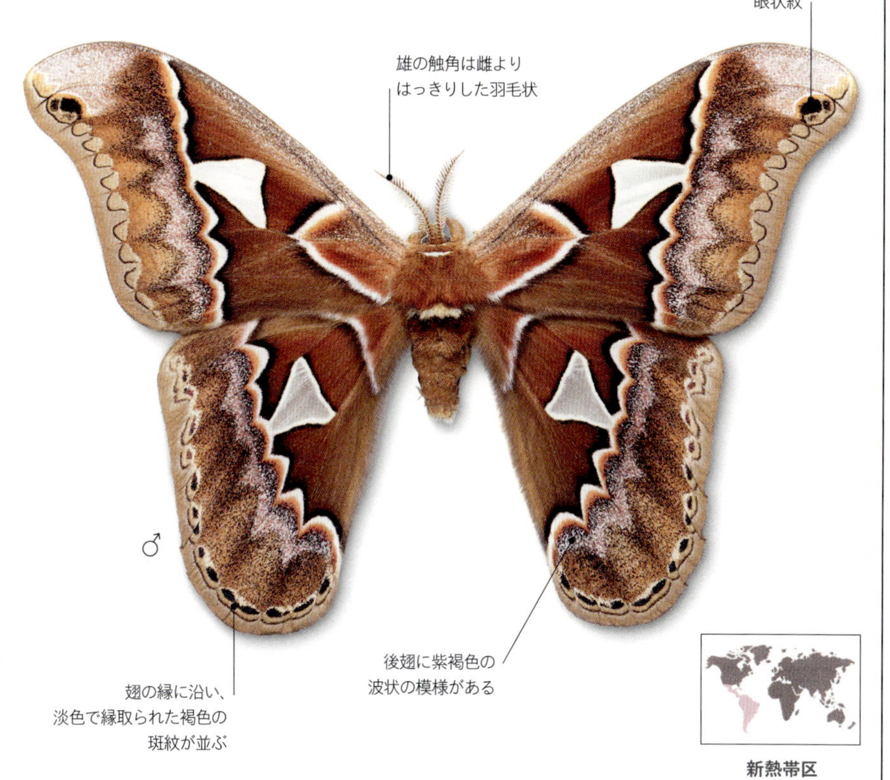
前翅の先端近くに、
黒色の小さく不完全な
眼状紋
雄の触角は雌より
はっきりした羽毛状
♂
翅の縁に沿い、
淡色で縁取られた褐色の
斑紋が並ぶ
後翅に紫褐色の
波状の模様がある

新熱帯区

活動時間帯：☾	生息地：🌴	開張：11−14.5cm

科：ヤママユガ科	学名：*Samia cynthia*	命名者：Drury

シンジュサン Ailanthus Silkmoth

大型種。地色はカーキブラウンからオリーブ色、橙色まで変異に富む。前後の翅を貫く幅広で淡色の帯と、各翅の中央にある細く半透明の三日月紋が特徴。雄の前翅は雌のものより細長く、触角はより明瞭な羽毛状である。絹糸を採るために本種を家畜化した飼育系統はエリサン（ヒマサン）*Samia ricini* と呼ばれる。

▶幼虫期　幼虫は肉質の棘を持ち青緑色で、白いワックス状の粉で覆われている。英名が示すようにシンジュを食樹とする。絹糸をとるために飼育されるエリサンは、イボタノキ属やハシドイ属を摂食する。

▶分布　アジア原産。分布図には北アメリカに持ち込まれ、ヨーロッパでも飼育されているエリサンを含んでいる。

幼虫
ワックス状の粉で
覆われているため
白色に見える

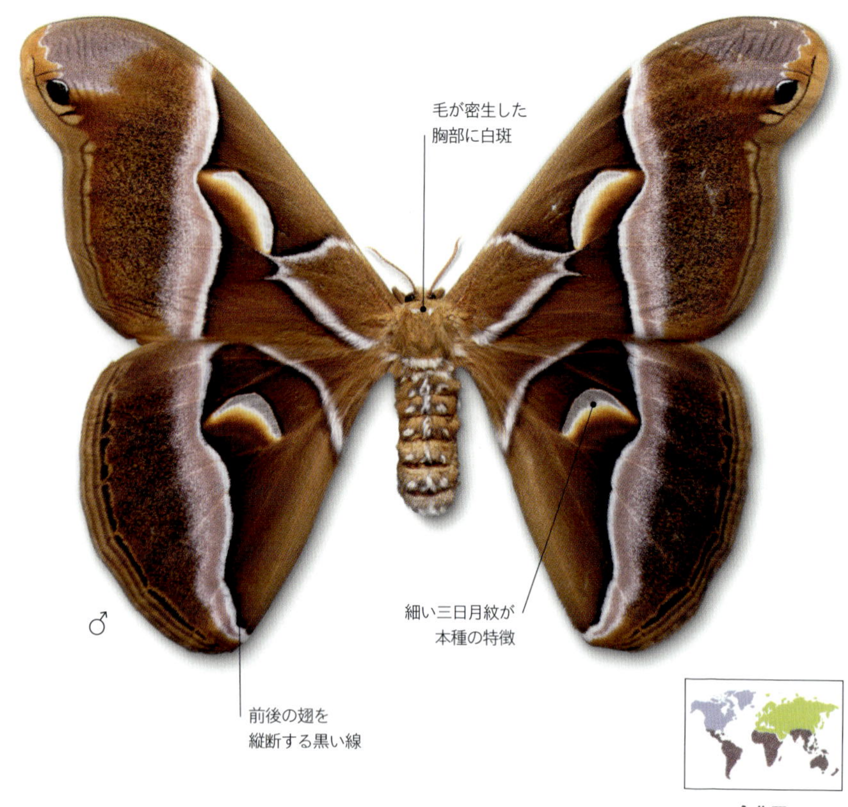
毛が密生した
胸部に白斑
細い三日月紋が
本種の特徴
♂
前後の翅を
縦断する黒い線

全北区

活動時間帯：☾	生息地：	開張：9–14cm

科：ヤママユガ科	学名：*Saturnia pyri*	命名者：Denis & Schiffermüller

オオクジャクヤママユ Great Peacock Moth

ヨーロッパ産としては最大で同定は容易。前翅、後翅ともにに赤色、黒色、褐色で縁取りされた眼状紋がある。翅は褐色で淡色と暗色の帯があり、前翅の前縁は広い範囲が銀白色に染まっている。雌雄は似ている。

▶幼虫期　幼虫は明るい黄緑色で、青いイボ状突起から黒い毛が房状に生えている。セイヨウリンゴやセイヨウナシなど広葉樹の葉を摂食する。被害は甚大ではないが、果樹園の害虫になることがある。

▶分布　中央および南ヨーロッパに広く分布し、北アフリカ、西アジアにも分布域を広げている。

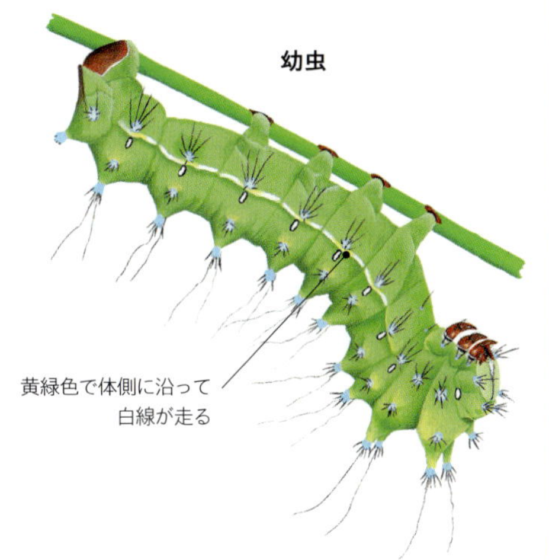
幼虫
黄緑色で体側に沿って白線が走る

前翅の先端に暗色の小さな模様がある
羽毛状の触角
♂
腹部と翅の模様が調和している
前後の翅の外縁に淡色の帯がある

旧北区

活動時間帯：☾	生息地：	開張：10–15cm

スズメガ科 Sphingidae

中型から大型の約1,500種からなり、世界中に分布する。独特な流線型の翅とどっしりした腹部で、他科のガとは容易に区別できる。このような体の構造のおかげで非常に力強い飛び方をし、最高時速50kmに達する種もある。hawk-mothsという英名は、この飛行性能に由来すると思われる。本科の種は口吻を発達させているものが多く、蜜の位置が奥にある細長い花からでも吸蜜できる。昼行性の種もいるため、花壇の上を飛び回っている姿を見られるかもしれない。

科：スズメガ科	学名：*Acherontia atropos*	命名者：Linnaeus

ドクロメンガタスズメ Death's Head Hawk-moth

かつては本種にまつわる迷信が多く、たいていは本種を死や重大な不幸の前兆としていた。本種は頑丈な口吻を持つ。ミツバチの巣の蜜蝋に穴を開け、中の蜜を吸えるほどである。

▶幼虫期　幼虫は黄色から緑色または褐色。ジャガイモやオオカミナスビ属の葉を食草とする。

▶分布　地中海沿岸や北アフリカ。ヨーロッパに向けて渡りをする。

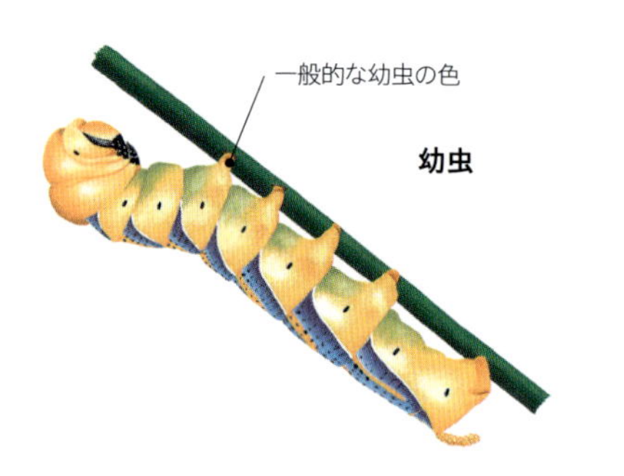
一般的な幼虫の色
幼虫

♂
後翅は明色
腹部に黒色と
橙黄色の縞模様
胸部にある頭蓋骨のような
目立つ模様が英名の由来である
熱帯アフリカ区

活動時間帯：☾	生息地：	開張：10–14cm

科：スズメガ科	学名：*Agrius cingulata*	命名者：Fabricius

アメリカエビガラスズメ Pink-spotted Hawk-moth

流線型で、前翅に灰色と灰褐色の複雑な模様があり保護色になっている。後翅に灰色と黒色の帯があるが、翅の基部に近づくとピンクがかる。腹部にある明瞭なピンクの横縞が最大の特徴である。

独特な触角
尖った前翅の
先端が特徴的
♂

▶幼虫期　幼虫は緑色からオリーブ色、黒褐色まで変異に富む。いずれの色彩型でも、体側に沿って斜めの淡色の縞がある。サツマイモの害虫として知られ、sweet potato hornworm（サツマイモイモムシ）とも呼ばれる。

▶分布　南および中央アメリカからアメリカ合衆国南部、ハワイ。カナダ南部にも生息する。

新熱帯区、新北区

活動時間帯：☾	生息地：	開張：8–12cm

科：スズメガ科	学名：*Sphinx ligustri*	命名者：Linnaeus

エゾコエビガラスズメ Privet Hawk-moth

特徴的な種。前翅は暗褐色で薄い灰褐色を帯び、黒色の細い縞がある。後翅は淡いくすんだピンク色で黒い帯がある。濃いピンク色の腹部に黒い横縞が並び、中央に淡褐色の縦縞が走る。雌雄は似ている。

白い触角
胸部側面に
帯白色の
縁取りがある
前翅は淡色で
縁取られている
♂

▶幼虫期　丸々とした幼虫は明るい黄緑色で、体側に沿って紫色の縞が斜めに走り、光沢を持つ黒色の尾角がある。主にヨウシュイボタとライラックの葉を摂食する。

▶分布　ヨーロッパに広く分布し、アジア温帯域から中国、日本（北海道）にも分布域を広げている。

旧北区

活動時間帯：☾	生息地：	開張：8–11cm

科：スズメガ科 | **学名：***Manduca sexta* | **命名者：**Linnaeus

タバコスズメガ Carolina Sphinx

灰色の部分が多いが、黒褐色と白色の線や帯が走っている。翅の外縁に特徴的な白斑がある。通常、腹部に橙黄色の四角い斑紋が6対並んでいる。

▶幼虫期　幼虫は大型で緑色。腹部側面に斜めの白い縞模様がある。尾角は赤色。タバコやジャガイモなどの葉を食草とし、幼虫はtobacco hornworm（タバコツノムシ）と呼ばれることもある。

▶分布　南および中央アメリカの熱帯域から北アメリカの大部分。南方ではよく見られる。

前翅のくすんだ
色彩は効果的な
保護色になる
細長い前翅
後翅の外縁の
白線はわずか
に波状
♂

新北区、新熱帯区

活動時間帯：☾ | **生息地：** | **開張：**10.8–12cm

科：スズメガ科 | **学名：***Xanthopan morganii* | **命名者：**Walker

キサントパンスズメ Morgan's Sphinx

大型で、黄褐色の前翅に黒色と褐色の線がある。後翅は黒褐色で、基部にくすんだ橙黄色の大きな斑紋がある。本種の最大の特徴は長い口吻で、のばすと25cmを超えることもあり、アングレカム・セスキペダレなどラン科の細長い花から吸蜜できる。

▶幼虫期　幼虫は水浅黄色で白い毛に覆われ、湾曲した黒色と紫色の尾角を持つ。バンレイシ科のバンレイシ属やウバリア属を摂食するとされる。

▶分布　アフリカ熱帯域。

前翅に特徴的な模様

後翅に縞模様のある小さな突起

体側に沿って、黒い縁取りの橙黄色の斑紋が並ぶ

♂

熱帯アフリカ区

活動時間帯：☾ | **生息地：** | **開張：**10–13.5cm

科：スズメガ科	学名：*Cocytius antaeus*	命名者：Drury

ナンベイオオスズメ Giant Sphinx

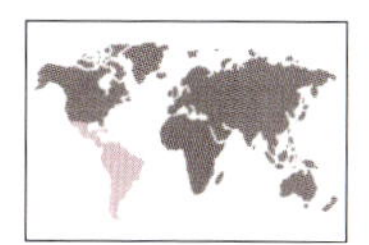

新熱帯区

英名が示すように本科では最大の種。前翅は黄色がかった灰色で、黒色と褐色の斑紋やすじがある。後翅の外縁は黒色の太い帯である。雌雄は似ているが、雌は雄より大きい。一年を通して見られる。

▶幼虫期　幼虫は緑色で体側に沿って淡色の縞が斜めに入っている。背にピンク色の線がある。尾角はピンクと灰色。バンレイシ属を摂食する。

▶分布　南および中央アメリカ熱帯域からアメリカ合衆国フロリダ南部まで。

勾玉形の模様
前翅に白色の波線がある
後翅に特徴的な半透明の「窓」がある
♂
体側に橙黄色の斑紋
後翅の基部は黄色

活動時間帯：☾	生息地：	開張：13−17.5cm

科：スズメガ科	学名：*Laothoe populi*	命名者：Linnaeus

ポプラノコギリスズメ Poplar Hawk-moth

翅の縁は強い波状。前翅は淡灰色から紫みの灰色で、暗色の帯と縁取りがある。

▶幼虫期　幼虫は黄緑色か青緑色で、細かい白斑がある。ポプラを食樹とする。

▶分布　ヨーロッパからアジア温帯域に広く分布する。市街地でよく見られる。

前翅の特徴的な白斑
後翅の縁は強い波状
♂
旧北区

活動時間帯：☾	生息地：	開張：7−8cm

科：スズメガ科	学名：*Coequosa triangularis*	命名者：Donovan

ゴウシュウユウレイスズメ Double-headed Hawk-moth

大型種。独特な形の前翅は褐色で、前縁に暗褐色で三角形の目立つ模様がある。

▶幼虫期　幼虫はユニークな外観で緑色。先端が白色の、小さな黄色いイボ状突起に覆われている。後部の尾脚に、中央が白色の隆起した黒い「眼」があり、トカゲの頭のように見える。ヤマモガシ科のバンクシア属、グレビレア属、マカダミア属などヤマモガシ科を摂食する。

▶分布　オーストラリア東部、特にニューサウスウェールズ。

銀灰色の模様が縁までのびる

三角形の斑紋
前翅の縁が少しくぼんでいる
♂
腹部の中央に暗色の細い線
後翅の基部は橙黄色

インド・オーストラリア区

活動時間帯：☾	生息地：🌳	開張：15−16cm

科：スズメガ科	学名：*Mimas tiliae*	命名者：Linnaeus

ヨーロッパヒサゴスズメ Lime Hawk-moth

くすんだピンク色から赤褐色または黄褐色まで変異し、前翅にオリーブ色の模様がある。

▶幼虫期　緑色で、黄白色の斑点があり、体側に沿って黄色い縞がある。アオイ科のシナノキ属などの広葉樹の葉を食樹とする。

▶分布　ヨーロッパでよく見られる。

前翅の先端近くに特徴的な斑紋がある

前翅の保護色は変異に富む

後翅は黄褐色で暗色の斑紋がある

♀

翅の縁に凹凸が見られる

旧北区

活動時間帯：☾	生息地：🌳	開張：6−7.5cm

科：スズメガ科	学名：*Smerinthus jamaicensis*	命名者：Drury

アメリカウチスズメ Twin-spotted Sphinx

前翅は濃淡のある灰褐色。後翅は濃いピンク色で、黒く縁取られた青い眼状紋が印象的である。

▶幼虫期　幼虫は緑色で、体側に沿って白い縞が斜めに走る。尾角は紫がかったピンク色か青色。リンゴの葉を食樹とする。

▶分布　カナダとアメリカ合衆国。

新北区

前翅は保護色になっている
前翅先端にくぼみがある
♀
後翅は淡色で太く縁取られている
眼状紋を横断する黒い線

活動時間帯：☾	生息地：	開張：5−8cm

科：スズメガ科	学名：*Protambulyx strigilis*	命名者：Linnaeus

ネッタイウチベニホソスズメ Streaked Sphinx

中央および南アメリカに分布する属の1種で、細長い前翅が特徴。前翅の外縁に沿って暗褐色の線が走っているため、類似種と区別できる。

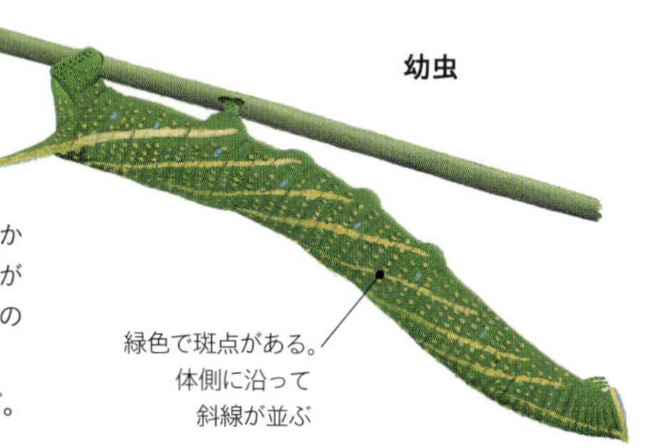

幼虫
緑色で斑点がある。体側に沿って斜線が並ぶ

▶幼虫期　幼虫は黄緑色で、体側に沿って黄緑色か緑がかった白色の斜線が並ぶ。尾部に特徴的な角がある。ウルシ科のカシューナットノキ属や近縁種の葉を摂食する。

▶分布　アルゼンチンからアメリカ合衆国のフロリダ。

前翅の先端に特徴的なくぼみがある
♂
腹部に淡色の斜め模様がある
前翅の後縁に黒褐色の斑点がある

新熱帯区

活動時間帯：☾	生息地：	開張：9.5−12cm

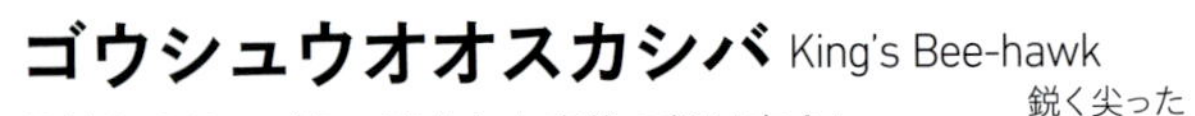

科：スズメガ科　**学名：***Cephonodes kingii*　**命名者：**Macleay

ゴウシュウオオスカシバ King's Bee-hawk

独特なオリーブ色。羽化した直後の翅は完全に鱗粉で覆われているが、飛行中に大半の鱗粉が脱落し、暗色の翅脈を持つ透明な斑紋が現れる。

▶幼虫期　幼虫は緑色から暗緑色で、S字形の尾角を持つ。アオイ科の*Canthium*属の葉を食樹とする。

▶分布　オーストラリア西部、クイーンズランドからニューサウスウェールズ。

インド・オーストラリア区

鋭く尖った触覚の先端

前翅でオリーブ色の鱗粉が斑紋をつくる

♂

幅広で暗色の尾部は鱗粉に覆われている

活動時間帯：☼　**生息地：**　**開張：**4–6.5cm

科：スズメガ科　**学名：***Hemaris thysbe*　**命名者：**Fabricius

アメリカスキバホウジャク Hummingbird Clearwing

北アメリカ産のグループの1種で、前後の翅に透明で大きな斑紋がある。この斑紋の周りは濃い赤褐色だが、翅の基部や胴の前半部はオリーブ色。

▶幼虫期　丸々とした黄緑色の幼虫。背に沿って淡色の縞がある。尾角は黄色と緑色。バラ科のサンザシ属と近縁種を摂食する。

▶分布　カナダとアメリカ合衆国でよく見られる。

新北区

淡色の斑紋部分は穴が開いているように見える

♀

内縁の赤褐色の縁取りは不規則な形状

活動時間帯：☼　**生息地：**　**開張：**4–6cm

科：スズメガ科　**学名：***Cizara ardeniae*　**命名者：**Lewin

シザラスズメ Cizara Hawk-moth

他種とはまったく異なり、1属1種である。前翅中央を貫く帯が前縁に達する部分に、白色で半透明の小さな斑点がある。

▶幼虫期　幼虫は緑色で2本の黄色い縞がある。頭部と尾角は青色。様々なアカネ科のコプロスマ属を摂食する。

▶分布　クイーンズランドからニューサウスウェールズ。

インド・オーストラリア区

前翅の基部近くに明色の眼状紋がある

♀

前翅の外縁は屈曲している

腹部に淡色の独特な模様

活動時間帯：☾　**生息地：**　**開張：**5–7cm

科：スズメガ科	学名：*Pseudosphinx tetrio*	命名者：Linnaeus

ナンベイオオハイイロスズメ Giant Grey Sphinx

大型種。前翅に、濃淡のある灰色と灰白色で模様が描かれている。雌は雄より大きい。

▶幼虫期　幼虫の体表に、黄色と黒色の環状の帯が縞模様をつくっている。脚と腹脚は橙色。頭部の後ろと尾部の近くは橙色で黒い斑点がある。キョウチクトウ科のインドソケイ属とモクセイ科のソケイ属を食樹とする。

▶分布　パラグアイから西インド諸島、アメリカ合衆国南端。

新熱帯区

前翅先端に暗色の線が走る

口吻が見える

前翅前縁の基部に暗色の斑紋

前翅の縁は独特な波状

♂

腹部に淡灰色の細縞

後翅の内縁に灰色と白色の短い線

活動時間帯：☾	生息地：🌴	開張：13–16cm

科：スズメガ科	学名：*Macroglossum stellatarum*	命名者：Linnaeus

ホウジャク Hummingbird Hawk-moth

前翅は灰褐色で黒い線がある。雌雄は似ている。ホバリングしながら長い口吻で吸蜜するため、ハチドリとよく間違えられる。

▶幼虫期　幼虫は緑色または褐色で、尾角は青色。アカネ科のヤエムグラ属を食草とする。

▶分布　ヨーロッパ南部と北アフリカが原産地だが、アジアから日本にかけても分布する。

旧北区

特徴的な頑丈な触角

♀

後翅の縁は暗色

幅の広い腹部が飛行能力の高さを示す

ハチドリのような尾部

活動時間帯：☼	生息地：草原	開張：4–5cm

科：スズメガ科	学名：*Hippotion celerio*	命名者：Linnaeus

シタベニセスジスズメ Silver-striped Hawk-moth

前翅は褐色で、英名の由来となった銀白色の線がある。後翅の基部は明るいピンク色で、縁に近づくにつれ淡色になる。

▶幼虫期　幼虫の体色は暗褐色、明褐色、緑色と変異に富む。アカネ科のヤエムグラ属とブドウ科のアメリカヅタを食草とする。

▶分布　アフリカ、オーストラリア、ヨーロッパ南部、日本（沖縄）。

熱帯アフリカ区
旧北区
インド・オーストラリア区

♀
各翅に小さな突起がある
前翅の後角は尖っている

活動時間帯：☾	生息地：農地・草原	開張：7–8cm

科： スズメガ科 | **学名：** *Hyles livornica* | **命名者：** Esper

アカオビスズメ Striped Hawk-moth

世界中に分布する。前翅は濃いオリーブブラウンで、ピンクがかった白色の縞とすじがある。後翅はピンク色で黒く縁取られている。成虫はスイカズラ属やセイヨウカノコソウの花を訪れる。

▶幼虫期　幼虫は濃緑色か黒色で、黄色い斑点がある。アカネ科のヤエムグラ属など食草は多種にわたる。

▶分布　北および南アメリカ、ヨーロッパ、アフリカ、アジア、日本、オーストラリア。

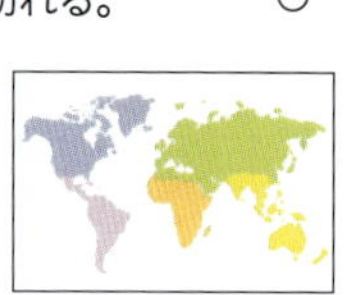

世界全域

♂

ピンクがかった白色の斑紋が腹部に並ぶ

前後の翅の縁は淡い灰褐色

活動時間帯： ☾ ☼ | **生息地：** | **開張：** 7–8cm

科： スズメガ科 | **学名：** *Deilephila elpenor* | **命名者：** Linnaeus

ベニスズメ Elephant Hawk-moth

前翅はオリーブブラウンで、くすんだピンク色の帯がある。後翅は濃いピンク色。翅の裏面は全体が明るいピンク色である。

▶幼虫期　幼虫は大型で緑色か灰褐色。頭部の後ろに目を引くような眼状紋がある。アカバナ科のアカバナ属やアカネ科のヤエムグラ属を食草とする。

▶分布　ヨーロッパに広く分布し、アジア温帯域から日本にも分布する。

旧北区

前翅の先端が急に先細りになる

♂

後翅の白い縁毛帯

胸部と腹部にピンクとオリーブブラウンの縞模様

活動時間帯： ☾ | **生息地：** | **開張：** 5.5–6cm

科： スズメガ科 | **学名：** *Daphnis nerii* | **命名者：** Linnaeus

キョウチクトウスズメ Oleander Hawk-moth

大型種で、緑色と紫がかったピンク色で構成される複雑な模様がある。後翅は灰褐色。

▶幼虫期　幼虫は大型でオリーブ色。頭部の後ろに大きな青い眼状紋が2つある。黄色い尾角の先端は黒色。キョウチクトウ、ツルニチニチソウ、ブドウを食草とする。

▶分布　アフリカとアジア南部に広く分布し、ヨーロッパに渡りをする。ハワイ、日本でも発見されたという記録もある。

熱帯アフリカ区
インド・オーストラリア区

先端が強く曲がった触角

翅の模様が腹部を横切る

緑みがかった灰色の不規則な帯が中央を走る

♀

活動時間帯： ☾ | **生息地：** | **開張：** 8–12cm

科：スズメガ科	学名：*Euchloron megaera*	命名者：Linnaeus

アフリカミドリスズメ Verdant Sphinx

スズメガ科の中で最もユニークな種。胸部、腹部と前翅は濃い緑色。後翅は橙黄色で、外縁に黒色と赤褐色の模様がある。翅の裏面の緑色は変異に富み、ピンクがかった赤色か赤褐色に染まっている。腹部の裏側に銀色の斑紋が2つある。

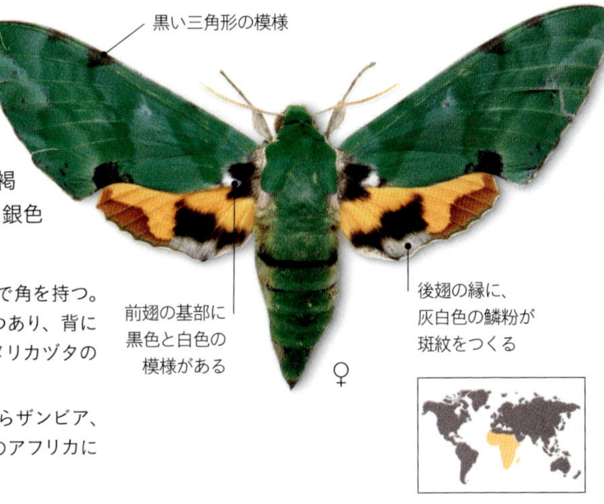
黒い三角形の模様
前翅の基部に黒色と白色の模様がある
後翅の縁に、灰白色の鱗粉が斑紋をつくる
♀
熱帯アフリカ区

▶幼虫期　幼虫は赤に近いピンク色で角を持つ。頭部からある程度後方に眼状紋が1つあり、背に沿って白線が2本走る。ブドウやアメリカヅタの葉を食草とする。

▶分布　アフリカ西部の赤道付近からザンビア、南アフリカまで、サハラ砂漠より南のアフリカに広く分布する。

活動時間帯：☾	生息地：🌴	開張：7−12cm

ミナミシャチホコガ科 Oenosandra boisduvalii

オーストラリア固有で、わずか8種しか含まれない小さな科。これらの種はシャチホコガ科に属すると考えられていた。しかし、コウモリの声を聞いて回避するための独特な聴覚器官（神経系が1つではなく2つある）を備えていることから、現在では独立した科として扱われている。

科：ミナミシャチホコガ科	学名：*Oenosandra boisduvalii*	命名者：Newman

ボイスデュバルミナミシャチホコ Boisduval's Autumnal Moth

休息するときは翅を体に巻きつけるようにたたむため、小枝のように見える。雄は雌より小さく、前翅は灰色で黒い斑点がある。

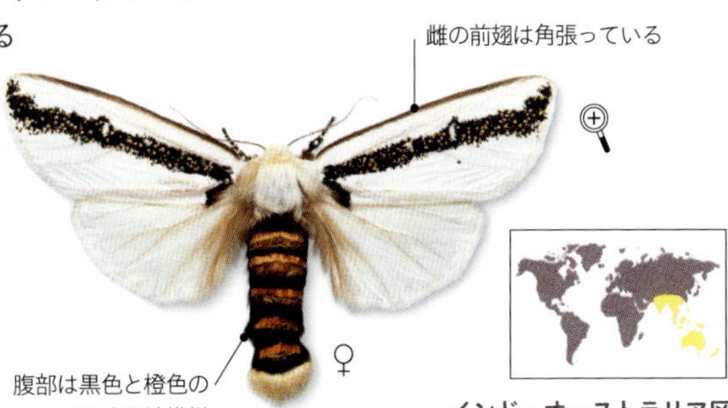
雌の前翅は角張っている
腹部は黒色と橙色の明瞭な縞模様
♀
インド・オーストラリア区

▶幼虫期　幼虫の胸部と腹部は黒色で頭部は褐色。背に白い斑点がある。ユーカリを食草とする。

▶分布　オーストラリア南部の森林地帯。

活動時間帯：☾	生息地：🌳	開張：4−5cm

シャチホコガ科 Notodontidae

3,800を超える小型から中型の種が属し、世界中に分布する大きな科。たいていは前翅と腹部がやや長い。翅の色は褐色、灰色、緑色が多いが、より明るい色の種もいる。前翅の後縁にある房状の鱗粉が、本科に属する多くの種の特徴になっている。翅をたたんだとき、この房が突き出て目立つことからprominents（突起）という言葉が英名で使われるようになった。本科の幼虫の形態は変異に富み、共同で巣をつくる毛深い種から、体表は滑らかで背に瘤がある種、そして尾部が鞭のようになっている種もいる。

科：シャチホコガ科	学名：*Cerura vinula*	命名者：Linnaeus

ヨーロッパモクメシャチホコ Puss Moth

前翅は白色で、灰黒色のジグザグ模様がある。模様のない後翅は灰色に強く染まり、暗色の翅脈がある。雌雄は似ている。春から夏に見られる。

▶幼虫期　幼虫は明るい緑色で、背の中央部に鞍状で紫色の斑紋がある。尾部に2本の長い尾がある。脅かされるとこの尾を頭部側に突き出し、細い鞭状のピンクの糸を出す。喉に当たる部分の腺から蟻酸を噴出することもある。ヤナギ類やポプラ類を食樹とする。

▶分布　ヨーロッパに広く分布し、さらに北アフリカから西シベリアにも生息する。

威嚇姿勢の幼虫

幼虫

短く白い頑丈な触角
前翅の縁は
やや角張っている
前翅の基部近くに
暗色の帯
♀
毛皮のような外観の
腹部に独特な模様
翅の基部に
長く白い鱗粉がある
旧北区

活動時間帯：☾	生息地：🌳	開張：6−8cm

科：シャチホコガ科	学名：*Chliara cresus*	命名者：Cramer

ナンベイキンイロアミメシャチホコ Croesus Prominent

シャチホコガ科は南アメリカに多く生息しているが、個々の種についてはほとんど知られていない。本種は約10種からなる属の1種。この属には、前翅に金属光沢を有する模様を持つものが多い。本種の前翅には暗褐色の網目模様があり、金褐色の鱗粉がちりばめられている。そのため、古代のリディア王で富豪のクロイソスにちなんで英名がつけられた。印象的な銀色の斑点が、翅の中央と基部に集まっている。

▶幼虫期　幼虫期についてはよく知られていない。また食草も不明である。

▶分布　南および中央アメリカの熱帯域。

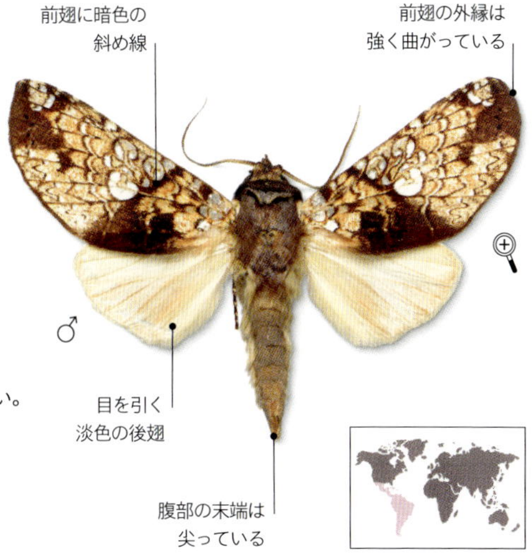
前翅に暗色の斜め線
前翅の外縁は強く曲がっている
♂
目を引く淡色の後翅
腹部の末端は尖っている

新熱帯区

活動時間帯：☾	生息地：🌴	開張：4.5−5.5cm

科：シャチホコガ科	学名：*Psalidostetha banksiae*	命名者：Lewin

バンクシアシャチホコ Banksia Moth

オーストラリアのシャチホコガ科の中で、最も特徴的な種の1つ。前翅は灰色で黒い模様がある。雌の後翅は光沢のある褐色がかった灰色だが、雌より小さい雄の後翅はほぼ全体が白色。雌雄とも腹部は橙黄色である。1年のほとんどの時期に見られるが、特に春に多くなる。

▶幼虫期　幼虫は光沢のある赤褐色で、尾部に白斑と短い尾角がある。尾角は鈍い黒色。昼行性でヤマモガシ科のバンクシア・マルギナタやハケア属の葉を摂食し、脅かされると体の前半分を持ち上げて威嚇姿勢をとる。地中で蛹化する。

▶分布　オーストラリア全域。

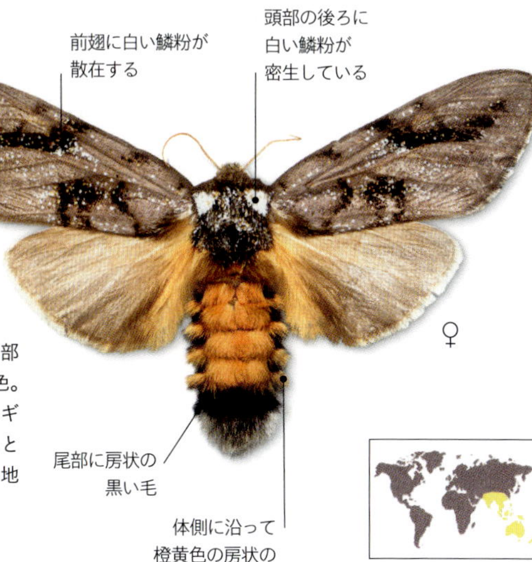
前翅に白い鱗粉が散在する
頭部の後ろに白い鱗粉が密生している
♀
尾部に房状の黒い毛
体側に沿って橙黄色の房状の毛がある

インド・オーストラリア区

活動時間帯：☾	生息地：[icon]	開張：6−8cm

科：シャチホコガ科	学名：*Desmeocraera latex*	命名者：Druce

アフリカアオシャチホコ Olive Prominent

非常に変異に富む。前翅は褐色で緑みがかったものから、ほぼ全体が草色のものまでいる。雌雄とも後翅は光沢のある淡褐色。

▶幼虫期　幼虫は褐色で、体側に沿って白いすじと暗色の斑点がある。イチジクやアカテツを食樹とする。

▶分布　アフリカ西部からマラウイ、アンゴラ、南アフリカまで。

熱帯アフリカ区

この写真よりも、
全体が緑がかった
個体もいる
♀
前翅の模様が
後翅まで続く

活動時間帯：	生息地：	開張：4－6cm

科：シャチホコガ科	学名：*Nerice bidentata*	命名者：Walker

ホクベイシロスジシャチホコ Double-toothed Prominent

白く縁取られた黒褐色の線が前翅と胸部を横切り、線より前は褐色、後ろは淡灰色になっている。英名のdouble-tooth（二枚歯）はこの線に由来する。

▶幼虫期　幼虫の背に沿って三角形の突起が並び、食樹のニレ属の葉に似せている。

▶分布　カナダ南部とアメリカ合衆国。

新北区

雌雄とも触角は羽毛状
♀
特徴的な
「歯形」
翅の模様が
胸部を横切る

活動時間帯：	生息地：	開張：3－4cm

科：シャチホコガ科	学名：*Notodonta dromedarius*	命名者：Linnaeus

テツイロシャチホコ Iron Prominent

通常、前翅は濃淡のある帯紫色と赤褐色に染められている。ただし分布域の北方では灰色を帯びて暗色になる。

▶幼虫期　幼虫は黄緑色から赤褐色まで変異に富む。カバノキ属やコナラ属など広葉樹の葉を摂食する。

▶分布　中央および北ヨーロッパ、スカンジナビア。

旧北区

前翅の内縁は
赤褐色
前翅の縁は
波状
♂
頑丈で毛が密生した腹部

活動時間帯：	生息地：	開張：4－5cm

科：シャチホコガ科	**学名：***Schizura ipomoeae*	**命名者：**Doubleday

ホクベイアサガオシャチホコ Morning-glory Prominent

翅は灰褐色だが、暗色の細かい線と斑点があるものや、黒色から暗褐色の太い帯か線が走るものなど、模様は非常に変異に富む。雌は雄より大きい。

▶幼虫期　幼虫は緑色と褐色。不規則な形の体から、先端が赤く柔らかい突起が数本突き出し、輪郭を崩して狙われにくくしている。カバノキ属やバラ属の葉を摂食する。

▶分布　アメリカ合衆国からカナダ南部。

前翅の縁に淡色で
三角形の斑紋がある
♂
左右の前翅の中央に、
淡色で縁取られた
暗色の斑紋がある

新北区

活動時間帯：☾	**生息地：**	**開張：**4−5cm

科：シャチホコガ科	**学名：***Stauropus fagi*	**命名者：**Linnaeus

シャチホコガ Lobster Moth

灰褐色の大型種。前翅は細長く、後翅は小さく丸みがある。暗色型の個体も存在し、地色は濃灰色。

▶幼虫期　幼虫のロブスターのように膨らんだ尾部と、ロブスターの爪のように細長く屈曲した前脚からlobsterという英名がつけられた。ヨーロッパブナを食樹とする。

▶分布　ヨーロッパからアジア温帯域、日本まで。

前翅で暗色の
斑点が列をなす

♀

後翅の縁毛帯は
色が非常に薄い

腹部末端は
毛皮のような外観

旧北区

活動時間帯：☾	**生息地：**	**開張：**5.5−7cm

科：シャチホコガ科	学名：*Clostera albosigma*	命名者：Fitch

ニセツマアカシャチホコ Sigmoid Prominent

前翅は淡褐色で濃淡のある線が走る。先端は濃いチョコレートブラウン。前翅にあるギリシャ文字のシグマ（Σ）形の白い模様から英名がつけられた。

▶幼虫期　幼虫は黒色で、白く細い毛に覆われている。背に沿って橙黄色の4本の線が走る。ポプラを食樹とする。

▶分布　日本を含む全北区。

全北区

前翅先端は独特な形の暗色の斑紋
前翅前縁はわずかにくぼむ
♂
後翅は淡色で無地

活動時間帯：☾	生息地：	開張：3-4cm

科：シャチホコガ科	学名：*Datana ministra*	命名者：Drury

ホクベイチャイロシャチホコ Yellow-necked Caterpillar Moth

hand-maid mothsと呼ばれる近縁種のグループに属する大型種。翅の外縁が独特な波状で、黒みがかり焦げたように見えることから他の近縁種と区別できる。

▶幼虫期　幼虫は黒色と黄色の縞模様。リンゴなど様々な広葉樹の葉を摂食する。

▶分布　カナダ南部とアメリカ合衆国でよく見られる。

新北区

前翅中央にやや暗色の帯がある

♀

腹部の末端は暗色

前翅の縁は独特な波状

活動時間帯：☾	生息地：	開張：4-5cm

科：シャチホコガ科	学名：*Phalera bucephala*	命名者：Linnaeus

オウシュウツマキシャチホコ Buff-tip

前翅は紫みの灰色で、薄い銀灰色を帯びている。黒色と褐色の線がある。休息時に閉じると保護色になる前翅が、英名の由来である。

▶幼虫期　幼虫は橙黄色で黒い帯がある。多様な広葉樹の葉を摂食する。

▶分布　ヨーロッパからシベリアまで広く分布する。

旧北区

黄褐色の斑紋は、折れた小枝の端部に似ている

♀

淡色の後翅は休息時には隠れてしまう

前翅の縁は波状

活動時間帯：☾	生息地：	開張：5.5-7cm

科：シャチホコガ科	学名：*Anaphe panda*	命名者：Boisduval

アフリカパンダシャチホコ Banded Bagnest

前翅は白色で、濃いチョコレートブラウンの明瞭な模様がある。後翅も白色だが無地。雌雄は似ている。

▶幼虫期　幼虫は毛が密生しており灰色がかった白色。キョウチクトウ科の*Diplorhynchus*属やトウダイグサ科のマルヤマカンコノキ属の葉を摂食する。

▶分布　西アフリカからケニア、モザンビーク、南アフリカ。

黒い羽毛状の
触角
♀
房状の刺毛

熱帯アフリカ区

活動時間帯：☾	生息地：草原	開張：4–5.5cm

科：シャチホコガ科	学名：*Epicoma melanosticta*	命名者：Donovan

アトグロキベリシャチホコ Common Epicoma Moth

美しい種。前翅は白色で、黒い鱗粉がちりばめられ、黒色と黄色の格子模様で縁取りされている。後翅は帯黒色で、鋸歯状で山吹色の厚い縁取りがある。

▶幼虫期　幼虫は暗褐色で、褐色の短い毛が房になっている。ユーカリの葉を摂食する。

▶分布　オーストラリア東部と南部に広く分布する。

インド・オーストラリア区

毛が密生した胸部が
本種の特徴

♂

後翅の縁は
黄色

尾部の毛は
明黄色

活動時間帯：☾	生息地：森林	開張：4–5cm

科：シャチホコガ科	学名：*Thaumetopoea pityocampa*	命名者：Denis & Schiffermüller

マツノギョウレツムシガ Pine Processionary Moth

全体がくすんだ色で、灰白色の前翅に濃い灰褐色の帯がある。

▶幼虫期　幼虫は灰黒色で、体側は細く白い毛で覆われている。赤褐色のイボ状突起がある。食樹のマツの葉を求め、行列をつくって移動する。

▶分布　北アフリカを含む地中海諸国に分布する。過去20年間、ヨーロッパに向けて生息域を北上させており、気候変動の影響だと思われる。

旧北区

前翅の前縁は
暗褐色
♀
雌雄とも
後翅に黒い
斑点がある
前翅の縁に沿って
不連続な暗色の
線がある

活動時間帯：☾	生息地：森林	開張：4–5cm

トモエガ科 Erebidae

ガとしては最大級の科の1つで、およそ15,000種が含まれる。鱗翅目のDNA解析によって近年に新設され、以前はヒトリガ科、ドクガ科、ヤガ科などに分類されていた多くの種が本科に属するようになった。成虫の翅の形状と色は非常に変異に富む。鮮やかな色のヒトリガの仲間や、毛に覆われてふわふわしたドクガの仲間が多数含まれる。幼虫の多くは鮮やかな色をしており、毛、刺毛、棘などに覆われているものが多い。

科：トモエガ科	**学名：***Lymantria dispar*	**命名者：**Linnaeus

マイマイガ Gypsy Moth

有名な害虫で、雌雄は大きく異なる。雄は薄い黄褐色で、前翅に暗褐色の模様、後翅に暗褐色の縁取りがある。雌は雄より大きく、全体がほぼ白色で前翅に特徴的な黒い模様がある。夏に見られる。雄は昼間に飛び回るが、動きの鈍い雌はほとんど飛ばず、羽化した場所から遠くに移動することもめったにない。

▶幼虫期　幼虫は青灰色で、背に隆起した赤色と青色の斑点が並び、斑点から房状の毛が生えている。コナラ属を好むが食樹は多種にわたり、森林の広範囲の葉を食べ尽くすこともあるため深刻な害虫になる場合が多い。1年に1回発生する。

▶分布　ヨーロッパとアジア温帯域が原産だが、19世紀中頃に絹糸生産のため北アメリカに導入された。しかし逃げ出して定着し、北アメリカ最悪の害虫になった。ヨーロッパではそれほど深刻な害虫とは見なされていない。

雄の触角は羽毛状
♂
後翅の縁は淡色で細い

雌の前翅に特徴的な
黒いV字形の模様がある
♀
翅の縁に沿って独特な
黒い斑点が並ぶ
毛が密生した大きな胸部

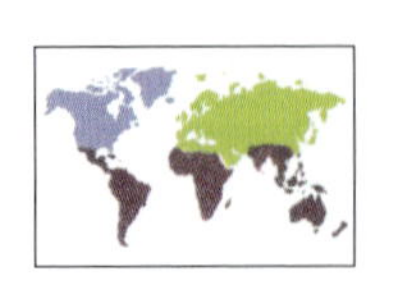

全北区

活動時間帯：☼	**生息地：**🌳	**開張：**4−6cm

科：トモエガ科	学名：*Catocala fraxini*	命名者：Linnaeus

ムラサキシタバ Clifden Nonpareil

旧北区

美しい種。前翅に灰白色と濃い灰褐色の模様があり、保護色になっている。後翅は黒褐色で、くすんだ青色の特徴的な帯がある。雌雄は似ている。

▶幼虫期 幼虫は体長が長く、灰色で褐色の斑模様がある。枝で静止して擬態できる。主にセイヨウトネリコやヨーロッパヤマナラシを食樹とする。

▶分布 中央および北ヨーロッパに広く分布する。イギリス諸島に生息していたこともあるが、1960年代に一度絶滅した。現在は復活していると思われる。アジア温帯域から日本にも生息する。

非常に細い触角
♀

活動時間帯：☾	生息地：🌳	開張：7.5–9.5cm

科：トモエガ科	学名：*Catocala ilia*	命名者：Cramer

イリアベニシタバ Ilia Underwing

北アメリカに多数生息する、赤色のカトカラ類の1種。保護色になっている前翅は、暗褐色の斑模様からほぼ黒一色まで極めて変異に富む。後翅はピンクがかった赤色で、不規則な形の太く黒い帯が2本ある。beloved underwing（愛されるカトカラ）やwife（妻）とも呼ばれる。雌雄は似ている。夏から秋に見られる。

▶幼虫期 幼虫は体長が長く、体表がザラザラしている。灰色で、枝の表面に体を押しつけて静止するとまったく目立たない。コナラ属の葉を摂食する。

▶分布 北アメリカのカトカラ類では最も個体数が多く、カナダ南部からフロリダまで広く分布する。類似種のdark crimson underwing (*Catocala sponsa*)はヨーロッパ全域に生息する。

前翅の複雑な模様
前翅中央の淡色の模様は、白色の場合がある
♂
後翅にギザギザした特徴的な帯がある
頑丈な腹部

新北区

活動時間帯：☾	生息地：🌳	開張：7–8cm

科：トモエガ科	学名：*Calliteara pudibunda*	命名者：Linnaeus

タイリクリンゴドクガ Pale Tussock

ずっしりした胸部と腹部を持つ。雄の前翅は薄い灰白色で中央に濃い灰褐色の帯があり、淡色の後翅には暗褐色の帯が走る。雌は雄より大きく、前翅は白色で灰褐色を帯び、同じく灰褐色の細い線がある。

雄の触角は羽毛状
♂
三日月紋は雌のものより暗色

▶幼虫期　幼虫は毛深い。黄色か淡緑色で、体節の間に黒い帯が2本入る。尾部近くで、明るいピンク色の毛が房になっている。様々な広葉樹の葉を食樹とする。

▶分布　ヨーロッパに広く分布し、アジア温帯域にも生息域を広げている。

旧北区

♀
後翅に淡色の三日月紋
前翅の縁に暗色の斑点が並ぶ

活動時間帯：☾	生息地：🌳	開張：5−7cm

科：トモエガ科	学名：*Euproctis chrysorrhoea*	命名者：Linnaeus

オグロムモンシロドクガ Brown-tail Moth

翅は白色。雌の腹部末端に粗い褐色の鱗粉が房状に生えており、英名の由来になっている。雄はこの房状の鱗粉を持たず、褐色の尾部は細身である。発生は1年に1回で、夏に見られる。

背に特徴的な赤い斑点
幼虫

▶幼虫期　幼虫は褐色で毛が密生している。背に橙赤色の模様があり、側面に鱗粉のような白い毛が生えている。絹のような糸で共同巣をつくり、スピノサスモモやサンザシ属など、様々な果樹や観賞用樹木の葉を摂食する。有毒な毛に触れると痛みを伴う発疹が出ることがある。

▶分布　イギリス諸島を含むヨーロッパに広く分布し、北アフリカやカナリア諸島にも生息する。北アメリカに導入されたが、現在では主にアメリカ合衆国北東部沿岸のみで見られる。

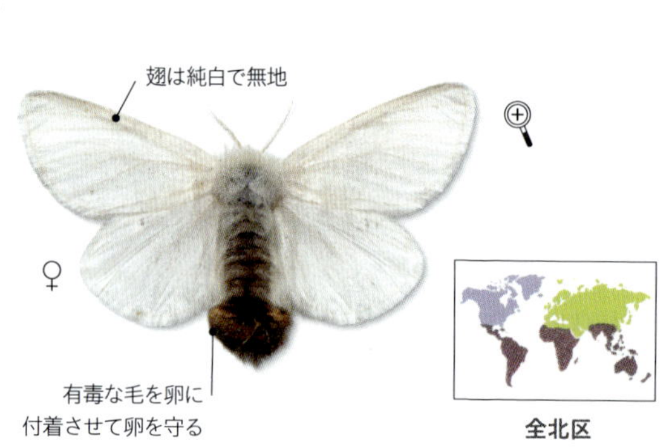
翅は純白で無地
♀
有毒な毛を卵に付着させて卵を守る

全北区

活動時間帯：☾	生息地：🌳 草地	開張：3−4.5cm

科：トモエガ科	学名：*Euproctis edwardsii*	命名者：Newman

ゴウシュウチャイロドクガ Mistletoe Browntail Moth

毛深い外観で灰褐色。特徴的な模様はないが、前翅に薄く鱗粉が見られる。後翅の縁はわずかに黄褐色がかっている。

▶幼虫期　毛が密生した幼虫は濃い赤褐色で、背に沿って白い帯がある。毛に触れるとひどい発疹ができる。ヤドリギ類を食草とする。

▶分布　クイーンズランド、ニューサウスウェールズからビクトリア、南オーストラリアに至るオーストラリアに分布。

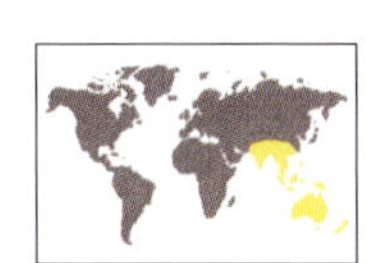

インド・オーストラリア区

羽毛状の触角
♀
腹部末端の毛状の鱗粉で卵を保護する

活動時間帯：☾	生息地：	開張：4–5.7cm

科：トモエガ科	学名：*Laelia pyrosoma*	命名者：Hampson

アフリカベニシロドクガ Fiery Tussock

本属の中では特に目立つ白色。雄の前翅には、非常に薄い黄褐色の線で模様が描かれている。雌は雄と似ているが線の色が濃い。腹部に明橙赤色の帯と房がある。

▶幼虫期　幼虫期についてはよくわかっていない。ヤマモガシ科の*Faurea*属とプロテア属、クリソバラヌス科のパリナリ属を食草とする。

▶分布　ジンバブエから南アフリカ。

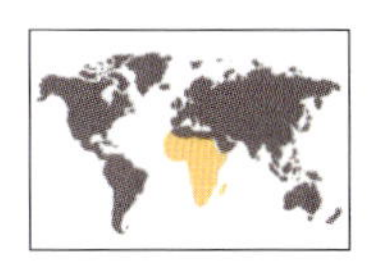

熱帯アフリカ区

前翅は純白
♂
腹部の色が学名と英名の由来

活動時間帯：☾	生息地：	開張：4–5cm

科：トモエガ科	学名：*Euproctis hemicyclia*	命名者：Collenette

クロテンキベリドクガ Collenette's Variegated Browntail

東南アジアに生息する大きなグループの1種。このグループの翅の模様は褐色と黄色で変異に富む。前翅の黄色い縁取りにある黒い斑点が特徴的。

▶幼虫期　幼虫期については知られていない。グループの他種の幼虫は熱帯の果樹、カカオ、ランタナ、アカシアや栽培種の葉を摂食する。

▶分布　スマトラの熱帯林。

インド・オーストラリア区

独特な黄色い頭部
♀
腹部の末端に特徴的な房状の毛がある

活動時間帯：☾	生息地：	開張：3–4.5cm

科：トモエガ科	学名：*Orygia leucostigma*	命名者：Smith

ホクベイシロモンドクガ White-marked Tussock Moth

雄の翅は濃い褐色がかった灰色で、前翅に褐色の帯がある。雌は灰白色で翅がない。

▶幼虫期　幼虫は黄褐色。頭部と尾部に、黒色と白色の羽毛のような長い毛の房がある。様々な広葉樹や針葉樹を食樹とするため、植林地の害虫になる場合がある。

▶分布　北アメリカ、アメリカ合衆国各地。

新北区

前翅の縁に独特な黒い線がある

この小さな白斑が英名の由来

♂

活動時間帯：☾	生息地：	開張：2.5−4cm

科：トモエガ科	学名：*Leptocneria reducta*	命名者：Walker

ゴウシュウウスチャドクガ Cedar Tussock

本属はオーストラリア固有で2種しか含まれない。本種はその1種。くすんだ褐色で、前翅に暗褐色の独特な模様があり、不明瞭な褐色の線が縁を走る。雄の後翅は半透明の淡褐色。暗色で縁取られ、淡褐色の模様がある。

▶幼虫期　幼虫は毛が密生している。タイワンセンダンや市街地の樹木を食樹とする。

▶分布　クイーンズランド北部からニューサウスウェールズ南部。

インド・オーストラリア区

前翅の縁に沿って不明瞭な暗色の斑点が並ぶ
♂
後翅に特徴的な暗色の模様

活動時間帯：☾	生息地：	開張：3−7cm

科：トモエガ科	学名：*Aroa discalis*	命名者：Walker

アフリカアカオビドクガ Banded Vapourer

雄は濃い赤褐色で、前翅に淡橙色の模様があり、後翅に橙色の太い帯がある。雌は橙黄色で、前翅に褐色の線で模様が描かれている。腹部は橙色と黒色。

▶幼虫期　幼虫は暗褐色で毛が密生している。様々なイネ科を食草とする。

▶分布　ケニア、コンゴ民主共和国からアンゴラ、モザンビーク、南アフリカ。

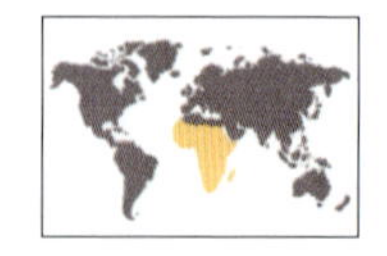

熱帯アフリカ区

雌の前翅の縁に沿って黒い斑点が並ぶ
♂
後翅に橙色と黒色の帯

活動時間帯：☾ ☼	生息地：	開張：3−4cm

科：トモエガ科	学名：*Lymantria monacha*	命名者：Linnaeus

ノンネマイマイ Black Arches

翅の模様で容易に同定できる。白地の前翅には黒いジグザグ模様がある。後翅は灰褐色で、白い縁に黒い斑点がある。雌は雄より大きく、前翅が細長い。

▶幼虫期　幼虫は灰色で毛が密生している。背に黒い線と斑点がある。コナラ属など広葉樹の葉を摂食することが知られている。

▶分布　イギリス諸島を含むヨーロッパからアジア温帯域、日本。

旧北区

♂
雄の触角は羽毛状
ピンク色の腹部に黒い縞がある

活動時間帯：☾	生息地：🌳	開張：4–5cm

科：トモエガ科	学名：*Orgyia anartoides*	命名者：Walker

ゴウシュウヒメキモンドクガ Painted Apple Moth

雄の後翅にある橙色の模様が、英名の由来である。前翅には、褐色と黒色を帯びた縞模様がある。

▶幼虫期　幼虫は毛が密生している。頭部は赤褐色で、背に沿って長い剛毛の房が4つある。毛に触れると発疹を起こすことがある。様々な広葉樹の葉を摂食するため、果樹園に被害を与えることがある。

▶分布　オーストラリアのクイーンズランドから南オーストラリア、タスマニア。ニュージーランドにも分布する。

インド・オーストラリア区

♂
褐色の特徴的な模様
後翅に鮮橙色の斑紋

活動時間帯：☾	生息地：🌾🌳	開張：2.5–3cm

科：トモエガ科	学名：*Orgyia antiqua*	命名者：Linnaeus

タイリクヒメシロモンドクガ The Vapourer Moth

雄は鮮やかな赤褐色の前翅を持つため同定しやすい。雌はほとんど翅がなく飛べない。

▶幼虫期　幼虫は濃灰色で毛が密生し、赤い斑点がある。背に沿って、黄色または淡褐色の歯ブラシ状の房が4つ並ぶが、その毛に触れるとかゆみが生じる。食樹は多種にわたる。

▶分布　ヨーロッパ、アジア温帯域、シベリア、アメリカ合衆国。

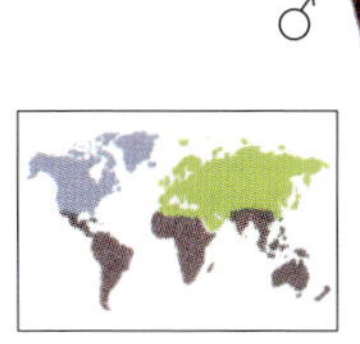

全北区

♂
白い三日月紋
後翅の縁に毛が密生している

活動時間帯：☼	生息地：🌳	開張：2–3cm

科：トモエガ科	学名：*Lymantria albimacula*	命名者：Wallengren

シロオビマイマイガ White Barred Gypsy

前翅中央に半透明で黄白色の斑紋が帯状に並ぶ。半透明で黄褐色の後翅には、褐色の翅脈がある。

▶幼虫期 橙褐色で毛が密生している。背は色が濃く、体側に沿って黒い縞がある。カンラン科のミルラノキ属の葉を摂食する。

▶分布 アンゴラ、ザンビア、ジンバブエからモザンビーク、南アフリカ。

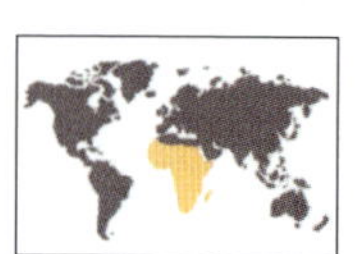

熱帯アフリカ区

♂
疑問符のような形の模様
後翅の縁毛帯は濃い黄色

活動時間帯：☾	生息地：	開張：2.5−4.5cm

科：トモエガ科	学名：*Psalis africana*	命名者：Kiriakoff

アフリカトガリドクガ Pennant Tussock

独特な輪郭の前翅は薄い黄褐色で、紫みの灰色の太い帯が中央を横切る。後翅は白色から黄白色。

▶幼虫期 幼虫は黄色か黄褐色で黒い模様と房状の毛があり、背の中央に絹のような白い毛の束がある。イネ科のヒパレーニア属を摂食する。

▶分布 アフリカ全域。

熱帯アフリカ区

翅の先端の独特な形状は、雌の方が顕著
♀
淡褐色の腹部

活動時間帯：☾	生息地：	開張：3−4.5cm

科：トモエガ科	学名：*Perina nuda*	命名者：Fabricius

スキバドクガ Transparent Tussock

雄の透明な前翅と独特な輪郭の後翅は、他のドクガ類には見られない。雌の翅は淡褐色で丸みがあり、前翅に暗褐色の鱗粉がある。

▶幼虫期 幼虫は黒い毛が密集した束が背に2つあり、体側に沿って灰黒色の毛が房になっている。イチジクの栽培種を食樹とする。

▶分布 インド、スリランカからミャンマー、中国、日本（沖縄）。

インド・オーストラリア区

前後の翅に透明な斑紋がある
♂
腹部末端に、房状の鮮橙色の毛がある

活動時間帯：☾	生息地：	開張：3−4.5cm

科：トモエガ科	学名：*Grammia virgo*	命名者：Linnaeus

ビルゴヒトリ Virgin Tiger-moth

大型であることと後翅の黒い斑紋で同定できる。通常、後翅と腹部は赤色だが、黄色の型もいる。

▶**幼虫期**　幼虫は黒色で毛が密生している。クローバー類、オオバコ、レタス、アカザ属など、様々な背の低い植物を摂食する。

▶**分布**　カナダ南東部から、西海岸を除くアメリカ合衆国各地。

前翅の特徴的な模様は
胸部まで続く
前翅の縁は
クリーム色
鮮やかな翅の色で、
食べても不味いことを
警告している

新北区

活動時間帯：☾	生息地：	開張：4.5−7cm

科：トモエガ科	学名：*Paramsacta marginata*	命名者：Donovan

ゴウシュウマエアカヒトリ Donovan's Tiger

美しい種。白色で非常に変異に富む。オーストラリア北部産の個体は黒い斑紋がほとんどないが、南部産は黒い斑紋が大きく、地色も白色ではなくピンクがかった白色になる。

▶**幼虫期**　幼虫は黒色で、長い房状の毛がある。ワタゲハナグルマなどを食草とする。

▶**分布**　オーストラリア北西部から南オーストラリア。

前翅の前縁は
赤色で特徴的

前翅は細長くて
尖っている

♂

腹部に黒い縞がある

インド・オーストラリア区

活動時間帯：☾	生息地：	開張：4−4.5cm

科：トモエガ科	学名：*Arctia caja*	命名者：Linnaeus

ヒトリガ Garden Tiger

前翅は褐色と白色。後翅は赤色で青黒色の斑点がある。個性的で美しく、同定は非常に容易。前後の翅の模様は変異に富み、まれに黄色の色彩型も発生する。

幼虫
赤い体毛

▶幼虫期　幼虫は黒色で毛が密生している。腹部の裏側と第1体節の周りに、くすんだ赤色の毛が生えている。様々な広葉低木の葉を摂食する。

▶分布　ヨーロッパからアジア温帯域、日本。カナダとアメリカ合衆国北部でも見られることがある。

毛が密生した褐色の胸部

黒く縁取られた帯灰色の模様

後翅の縁毛帯は淡橙色

♂

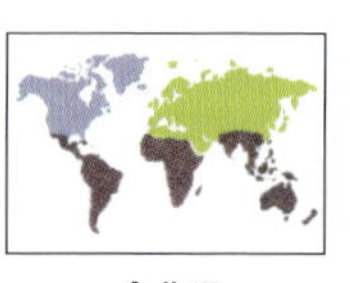

全北区

活動時間帯：☾	生息地：	開張：5–7.5cm

科：トモエガ科	学名：*Estigmene acrea*	命名者：Drury

キシタクロテンヒトリ Acrea Moth

ごく普通に見られる種で、黒い斑点のある前翅が特徴。雄の前翅は淡黄色を帯びている。左右の後翅にはそれぞれ3から4個の黒い斑点がある。後翅の地色は雄が橙黄色で雌が白色。

▶幼虫期　幼虫の体表は濃淡の異なる褐色の斑模様で、長い褐色の毛が覆っている。種々の低木や広葉樹の葉を摂食し、キャベツやクローバー類の害虫になることが多い。

▶分布　カナダ南東部に広く分布し、アメリカ合衆国東部でも見られる。

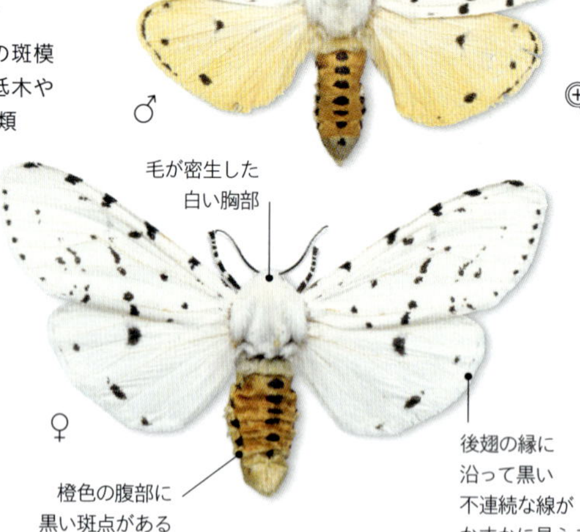
♂
毛が密生した白い胸部
♀
橙色の腹部に黒い斑点がある
後翅の縁に沿って黒い不連続な線がかすかに見える

新北区

活動時間帯：☾	生息地：	開張：4.5–7cm

科：トモエガ科	学名：*Hypercompe scribonia*	命名者：Stoll

オオヒョウモンヒトリ Giant Leopard Moth

前翅に黒褐色から青黒色の独特な輪状模様があり、同定は非常に容易である。

▶幼虫期　幼虫は毛が密生していて黒色。体節の間に真紅で輪状の模様があり、防御態勢をとるとこの模様がよく見えるようになる。サクラやバナナなど食樹は多種にわたる。

▶分布　カナダ南東部からアメリカ合衆国東部、メキシコ。生息域の南部でよく見られる。

前翅の模様は
胸部まで続く
後翅の内縁は
暗色
♂

輪状の独特な
模様
後翅の縁に特徴的な
黒い斑点が並ぶ
後翅は前翅より
模様が少ない
♀
黄色い斑点は
腹部にもある

新北区

活動時間帯：☾	生息地：	開張：6−9cm

科：トモエガ科	学名：*Eupseudosoma involutum*	命名者：Sepp

ナンベイセアカユキヒトリ Snowy Eupseudosoma

本属は主に熱帯に生息するが、唯一本種は北アメリカにも分布している。体の大半は純白だが、腹部の背面のみが目を引くような赤色である。

▶幼虫期　幼虫は淡黄色で毛が密生している。フトモモ科のユーゲニア属やグアバを摂食する。

▶分布　南および中央アメリカ熱帯域からアメリカ合衆国南部。

新熱帯区

細長い特徴的な触角
♂
赤い腹部は本種が
不味いことを示唆している

活動時間帯：☾	生息地：	開張：3−4cm

科：トモエガ科	学名：*Hyphantria cunea*	命名者：Drury

アメリカシロヒトリ Fall Webworm Moth

個体によっては前翅に灰褐色の斑点や、後翅に黒い斑点を持つ。斑点の大きさや色は変異に富む。

▶幼虫期　幼虫は緑色で黒い斑点があり、体は白く長い毛で覆われている。様々な広葉樹を食樹とする。

▶分布　カナダ南部とアメリカ合衆国。中央ヨーロッパと日本にも生息する。

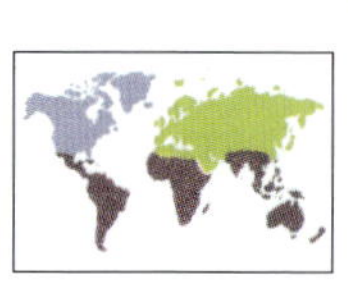

全北区

胸部は白色で毛が密生している

翅に絹糸光沢がある

♀

黄色い腹部

活動時間帯：☾	生息地：🌳	開張：2.5−4cm

科：トモエガ科	学名：*Lophocampa caryae*	命名者：Harris

キンイロマダラヒトリ Hickory Tussock Moth

Hickory tiger moth（ヒッコリー・ヒトリガ）という英名もある。前翅は金褐色で、半透明の白斑がある。

▶幼虫期　幼虫は淡灰色の毛で覆われ、背に黒い毛の房が数個ある。ペカン属やクルミ属など様々な広葉樹の葉を接食する。

▶分布　カナダ南部からアメリカ合衆国、中央アメリカ。

新北区、新熱帯区

やや尖った細長い前翅

♀

雌の腹部は頑丈で金褐色

活動時間帯：☾	生息地：🌳	開張：4−5.5cm

科：トモエガ科	学名：*Paracles laboulbeni*	命名者：Barnes

ナンベイミズクサヒトリ Water Tiger

雄は褐色で、前翅の方が後翅より色が濃い個体が多い。雌は雄より大きく、前後の翅は黄褐色。

▶幼虫期　幼虫は羊毛状の毛が密生していて黒色。水中でも生存可能で上手に泳ぐ。水中に留まれるのは、密集した毛の間に空気が閉じ込められるため。マヤカ類の水草を摂食する。

▶分布　南アメリカの熱帯域。

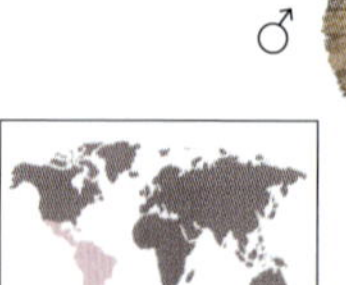

新熱帯区

雄の前翅は雌より短く、角張ってもいない

雄の触角は羽毛状

♂

翅に薄く鱗粉が見られる

活動時間帯：☾	生息地：ᨓᨓ	開張：3−4.5cm

科：トモエガ科	学名：*Premolis semirufa*	命名者：Walker

ナンベイゴムノキヒトリ Semirufous Tiger

前翅に黄褐色の模様がある美しい種。後翅はピンクを帯び、本種が不味いことを示している。

▶幼虫期　幼虫は毛が密生し、パラゴムノキの周りに生息する。毛に触れると強い刺激を受けるため、ゴムの採取者に嫌われている。

▶分布　南アメリカの熱帯域。

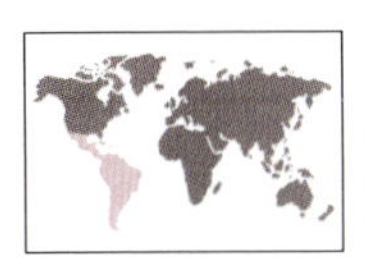

新熱帯区

翅の先端付近に半透明の部分がある
♂
後翅は前翅より模様が少ない
後翅の特徴的な湾曲

活動時間帯：☾	生息地：🌴	開張：4−6cm

科：トモエガ科	学名：*Phragmatobia fuliginosa*	命名者：Linnaeus

ガンソアマヒトリ Ruby Tiger

前翅は半透明で紅褐色。後翅はピンク色か赤色で、縁の近くに大きな黒い斑紋がある。特徴的なので同定しやすい。前翅は薄い赤褐色から灰褐色。

▶幼虫期　幼虫は褐色で、赤褐色か黄褐色の毛で覆われている。スイバ属など背の低い植物を摂食する。

▶分布　ヨーロッパから北アフリカ、カナダ、アメリカ合衆国北部。

全北区

褐色の毛が密生した胸部
前翅の中央に黒い斑点がある
♀
赤い腹部に黒い斑点が列をなす
後翅は前翅より色が鮮やか

活動時間帯：☾	生息地：🌳	開張：3−4cm

科：トモエガ科	学名：*Amerila crokeri*	命名者：Macleay

ゴウシュウクロテンキムネヒトリ Croker's Frother

前翅は細長く褐色。中央に半透明で淡色の部分があり、基部は黄白色。後翅も黄白色である。

▶幼虫期　幼虫についてはほとんど知られていない。一部の近縁種の幼虫はキョウチクトウ科の*Gymnanthera nitida*を摂食することが知られており、別の近縁種の幼虫は心臓毒を含有する植物を摂食するため有毒だと思われる。

▶分布　オーストラリア北西部からクイーンズランド、ニューサウスウェールズ北部。

インド・オーストラリア区

胸部に独特な黒い斑点
♀
胸部の斑点は前翅にまで続く
赤い腹部は、本種が有毒であることを示唆する

活動時間帯：☾	生息地：🌴 🌳	開張：5.5−7cm

科：トモエガ科	学名：*Pyrrharctia isabella*	命名者：Smith

イサベラヒトリ Isabella Tiger Moth

普通に見られる種で、前翅の色は淡い橙黄色から橙褐色まで変異に富む。褐色のかすかな線が模様を描くこともある。翅の外縁沿いに黒い斑点が数個あるが、翅の先端に集中している。

▶幼虫期　幼虫は毛が密生しており、頭部と尾部は黒色で、その間の中央部は赤褐色。様々な背の低い植物や広葉樹を摂食する。

▶分布　カナダとアメリカ合衆国に広く分布する。

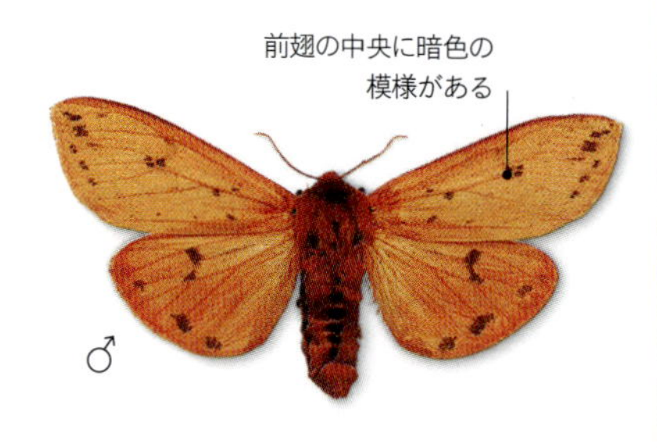
前翅の中央に暗色の模様がある
♂

前翅前縁は帯褐色
雌の後翅の縁はピンク色が強くなっている
後翅は帯紅色に染まっている
♀
腹部の模様は警戒色

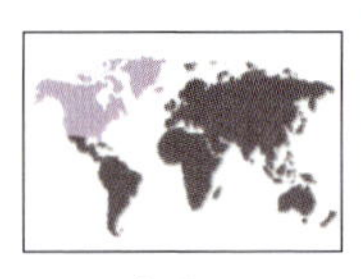

新北区

活動時間帯：☾	生息地：	開張：4.5–7cm

科：トモエガ科	学名：*Spilosoma lubricipeda*	命名者：Linnaeus

キハラゴマダラヒトリ White Ermine

英名は翅の色を表している。前翅は白色から黄白色で、小さな黒い斑点がある。斑点は変異に富み、より大きく広範囲に散在するものや、斑点がつながって縞になっているものもある。前翅に黒い模様がまったくない個体もいる。後翅は白色で、黒い斑点が数個ある。

▶幼虫期　幼虫は灰褐色で毛が密生している。背に橙色か赤色の線が走っていることで同定できる。背が低い様々な植物を摂食する。素早く移動できることから、lubricipeda（俊足）という学名がつけられた。

▶分布　ヨーロッパからアジア、日本。

背に鮮やかな色の線がある

幼虫

毛が密生した白い胸部
♂
後翅の内側に特徴的な黒い斑点
腹部の模様は独特な警告色

旧北区

活動時間帯：☾	生息地：	開張：3–5cm

科：トモエガ科 | **学名：***Teracotona euprepia* | **命名者：**Hampson

フタスジムネアカヒトリ Veined Tiger

前翅はクリーム色で褐色の翅脈がある。前翅を横断する褐色の帯の太さは変異に富み、まったく帯がない場合もある。後翅は濃いピンク色。

▶幼虫期　幼虫期についてはタバコを摂食すること以外、ほとんどわかっていない。

▶分布　アンゴラ、ジンバブエからザンビア、モザンビーク。

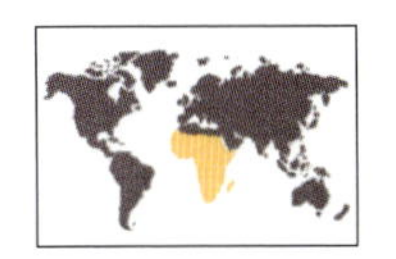

熱帯アフリカ区

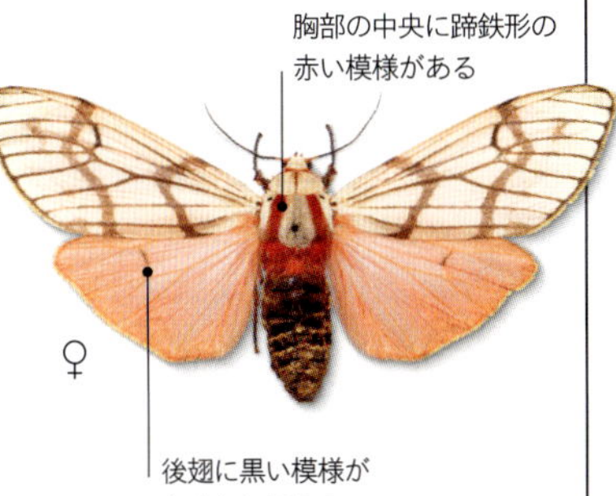
胸部の中央に蹄鉄形の赤い模様がある
♀
後翅に黒い模様がかすかに見える

活動時間帯：☾ | **生息地：** | **開張：**4−5.5cm

科：トモエガ科 | **学名：***Utetheisa pulchella* | **命名者：**Linnaeus

ヨーロッパベニゴマダラヒトリ Crimson Speckled

黄白色の前翅に黒色と赤色の独特な模様がある美しい種。後翅は白色で、縁に不規則な黒い模様がある。

▶幼虫期　幼虫は灰色で毛が密生している。横方向に橙色の模様、縦方向に白い線が走る。ムラサキ科のルリジサやワスレナグサ属を摂食する。

▶分布　ヨーロッパの地中海沿岸地域からアフリカ、中東。

旧北区

前翅の模様は胸部を横切る

♀

後翅の縁毛帯は細く白い

活動時間帯：☼ | **生息地：** | **開張：**3−4cm

科：トモエガ科 | **学名：***Utetheisa ornatrix* | **命名者：**Linnaeus

ナンベイベニゴマダラヒトリ Ornate Moth

翅にはピンク色、クリーム色、黄色、橙色の部分が混在して変異に富む。黒い斑点があるが、大きさや配置は様々である。

▶幼虫期　幼虫は毛が密生しており、マメ科の葉を食草とする。

▶分布　アメリカ合衆国中西部からブラジルに至る北および南アメリカ。

新北区
新熱帯区

斑点は胸部を横切って続く

♀

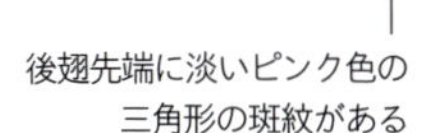
後翅先端に淡いピンク色の三角形の斑紋がある

活動時間帯：☼ | **生息地：** | **開張：**3−4.5cm

科：トモエガ科	**学名：***Termessa sheperdi*	**命名者：**Newman

ゴウシュウテルメッサヒトリ Sheperd's Footman

オーストラリア固有の12種からなる属の1種で模様が魅力的。本属の大半の種は橙色と黒色の明瞭な模様を持つ。本種の後翅は濃い橙黄色で、縁付近に独特な黒い模様がある。

▶幼虫期　本種についてはほとんど知られていない。

▶分布　オーストラリアのニューサウスウェールズからビクトリア。

インド・オーストラリア区

前翅は橙黄色で黒い帯がある

♂

後翅の黒い模様は、湾曲した末端部を欠くことがある

活動時間帯：☾	**生息地：**	**開張：**3–4cm

科：トモエガ科	**学名：***Eilema complana*	**命名者：**Linnaeus

マエキホソバ Scarce Footman

コケガ亜科の1種。前翅は細く、光沢のある灰色。前縁に沿って山吹色の太い縞がある。夕暮れにアザミや近縁種の花を、少数の本種が訪れることがある。

▶幼虫期　幼虫は灰色で毛が密生している。背に沿って橙色と白色の斑点が交互に並び、体側に沿って黄色い線が走る。様々な地衣類を摂食する。

▶分布　ヨーロッパからアジア温帯域、シベリア、北アメリカ。

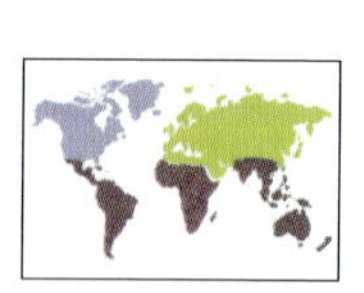

全北区

前翅の黄色い縞は縁毛にまで続く

頭部と「襟」は橙色

♂

腹部先端は黄色

活動時間帯：☾	**生息地：**	**開張：**3–4cm

科：トモエガ科	**学名：***Lithosia quadra*	**命名者：**Linnaeus

ヨツボシホソバ Four-spotted Footman

比較的大型で、雌の翅の模様から通称名がつけられた。雌のそれぞれの翅に黒い斑点が2つずつあるが、大きさは変異に富む。雄の前翅は灰色で、翅の基部と胸部は濃い橙黄色を帯びる。

▶幼虫期　幼虫には帯黄色の帯と赤い斑点がある。イヌツメゴケなどの地衣類を摂食する。

▶分布　ヨーロッパに広く分布し、アジア温帯域から日本まで分布域を広げている。

旧北区

前翅の縁毛帯は灰色がかっている

♂

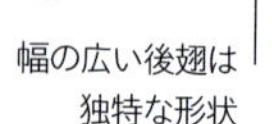

幅の広い後翅は独特な形状

活動時間帯：☾	**生息地：**	**開張：**3–5.5cm

科：トモエガ科	学名：*Amphicallia bellatrix*	命名者：Dalman

アフリカクロスジヒトリ Beautiful Tiger

前後の翅は鮮橙色で、青黒色の不規則な縞がある。縞は細く黒い線で縁取られている。

▶幼虫期　幼虫は白色で頭部が赤い。灰色の毛が生え、黒い横縞が並ぶ。タヌキマメ属などマメ科を食草とする。

▶分布　ケニアからザンビア、モザンビーク、南アフリカ。

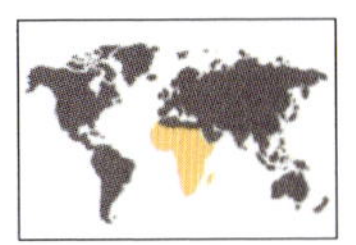

熱帯アフリカ区

前翅の模様が
胸部まで続く
♀
腹部に特徴的な斑点

活動時間帯：☾	生息地：▲ 🌴	開張：5−7cm

科：トモエガ科	学名：*Nyctemera amicus*	命名者：White

オーストラリアモンシロモドキ Australian Magpie Moth

黒褐色の翅に黄白色の斑紋があり同定しやすい。腹部は黒色と橙色の縞模様で、本種が不味いことを示す。雌雄は似ているが、雌は雄より小さい。

▶幼虫期　幼虫は黒色で毛が密生しており、背と体側に沿って赤い縞が走る。サワギクの葉を摂食する。

▶分布　オーストラリア各地に広く分布する。

インド・オーストラリア区

羽毛状の触角

♂

縁毛帯は明瞭な橙色

活動時間帯：☾ ☼	生息地：	開張：4−4.5cm

科：トモエガ科	学名：*Callimorpha dominula*	命名者：Linnaeus

ドミヌラヒトリ Scarlet Tiger

前翅は暗緑色で、黄白色の斑紋がある。なお斑紋の大きさが極端に小さい個体もいる。

▶幼虫期　幼虫は黒色。黒色と灰色の房状の毛があり、背と体側に沿って黄白色の不連続な帯が走る。ムラサキ科のコンフリーやタデ科のスイバ属などを摂食する。

▶分布　ヨーロッパ全域とアジア温帯域。

旧北区

前翅の模様が胸部
まで続いている
♂
腹部は赤色で、
中央に黒い帯がある

活動時間帯：☼	生息地：	開張：4.5−5.5cm

科：トモエガ科	学名：*Euplagia quadripunctaria*	命名者：Poda

ヨツボシヒトリ Jersey Tiger

前翅は黄白色で黒い縞がある。後翅には黒い斑紋があり、通常、地色は赤色だが黄色の個体もいる。

▶幼虫期　幼虫は暗褐色で、黄褐色の短い毛で覆われている。背と体側に黄色い帯がある。様々な背の低い植物を摂食する。

▶分布　ヨーロッパからアジア温帯域。

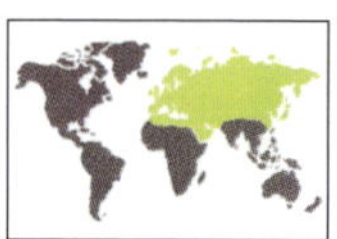

旧北区

前翅の縞は斜めになっていて特徴的
♀

活動時間帯：☾☼	生息地：	開張：5–6cm

科：トモエガ科	学名：*Tyria jacobeae*	命名者：Linnaeus

アカイロハデヒトリ Cinnabar Moth

昼行性で、蝶とよく間違われる。前翅に独特な赤いすじと斑点があるため同定しやすい。後翅は赤色だが、黄色い個体も見られる。

▶幼虫期　幼虫は橙黄色で、明瞭な輪状の黒い縞が並ぶ。サワギクやキオン属を、身を隠しもせずに摂食する。

▶分布　ヨーロッパとイギリス諸島に広く分布する。

旧北区

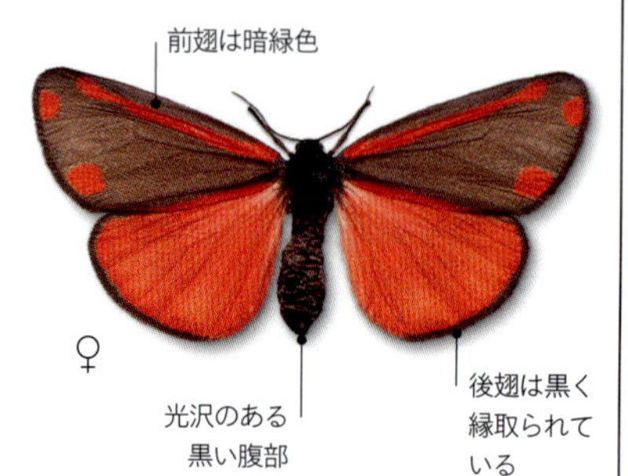
前翅は暗緑色
♀
光沢のある黒い腹部
後翅は黒く縁取られている

活動時間帯：☼	生息地：	開張：3–4.5cm

科：トモエガ科	学名：*Antichloris viridis*	命名者：Druce

バナナホソバヒトリ Banana Moth

独特な体つきで、前翅は細く尖っている。翅の色は青みのメタリックグリーンか黒色。標本の多くは、頭部の後ろで毛状の赤い鱗粉が小さな房を2つ形成しており、有毒であることを示唆している。

▶幼虫期　幼虫は淡黄色の毛で覆われている。バナナの葉を摂食するため害虫扱いされている。

▶分布　南および中央アメリカ。

新熱帯区

触角の基部は羽毛状で、先端は先細り
♂
後翅は小さく黒い
細長い腹部

活動時間帯：☼	生息地：	開張：3–4cm

科：トモエガ科	学名：*Ctenucha virginica*	命名者：Esper

バージニアヒトリ Virginian Ctenucha

濃い灰褐色で、鮮やかなメタリックブルーの腹部が大きな特徴。花から吸蜜する際の姿が、スズメバチのように見える。

▶幼虫期　幼虫は灰色で変異に富む。黄色と黒色の毛で覆われている。主にイネ科やスゲ属を食草とする。

▶分布　カナダとアメリカ合衆国北部。

新北区

前翅の基部も
メタリックブルー
鮮橙色の頭部
♂
翅の縁毛帯は
白色

活動時間帯：☾ ☼	生息地：	開張：4−5cm

科：トモエガ科	学名：*Euchromia lethe*	命名者：Fabricius

レーテヒトリ The Basker

美しい種。翅は黒色で、薄い橙黄色と白色の特徴的な斑紋が窓のように並んでいる。前翅中央にメタリックブルーの小さな斑紋があり、腹部には鮮やかな帯が縞状に並んでいる。

▶幼虫期　比較的よく見られるにもかかわらず、幼虫期についてはほとんど知られていない。ヒルガオ科を摂食すると考えられている。

▶分布　西アフリカやコンゴ盆地。

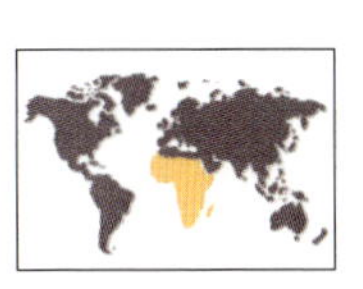
熱帯アフリカ区

頭部に青い斑点と、橙赤色の「襟」がある

♂

腹部に鮮やかな橙色、黒色、赤色、白色、濃いメタリックブルーの縞がある

活動時間帯：☼	生息地：	開張：4−5cm

科：トモエガ科	学名：*Amata phegea*	命名者：Linnaeus

シロモンクロカノコ Nine-spotted Moth

青黒色で前後の翅に白斑がある。腹部に太い黄色い帯あることからyellow-belted burnet（黄色い帯のマダラガ）とも呼ばれるが、マダラガ科（192-194ページ）には属さない。

▶幼虫期　幼虫は灰色で毛が密生している。様々な背の低い植物を摂食する。

▶分布　中央および南ヨーロッパから中央アジア。

旧北区

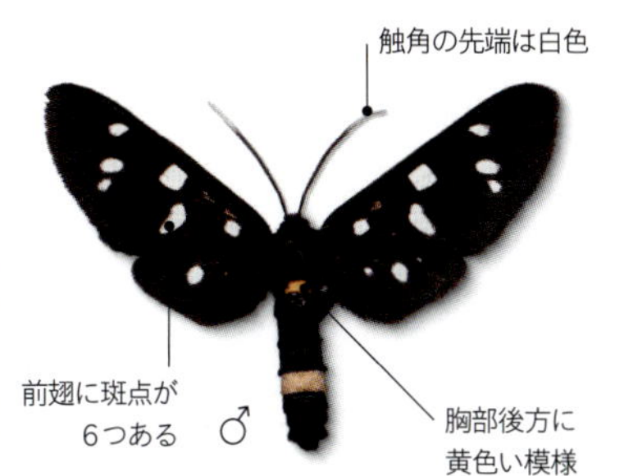
触角の先端は白色
前翅に斑点が
6つある
♂
胸部後方に
黄色い模様

活動時間帯：☼	生息地：	開張：3−4cm

科：トモエガ科	学名：*Grammodes stolida*	命名者：Fabricius

ミナミナカグロクチバ The Geometrician

前翅は褐色で、クリーム色と濃いチョコレートブラウンの帯がある。後翅は褐色で白い帯があり、縁毛帯は格子模様。雌雄は似ている。

▶幼虫期　幼虫はコナラ属、キイチゴ、ナツメなどを食樹とする。

▶分布　ヨーロッパの地中海沿岸域、アフリカ、インド、東南アジア。

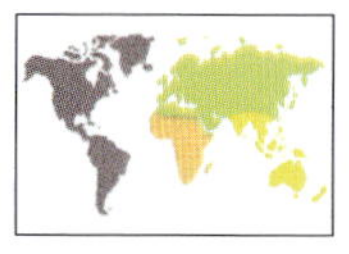

熱帯アフリカ区
旧北区
インド・オーストラリア区

前翅に橙褐色の帯

♀

後翅に独特な白斑

活動時間帯：☾	生息地：🌳	開張：2.5−4cm

科：トモエガ科アツバ亜科	学名：*Hypena proboscidalis*	命名者：Linnaeus

フタオビアツバ The Snout

頭部前方に突き出た感覚器の機能を持つ下唇髭が、snout（鼻）という英名の由来である。前翅は褐色で、端部が尖った独特な形である。大きな後翅は丸みがあり灰褐色。雌雄は似ている。

▶幼虫期　幼虫は細長く緑色。背と体側に沿い、帯黄色の輪状の模様と淡色の線がある。セイヨウイラクサを食草とする。

▶分布　ヨーロッパからアジア温帯域の、セイヨウイラクサが多く生息する地域。日本。

旧北区

前翅の縁は独特な曲がり方をしている

♂

後翅の縁は濃灰色

活動時間帯：◑ ☾	生息地：	開張：4−4.5cm

科：ナカジロシタバ亜科	学名：*Aedia leucomelas*	命名者：Linnaeus

ナカジロシタバ Eastern Alchymist

特徴的な後翅は基部が純白で、縁毛帯に白斑があるため容易に同定できる。前翅は暗褐色で、白斑が見られる場合がある。

▶幼虫期　幼虫は青灰色で、橙黄色の縞模様ががある。サツマイモやエダウチニガナを摂食する。

▶分布　インド・オーストラリア区と南ヨーロッパの一部、日本にも分布する。

旧北区
インド・オーストラリア区

前翅の縁はわずかに波状

♂

後翅に独特な模様がある

活動時間帯：☾	生息地：	開張：3−4cm

科：トモエガ科	学名：*Alabama argillacea*	命名者：Hübner

アメリカワタキリバ Cotton Moth

前翅は帯紅色からオリーブブラウンまで変異に富む。成虫は口吻を果実に突き刺して被害を与える。

▶幼虫期　幼虫は黄緑色で黒い斑点があり、背に沿って白い線が走る。栽培されている綿花（ワタ属）を摂食し、アメリカ合衆国で深刻な被害を与えている。

▶分布　南および中央アメリカの熱帯域。アメリカ合衆国とカナダでは1998年以来目撃記録がなく、根絶されたと思われる。

新北区
新熱帯区
前翅中央の暗色で楕円形の斑紋は、中心部が淡色
♂
腹部に輪状の模様がある

活動時間帯：☾	生息地：	開張：3−4cm

科：トモエガ科	学名：*Ascalapha odorata*	命名者：Linnaeus

オドラジゴクオオヤガ Black Witch

暗褐色の大型種。前翅は尖り、後翅は角張っている。左右の前翅に暗色で勾玉形の模様があり、後翅には不規則な形状の大きな眼状紋がある。胸部に毛が密生している。雌の前後の翅を、淡い紫がかったピンク色の帯が貫いている。

▶幼虫期　幼虫は暗褐色だが、尾部に近いほど淡色になる。アカシアと近縁種を食樹とする。

▶分布　南および中央アメリカの熱帯域。アメリカ合衆国のカリフォルニアと南部にも生息する。

新北区
新熱帯区

翅の縁は帯白色に染まっている
独特な勾玉形の模様には、メタリックブルーの鱗粉が見られる
翅の縁に沿って暗色の波線が走る
歯のような形の眼状紋
♂

活動時間帯：☾	生息地：	開張：11−15cm

科：トモエガ科	学名：*Calyptra eustrigata*	命名者：Hampson

ミナミチスイエグリバ Vampire Moth

果実の皮に穴をあけるガと同じグループに属する。口吻に棘があり、ウシやシカなど哺乳類の皮膚に突き刺して血を吸う。

▶幼虫期　ツヅラフジ科のインディアンムーンシードを食草とすることが古くから知られている。

▶分布　インド、スリランカからマレーシア。

前翅の後縁は毛が房状になっていて特徴的
前翅の先端は尖っている
♂

インド・オーストラリア区

活動時間帯：☾	生息地：	開張：3−4cm

科：トモエガ科	学名：*Scoliopteryx libatrix*	命名者：Linnaeus

ハガタキリバ The Herald

非常に特徴的な種。前翅は赤褐色から紫褐色で淡色の線があり、基部に向けて鮮橙色の鱗粉が見られる。

▶幼虫期　幼虫は細長く、ビロードのような緑色。背に沿って細く黄色い線が2本ある。ヤナギ類とポプラ類の葉を摂食する。

▶分布　ヨーロッパ、北アフリカからアジア温帯域、日本。北アメリカにも生息する。

前翅の基部に白く輝く斑点がある
雄の触角は羽毛状
前翅の縁は強い波状
♂

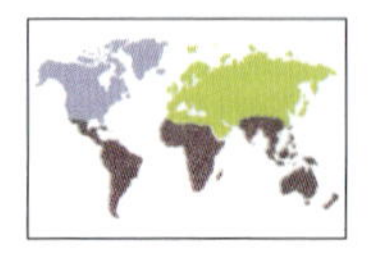

全北区

活動時間帯：☾	生息地：	開張：4−5cm

科：トモエガ科	学名：*Eudocima phalonia*	命名者：Linnaeus

ヒメアケビコノハ Tropical Fruit-piercer

特徴的な大型種。後翅は橙色か橙黄色で、黒い模様がある。

▶幼虫期　幼虫の体長は長く、体色は緑色から黒色まで変異に富む。第2、第3腹筋に発達した眼状紋がある。食草は多種にわたる。

▶分布　アフリカ熱帯域、東南アジア、日本、インド、オーストラリア。

前翅先端は尖っている
前翅は白みを帯びた
青色に覆われている
前翅の地色は
紫褐色
後翅に湾曲した
特徴的な黒い模様
腹部の末端は
橙色を帯びる
♀

熱帯アフリカ区
インド・オーストラリア区

活動時間帯：☾	生息地：	開張：8−10cm

科：トモエガ科	学名：*Thysania agrippina*	命名者：Cramer

ナンベイオオヤガ Giant Agrippa

開張は世界のガで最も大きい。前後の翅は灰白色で、黒褐色の線が複雑な模様を描く。

▶幼虫期　マメ科の低木を食樹とすることだけが知られている。

▶分布　ブラジル南部から中央アメリカ。

前翅のジグザグ模様
前翅の中央に、暗色で
四角形の模様がある
非常に
細い触角
後翅の縁に沿って
帯褐色の波線が2本走る
翅の縁は強い波状
♀
腹部の縞模様

新熱帯区

活動時間帯：☾	生息地：	開張：23−30cm

科：トモエガ科	学名：*Achaea janata*	命名者：Linnaeus

シラホシアシブトクチバ Castor Semi-looper Moth

前翅に見られる褐色の線や帯は、濃淡があり変異に富む。後翅の黒色と白色の独特な模様のおかげで同定しやすい。

▶幼虫期　幼虫は細長く、黒色で橙黄色の細い破線がある個体から、淡いピンクがかった褐色で暗色の帯と淡色の斑模様を持つ個体まで変異に富む。シャクトリムシ（looper）のような独特な歩き方をするため英名がつけられた。ヒマ、ササゲ、トウガラシ、バラなど食草は多種にわたる。

シャクトリムシのような特徴的な姿勢

幼虫

▶分布　インドから中国南部、日本、オーストラリア、ニュージーランド。

♂

前翅に2つある暗色の斑点が特徴

がっしりした胸部と腹部は、本種の飛行能力の高さを示す

後翅の縁に白斑がある

インド・オーストラリア区

活動時間帯：☾	生息地：	開張：5.5−6cm

コブガ科 Nolidae

鈍い色で地味な約1,700種からなる小さな科。糸を吐いてつくった繭に、垂直方向にのびる裂け目があるのが特徴。羽化するとき、成虫はこの裂け目を広げて繭から出てくる。

科：コブガ科	学名：*Earias biplaga*	命名者：Walker

アフリカアオリンガ Spiny Bollworm Moth

小型種。アフリカで栽培されているワタ属の主要害虫になっているグループの1種。前翅は苔色から緑がかった黄色まで変異に富み、赤紫色を帯びることがある。

▶幼虫期　灰褐色の小さい幼虫。細く白い帯と赤い斑点がある。背と体側に沿って棘を持つ。ワタ属などを摂食する。

▶分布　サハラ砂漠より南のアフリカに広く分布する。

熱帯アフリカ区

角張った独特な前翅

前翅に濃い帯紫色の斑紋がある

♀

後翅に特徴的な暗色の縁毛帯がある

活動時間帯：☾	生息地：	開張：2−2.5cm

科：コブガ科	学名：*Diphthera festiva*	命名者：Fabricius

ヒエログリフリンガ Hieroglyphic Moth

象形文字という意味の英名どおりの外観で、他種と間違えることはない。黄色い前翅に、金属光沢を持つ灰青色の独特な模様がある。翅の縁に沿って青灰色の斑点が3列並んでいる。

▶幼虫期　幼虫はスレートブルーから緑みがかった灰色で、黒い縞がある。サツマイモの葉を食草とする。

▶分布　南および中央アメリカ熱帯域からアメリカ合衆国南部のフロリダおよびテキサス。

胸部にメタリックブルーの線がある
独特な黒い頭部
♀
後翅の縁毛帯は淡黄色

新熱帯区

活動時間帯：☾	生息地：	開張：4−5cm

科：コブガ科	学名：*Pseudoips prasianus*	命名者：Linnaeus

アオスジアオリンガ Green Silver-lines

英名が示すように、緑色の前翅に銀白色の斜め線が3本走る。線が2本しかない型もある。また、前翅の縁毛帯が強い赤みを帯びる個体もいる。雄の後翅は淡い緑がかった黄色で基部は白色。雌の場合、後翅は純白である。

▶幼虫期　丸々とした緑色の幼虫。黄白色の斑点と模様があり、背にも同色の太い線がある。尾脚は非常に長く、赤い縞がある。様々な広葉樹の葉を摂食するが、特にコナラ属とヨーロッパブナを好む。

▶分布　ヨーロッパに広く分布し、アジア温帯域からシベリア、日本にも生息域を広げている。

雌雄とも触角はピンクがかった赤色で細い
♂
後翅にピンクがかった赤色の模様の跡

♀

後翅は純白

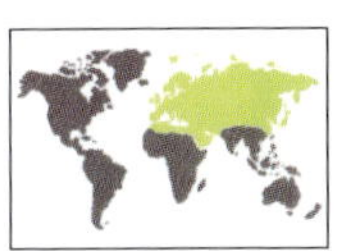

旧北区

活動時間帯：☾	生息地：	開張：3−4cm

ヤガ科 Noctuidae

ガとしては世界最大の科で、15,000種以上が世界中に分布する。本科のガは頑丈な体を持ち、非常に小さい種からかなりの大型種まで含まれる。大半が夜行性のためowlet moths（フクロウガ）とも呼ばれる。褐色や灰色など地味な色のものが多いが、鮮やかな色彩のものや蝶に擬態するものもいる。幼虫には害虫として悪名高い2つのグループが存在する。地表付近の植物の茎を食いちぎるネキリムシと、集団で作物を食い尽くす軍隊虫である。本科の種の多くは、食草の根元の地中で蛹化する。

科：ヤガ科	**学名：***Agrotis infusa*	**命名者：**Boisduval

ゴウシュウタマナヤガ Bogong Moth

前翅は暗褐色から灰黒色で変異に富み、褐色の模様がある。後翅は濃い灰褐色。

▶幼虫期　幼虫はネキリムシ類の1種で、体色は黒から緑がかった褐色まで変異する。個体数が増えると、穀物や野菜などの農作物に深刻な被害を与える。

▶分布　オーストラリア南部の温帯域。

インド・オーストラリア区

♀

前翅に淡色の輪状模様がある

後翅の縁毛帯の色は、光沢のある淡い黄褐色

活動時間帯：☾	**生息地：**	**開張：**3−5.5cm

科：ヤガ科	**学名：***Agrotis ipsilon*	**命名者：**Hufnagel

タマナヤガ Dark Sword-grass

前翅は淡褐色で、暗褐色と黒色の模様がある。半透明で灰白色の後翅に、褐色の翅脈がある。

▶幼虫期　幼虫の体表は滑らかで、濃い紫褐色か緑がかった褐色。灰色の線と斑点が見られる。ジャガイモ、タバコ、キャベツ、ワタ属を摂食し、深刻な害虫として扱う地域が多い。

▶分布　北および南アメリカの温帯域、アジア、日本、オーストラリア、アフリカ、ヨーロッパなど世界各地に分布する。

世界全域

♂

黒いY字形の模様は、ギリシャ文字のイプシロン（ε）に似ている

後翅の縁に暗色の波線がある

活動時間帯：☾	**生息地：**	**開張：**4−5.5cm

科：ヤガ科 | **学名：***Trichoplusia ni* | **命名者：**Hübner

イラクサギンウワバ The Ni Moth

前翅に褐色の斑模様があるが、同定に役立つのは銀白色でU字形の模様と白斑である。後翅は濃い灰褐色で、基部に近いほど淡色になる。

▶幼虫期　幼虫は緑色で、白色の線と斑点がある。キャベツやトウモロコシ属などの作物を摂食する。

▶分布　ヨーロッパや北アフリカ、日本など北半球の温帯域に広く分布する。

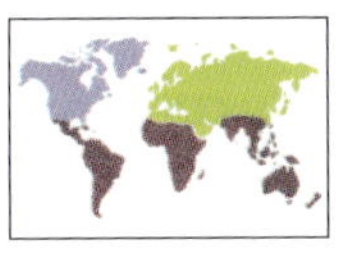

全北区

前翅の縁に淡色の
不規則な線がある
♂
後翅の縁毛帯は淡色で、
暗色の斑点がある

活動時間帯：☾ | **生息地：** | **開張：**3–4cm

科：ヤガ科 | **学名：***Helicoverpa armigera* | **命名者：**Hübner

オオタバコガ Old World Bollworm

前翅は淡い黄褐色から赤褐色で、暗色の線や帯がある。半透明で淡灰色の後翅に、黒褐色の翅脈と縁取りが見られる。

▶幼虫期　幼虫は褐色から緑色で、ワタ属、トマト属、トウモロコシ属を摂食する。

▶分布　ヨーロッパ、アフリカ、アジア、オーストラリア、ブラジル、日本。

前翅の縁に小さな
黒い斑点が並ぶ

♀

新熱帯区
熱帯アフリカ区
旧北区
インド・オーストラリア区

活動時間帯：☾ | **生息地：** | **開張：**3–4cm

科：ヤガ科 | **学名：***Noctua pronuba* | **命名者：**Linnaeus

キシタモンヤガ Large Yellow Underwing

雄の前翅はミッドブラウンから黒褐色、雌の前翅は赤褐色から黄褐色または灰褐色まで変異する。後翅は雌雄とも濃い黄色で、黒く縁取られている。

▶幼虫期　幼虫は灰褐色から明緑色で、背に沿って黒い破線が2本並んでいるのが特徴。スイバ属、タンポポ属、イネ科を食草とする。

▶分布　ヨーロッパ、北アフリカ、アジア西部。1980年代に誤って北アメリカに持ち込まれてしまった。

♂

前翅先端近くに
特徴的な黒い模様
♀
明黄色の後翅から
英名がつけられた
後翅の縁に濃い
黒色の帯がある

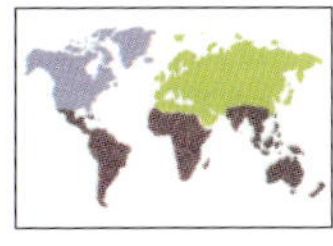

全北区

活動時間帯：☾ | **生息地：** | **開張：**5–6cm

科：ヤガ科	学名：*Peridroma saucia*	命名者：Hübner

ニセタマナヤガ Pearly Underwing

悪名高い害虫。前翅は赤褐色か灰褐色で、黒褐色の変異に富む模様がある。後翅はパールグレーで、縁に近づくほど暗褐色を帯びる。後翅に褐色の翅脈がある。

▶幼虫期　幼虫は丸々としており灰褐色。背は赤紫色がかっている。

▶分布　ヨーロッパからトルコ、インド、中国、台湾、日本、北アフリカ、カナリア諸島、北アメリカ。

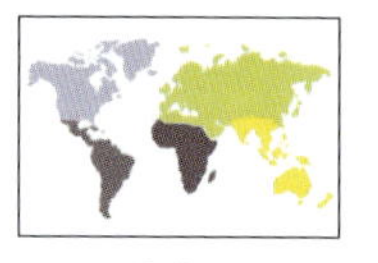

全北区
インド・オーストラリア区

前翅の縁はやや波状
前翅に暗色で腎臓形の模様がある
♂
後翅の縁毛帯は淡色

活動時間帯：☾	生息地：	開張：4–5.5cm

科：ヤガ科	学名：*Cerapteryx graminis*	命名者：Linnaeus

シカツノヤガ Antler Moth

褐色の前翅に黄白色でシカの角のような独特な斑紋があり、英名の由来となった。模様は変異に富み、暗褐色のすじが散在することがある。アザミなどの花に誘引される。

▶幼虫期　幼虫は青銅色で、淡褐色の縞が3本あり、光沢のある体表にしわが寄っている。様々なイネ科を食草とする。

▶分布　ヨーロッパからアジア温帯域、シベリア。近年、ニューファンドランド島でも見つかった。

全北区

前翅の縁に沿って黒褐色のすじがある
♂
後翅の縁毛帯は淡色

活動時間帯：☾ ☼	生息地：	開張：2.5–3cm

科：ヤガ科	学名：*Mamestra brassicae*	命名者：Linnaeus

ヨトウガ Cabbage Moth

前翅は暗褐色で斑模様がある。光沢のある白い斑紋と線が特徴。後翅は濃い灰褐色で、基部に近いほど淡色になる。

▶幼虫期　幼虫は若齢では緑色だが、終齢では褐色になり体側に橙色の太い帯が走るようになる。英名のとおりキャベツなど様々な植物を摂食する。

▶分布　ヨーロッパ、アジア、インドから日本。

旧北区

翅の縁に白い線がある
前翅に腎臓形の模様
♀
後翅の縁近くに淡色の線がある

活動時間帯：☾	生息地：	開張：3–5cm

科：ヤガ科	学名：*Mythimna unipuncta*	命名者：Haworth

シロモンキヨトウ White-speck

前翅はシナモンブラウンで中央に小さな白斑がある。黒い斑点がある場合が多く、橙色を帯びる場合がある。後翅は半透明で光沢がある灰色。暗褐色を帯び、褐色の翅脈がある。

翅の先端に濃色で
短い斜線がある
♀
後翅の縁毛帯は銀白色

▶幼虫期　幼虫は灰褐色で体側に沿って橙色の帯がある。イネ科を食草とする。

▶分布　北および南アメリカ、ヨーロッパの地中海沿岸域、アフリカの一部。

全北区、新熱帯区

活動時間帯：☾	生息地：	開張：3−4cm

科：ヤガ科	学名：*Xanthopastis timais*	命名者：Cramer

アメリカモモイロヨトウ Spanish Moth

明るい色だが、翅をたたんで樹幹にとまっていると保護色になる。北アメリカのものは、近縁のX. regnatrixであることが最近わかった。

前翅にブーメラン形の
黒い模様が2つ並ぶ

♀

毛が密生した
黒い胸部と腹部

前翅の縁毛帯は
黒色

▶幼虫期　幼虫は灰黒色で白斑がある。イチジクやスイセン属の葉を摂食する。

▶分布　南および中央アメリカの熱帯域

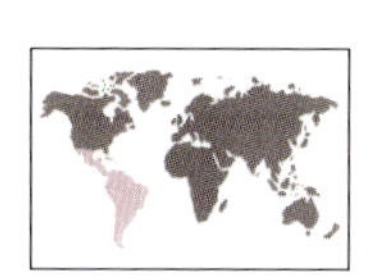

新熱帯区

活動時間帯：☾	生息地：	開張：4−4.5cm

科：ヤガ科	学名：*Cucullia convexipennis*	命名者：Grote & Robinson

アメリカホソバセダカモクメ Brown Hooded Owlet

サメと総称される大きなグループに属する。翅をたたんだ休息時の姿が流線形になることから、この総称がつけられたと思われる。

前翅に暗色のすじがある
♀
前後の翅は淡色で
縁取られている
胸部と腹部の背側に
房状の毛が逆立つ

▶幼虫期　幼虫には赤色と黒色の縞模様がある。シオン属やアキノキリンソウなど背の低い植物の花を摂食する。

▶分布　アメリカ合衆国からカナダ南部。

新北区

活動時間帯：☾	生息地：	開張：4−5cm

科：ヤガ科	学名：*Xanthia togata*	命名者：Esper

キイロキリガ Pink-barred Sallow

英名から連想されるようなピンク色の帯はない。前翅は黄色から橙黄色で、赤色か紫色の太い帯がある。雌雄は似ている。

▶幼虫期　幼虫は赤褐色か紫褐色で、暗色の斑点がある。ネコヤナギなどのヤナギ類を摂食できない場合は、地面に降りて背の低い植物を摂食する。

▶分布　ヨーロッパからアジア温帯域、日本。カナダ南部とアメリカ合衆国北部にも生息する。

全北区

前翅の先端は
尖っている
頭部と胸部の
前側は赤褐色
♂
後翅は淡い
帯黄色

活動時間帯：☾	生息地：	開張：3–4cm

科：ヤガ科	学名：*Acronicta psi*	命名者：Linnaeus

タイリクキハダケンモン Grey Dagger

前翅の色は灰白色から濃灰色まで変異に富むが、共通して短剣形の特徴的な斑紋が縁に見られ、通称名の由来となった。雌雄は似ているが、雌の後翅の方が暗色である。

▶幼虫期　幼虫は濃い青灰色で、背に沿って黄色く太い帯があり、体側に沿って赤い斑点が並ぶ。落葉樹を食樹とする。

▶分布　ヨーロッパから北アフリカ、中央アジア。

旧北区

前翅の内縁に細く黒い
不規則な線がある。
♂
後翅の縁に沿って
黒い破線がある

活動時間帯：☾	生息地：	開張：3–4.5cm

科：ヤガ科	学名：*Amphipyra pyramidoides*	命名者：Guenée

アメリカカラスヨトウ American Copper Underwing

銅褐色の後翅で容易に同定できる。前翅は暗褐色で、濃淡のある線が模様を描く。雌雄は似ている。類似種の*A. pyramidea*がユーラシア大陸、日本に生息する。

▶幼虫期　幼虫は緑色で、リンゴやサンザシ属など様々な広葉樹を食樹とする。

▶分布　カナダ南部からアメリカ合衆国、メキシコまで広く分布する。

新北区

前翅中央に白い
輪状模様がある
♂
後翅の縁に淡色の細い
波線がある

活動時間帯：☾	生息地：	開張：4–5cm

科：ヤガ科	**学名**：*Busseola fusca*	**命名者**：Fuller

アフリカモロコシヤガ Maize Stalk-borer Moth

モロコシ属の害虫として悪名高い。前翅は角張り、赤褐色から濃い黒褐色まで変異に富む。後翅は褐色がかった白色で光沢がある。雌雄は似ている。

▶幼虫期　幼虫はくすんだ紫がかったピンク色で、頭部は赤褐色。体側に沿って灰褐色の斑点が並ぶ。

▶分布　アフリカのサハラ砂漠より南の湿潤サバンナのうち、穀物が栽培されている地域。

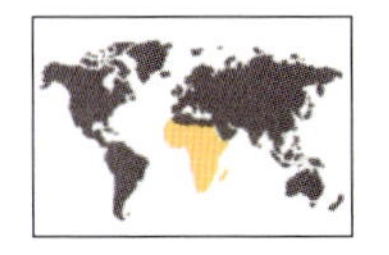

熱帯アフリカ区

前翅を暗色の帯が斜めに走る

前翅中央に暗色で長方形の模様がある

♂

特徴的な重い腹部

活動時間帯：☾	**生息地**：	**開張**：2.5−3cm

科：ヤガ科	**学名**：*Phlogophora iris*	**命名者**：Guenée

アメリカキグチヨトウ Olive Angle Shades

前翅にオリーブ色とピンクがかった褐色の美しい模様がある。後翅は褐色がかった白色で、縁は暗褐色を帯びている。縁近くを走る線も、ピンクがかった褐色である。前後の翅の縁は波状。

▶幼虫期　幼虫はタンポポ属やスイバ属など、様々な背の低い植物を摂食することが知られている。

▶分布　カナダ中部および東部とアメリカ合衆国北部。

新北区

前翅に文字を書いたような、特徴的な黒い模様がある

♂

後翅の縁は鋭い波状

活動時間帯：☾	**生息地**：	**開張**：4−4.5cm

科：ヤガ科	**学名**：*Spodoptera litura*	**命名者**：Fabricius

ハスモンヨトウ Oriental Leafworm Moth

広く分布し、害虫として知られている。前翅は褐色で、淡色の線と暗色の縞が複雑な模様を描く。後翅の色はより薄く、銀白色で半透明の翅脈と暗色の翅脈がある。雌雄は似ている。

▶幼虫期　幼虫は緑がかった褐色から濃灰色で、細かい白斑がある。様々な野生種と栽培種を食草とする。

▶分布　インドから東南アジア、日本、オーストラリア。

インド・オーストラリア区

前翅にある紫みの灰色の帯に、黒いすじが入っている。

前翅の模様は胸部まで続く

♂

後翅の縁に沿って暗色の線が走る

活動時間帯：☾	**生息地**：	**開張**：3−4cm

科：ヤガ科	学名：*Spodoptera exigua*	命名者：Hübner

シロイチモジヨトウ Small Mottled Willow Moth

灰褐色で斑模様がある。世界各地で害虫として悪名高い。半透明で真珠色の後翅には、暗褐色の翅脈がある。

▶幼虫期 幼虫の体色は緑色から濃灰色まで変異に富む。背に黒い模様があり、体側に沿ってピンクがかった褐色の線がある。トウモロコシ属やワタ属などの作物を食草とする。

▶分布 事実上、世界中の熱帯域と温帯域。日本。

世界全域

♂

前翅の縁に灰色の斑点が並ぶ

半透明の後翅の縁に沿って暗褐色の線が走る

活動時間帯：	生息地：	開張：2.5−3cm

科：ヤガ科	学名：*Syntheta nigerrima*	命名者：Guenée

ゴウシュウクロヨトウ Black Turnip Moth

オーストラリア固有の属に含まれる2種のうちの1つ。濃い暗色で、黒い前翅に漆黒の模様がある。

▶幼虫期 幼虫は緑色で、尾部近くの背に白斑が2つある。様々な野生種と栽培種を食草とし、アブラナ科のターニップ、ビート、トウモロコシ属などの作物に深刻な被害を与える。

▶分布 クイーンズランド南部からオーストラリア南西部、タスマニア。

インド・オーストラリア区

♀

胸部に鱗粉が密生し、黒い前翅と色がつり合っている

後翅の基部は白色

翅の縁は少し波状になっている

活動時間帯：	生息地：	開張：4−4.5cm

科：ヤガ科	学名：*Chrysodeixis subsidens*	命名者：Walker

ゴウシュウキンウワバ Australian Cabbage Looper

前翅は赤褐色で、灰褐色の帯と銀白色の独特な模様がある。後翅は灰褐色で基部は灰白色。雌雄は似ている。

▶幼虫期 幼虫はシャクトリムシで、畑や温室の作物の害虫として知られている。

▶分布 南オーストラリア、オーストラリア南東部、クイーンズランド中部。パプアニューギニア、ニューカレドニア、フィジーにも生息する。

インド・オーストラリア区

♀

前翅にある独特な銀白色の線

縁毛帯は淡褐色

活動時間帯：	生息地：	開張：2.5−4cm

科：ヤガ科	学名：*Autographa gamma*	命名者：Linnaeus

ガマキンウワバ Silver "Y" Moth

前翅は灰褐色で変異に富む。後翅の基部は灰白色で、濃灰色の太い縁取りがある。雌雄は似ている。

▶幼虫期　幼虫は明るい帯黄色から青緑色で、細い白線が模様を描く。シャジクソウ属やレタスなど食草は多種にわたる。

▶分布　南ヨーロッパ、北アフリカ、西アジア、日本に分布するが、毎年北極圏まで渡りをする。

旧北区

Y字（またはギリシャ文字のγ）形の模様から、英名と学名がつけられた
♀
後翅の縁は波状

活動時間帯：☾	生息地：	開張：3–5cm

科：ヤガ科	学名：*Agarista agricola*	命名者：Donovan

ミイロトラガ Large Agarista

特徴的で目を引く、黒色の種。鮮橙色、黄色、赤色、金属光沢のある灰青色で描かれる模様は変異に富む。雄は一般に雌より小さく、色は濃く、前翅基部の黄色斑が発達していない。

▶幼虫期　幼虫は黒色と白色の縞模様で、頭部と尾部近くに橙色の縞がある。終齢幼虫では、白色の縞が橙色に変化する。昼行性で、ブドウ、セイシカズラ属、ヤブガラシ属などのツル植物を摂食する。

▶分布　オーストラリア北部からクイーンズランド、ニューサウスウェールズ中部。

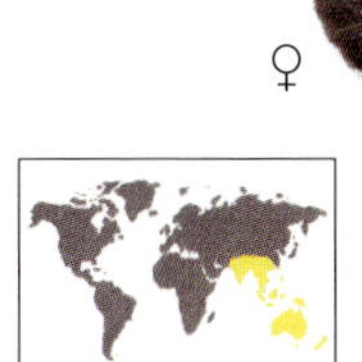

インド・オーストラリア区

前翅に青色のすじがある

胸部は黄色

♀

後翅の縁毛帯は白色

後翅に明瞭な赤い模様

活動時間帯：☼	生息地：	開張：5.5–7cm

科：ヤガ科	学名：*Alypia octomaculata*	命名者：Fabricius

ホクベイウスキモントラガ Eight-spotted Forester

本種は北アメリカ産だが、同グループの他種は大半が熱帯に生息する。翅の独特な斑紋が同定に役立つ。斑紋は、前翅が淡黄色で後翅が白色。

▶幼虫期　幼虫は黒色で、橙色の縞がある。頭部は橙色で黒い斑点がある。ブドウやアメリカヅタを食草とする。

▶分布　カナダ南東部からアメリカ合衆国のテキサスにかけて。

新北区

胸部の側面に淡黄色の特徴的な模様がある
♀
後翅の白斑の大きさは変異に富む

活動時間帯：☼	生息地：	開張：3–4cm

索引

A

B

C

D

E

イ

ウ

エ

オ

カ

キ

ク・ケ

用語解説

可能な範囲で平易な言葉を使うように努めているが、本書のような自然科学の書籍では最小限の専門用語は使わざるを得ない。ここで取り上げた用語の多くはチョウ類とガ類に特有な言葉であり、簡潔な説明を加えている。あいまいさを避けるため、定義を簡略にするか一般化しているものもある。この用語解説は本書だけで通用するものと考えていただきたい。

◉カルデノリド（カルデノライド）
強心配糖体（強心作用のある毒成分）の一種。
◉擬態するグループ
互いに擬態しあって防御力を高めている、複数の種からなるグループ。
◉胸部
昆虫の体のうち、頭部と腹部の間にある部分。
◉黒色型・暗色型
メラニン色素の増加などで生じる黒色や暗色のタイプ。
◉下唇髭（かしんしゅ）
口器の感覚器官。食物の見極めなどに用いる。
◉発香鱗
性フェロモンを発する鱗粉。
◉尾脚
チョウ類やガ類の幼虫の腹部末端にある一対の脚状の器官。歩行に用いられる。
◉腹部
昆虫の体で、胸部の後ろに位置する部分。
◉繭（まゆ）
通常は絹糸でつくられる、蛹を保護するためのカプセル状の囲い。
◉半月紋
半月形の小さな斑紋。
◉眼状紋
チョウ目の翅に見られるリング状で色のついた目玉のような模様。

リンク集

- **Butterfly Conservation**
www.butterfly-conservation.org
- **National Museums Liverpool**
www.liverpoolmuseums.org.uk
- **Worldwide Butterflies**
www.wwb.co.uk
- **Booth Museum of Natural History**
https://brightonmuseums.org.uk/boothmuseum-of-natural-history/
- **The Natural History Museum**
www.nhm.ac.uk/
- **Stratford-Upon Avon Butterfly Farm**
www.butterflyfarm.co.uk
- **Royal Entomological Society**
www.royensoc.co.uk
- **Amateur Entomologists' Society**
www.amentsoc.org
- **UK Butterflies**
www.ukbutterflies.co.uk
- **UK Moths**
www.ukmoths.org.uk

謝辞

本書の作成にあたり、ご協力いただいた以下の方々に感謝申し上げます。
編集：Editors Alison Edmonds、Heather Dewhurst、美術編集：Elaine Hewson、編集顧問：Editor Dr John D. Bradley、製作：Caroline Webber、Caterpillar illustrations by John Still. 編集協力：Damien Moore、Polly Boyd、デザイン協力：Paul Dewhurst、Deborah Myatt、Jane Johnson、Pauline Bayne.

Dorling Kindersley 社より、以下の方々にもお礼申し上げます。編集：Janashree Singha、編集補助：Ankita Gupta、画像調査：Deepak Negi、Mayank Chowdhary、DTP：Jagtar Singh、Mohd、地図作成(26-35)：Rizwan、Nand Kishor Achary、Mohammad Hassan.

チョウとガの標本の大部分を撮影させていただいたロンドン自然史博物館、追加標本を提供してくれた出版社とブース自然史博物館のジェラルド・レッグ博士、スコットランド国立博物館のM.ショー博士とS.ホームズ博士、マシュー・ウォードにも感謝申し上げます。

図版クレジット
The publisher would like to thank the following for their kind permission to reproduce their photographs: (Key: a-above; b-below/bottom; c-centre; f-far; l-left; r-right; t-top) 7 Alamy Stock Photo: Nigel Cattlin (cr); 8 Alamy Stock Photo: John Cancalosi (tr); 11 Dreamstime.com: Chillingworths (bl); 12 Getty Images: Ger Bosma / Moment Open (br); 19 123RF. com: Arie Yudhistira (cr); Dreamstime. com: Junkgirl (tr); 20 Dreamstime.com: Sever180 (cra); 21 123RF.com: grafner (bc/Dslr camera); Alamy Stock Photo: Jeff Lepore (tr); Getty Images / iStock: forrest9 (bc); 24 Alamy Stock Photo: Hugh Olliff (clb); 26 Dreamstime.com: Sripfoto (clb); 28 Dreamstime. com: Steffen Foerster (clb); 30 Shutterstock.com: nukeaf (clb); 32 Alamy Stock Photo: Phil Stephenson (clb); 34 Shutterstock. com: Teo Tarras (clb); 52 Alamy Stock Photo: Charles Melton (cr); 172 Shutterstock.com: IgorGolovniov (tc).

その他のすべての図版は © Dorling Kindersley が権利を有します。詳しくは：www.dkimages.com

表1・表4　Dorling Kindersley: Frank Greenaway / Natural History Museum, London
背　Dorling Kindersley: Colin Keates / Natural History Museum, London

監訳者謝辞
日本語版の監訳にあたりご協力いただいた東京大学総合研究博物館の矢後勝也博士、大阪公立大学の酒井あゆみ氏にお礼申し上げます。